先秦城市选址研究

唐由海◎著

本书受国家自然科学基金面上项目『成渝地区城市重大疫情传播与脆弱性空间耦合机理及规划应对研究』（项目批准号：52078423）、四川省科技计划重点研发项目『公园城市的韧性协同规划设计研究及示范』（项目编号：2020YFS0054）资助

西南交通大学出版社
·成　都·

图书在版编目（CIP）数据

先秦城市选址研究 /唐由海著. —成都：西南交通大学出版社，2023.1
ISBN 978-7-5643-9013-6

Ⅰ. ①先… Ⅱ. ①唐… Ⅲ. ①城市规划 – 研究 – 中国 – 先秦时代 Ⅳ. ①TU984.2

中国版本图书馆 CIP 数据核字（2022）第 216990 号

Xianqin Chengshi Xuanzhi Yanjiu

先秦城市选址研究

唐由海 著

责任编辑	何宝华
封面设计	原谋书装
出版发行	西南交通大学出版社 （四川省成都市金牛区二环路北一段 111 号 西南交通大学创新大厦 21 楼）
发行部电话	028-87600564　028-87600533
邮政编码	610031
网址	http://www.xnjdcbs.com
印刷	四川煤田地质制图印刷厂
成品尺寸	170 mm × 230 mm
印张	20.25
字数	316 千
版次	2023 年 1 月第 1 版
印次	2023 年 1 月第 1 次
书号	ISBN 978-7-5643-9013-6
定价	88.00 元

前言

PREFECE

2008年的汶川特大地震灾害，灾区城镇，尤其是诸多新建的城镇遭遇到巨大损失，如1949年建设的青川县城（乔庄镇）四千余人遇难，房屋1/3倒塌，1953年建设的北川县城（曲山镇），被夷为平地，两万余人遇难，县城被迫重新选址于安昌东南。而与之相比较的是，历史悠久的"老县城"较为安全，地震中受灾情况相对较轻。如有1500年历史的北川老县城禹里乡（治城），同样受到地震严重冲击，但因灾死亡人数为283人，具有1700年历史的青川老县城青溪镇因灾死亡人数为28人。灾后重建的选址论证过程中，很多专家意识到这一问题。吴良镛先生对中国城市规划学会提出，应致力于研究古人的城市选址行为，总结其经验和成就，为现代城市建设参考。

在此背景下，本书对先秦时期的城市选址问题进行研究。选择先秦时期，是因为这是华夏文明的铸型期，是华夏民族基本心理结构和文化认同的起始期，是华夏主要哲学观点、审美意识、礼法传统形成期。正是对先秦时期华夏文明萌发、成型过程有着初步了解，本书确信这一时期对华夏城市选址营城传统的形成极为重要，故试图对这一特殊时期华夏城市选址的实践案例、思想观念、学说流派、哲学观点等进行梳理和研究，寻觅华夏城市选址传统的源头与其特殊价值。

以先秦社会经济与政治文化为背景，本书采用阶段式论述结合案例城市分析的方法，梳理了自龙山时代到东周结束约 2000 余年时间内先秦华夏文明主要地域的城市选址起源、分布、流变、融合的动态历程，以综合性研究为主，并选取作为城市选址重要支撑的技术体系和哲学思想进行专项研究。

先秦城市选址的已有研究，有的包含于史学、地理学、城乡规划学的著作内，有的则独立成文。就目前的情况而言，不同视角的研究积累了大量案例，陈述和总结了基于各自视角的先秦城市选址规律与特点。

经过对各领域既有研究的梳理，发现尚存对于中国城市选址传统的认识处于起步阶段、对先秦阶段的特殊性认识不足、研究的中立性与动态性不足等问题。尤其是既有研究中，对中国城市选址传统形成、演变的过程缺乏梳理提炼；研究局限于案例研究中，对选址的综合性认识不强。究其主要原因，是“城市选址”通常被看作是城市建设史的一部分，其自身的普遍性特点和规律未得到足够重视。这也说明了，在城市新建和扩建中，缺乏从历史维度对城址进行论证仍是普遍现象。灾区城镇选址的教训，提示我们对这一问题的进一步认知确有必要。

本书是在邱建教授的指导下，以本人博士论文为基础，在国家自然科学基金面上项目“成渝地区城市重大疫情传播与脆弱性空间耦合机理及规划应对研究”（项目批准号：52078423）、四川省科技计划重点研发项目“公园城市的韧性协同规划设计研究及示范”（项目编号：2020YFS0054）资助下完成的，立足于探究中国城市（城邑）选址传统的起源及其早期发展，在各阶段时代背景分析基础上，采用以时间为轴线的阶段式论述和案例城市分析相结合的方式，梳理了先秦主要地域的城市选址起源、分布、流变、融合等动态历程，以综合性研究为主。本书还选取城市选址的重要支撑内容，即技术体系和哲学思想两方面，进行专项研究，厘清先秦城市选址的进程，发现其基本特点和主要价值。

本书对以下三个方面进行了研究和探讨。一是追溯了先夏至东周的城市选址具体实践，对龙山文化时期，包括长江流域、黄河流域、河套地区在内的不同文化策源地的城邑选址情况进行了概述和梳理，对夏、商、西周、东周的城市选址进行了分阶段回顾和提炼；二是先秦城市选址的技术传统分析，提出选址技术体系在先秦时期已经初步形成，并由“辨方正位的测量之术”“城地相称的制邑之术”“因地制宜的御水之术”“流域治理的兴城之术”“观星授时的节令之术”“星象崇拜的象天之术”六方面技术构成，具有“实用理性”特点；三是先秦城市选址的哲学思想梳理，发现城市选址受先秦哲学思想影响，并体现在天人合一的整体观、山水有情的审美观和有为无为的人地观三方面，呈现出“儒道互补”特征，“儒”“道”共同构成了进与退、巧与拙、收与放的矛盾体，形成了城市选址传统开放、多元、深沉的思想主干和基本线索。

作者相信，先秦城市选址的研究，具有重要的理论价值和现实意义，既在历史的回顾和反思中揭示先秦时期的城市选址传统的基本轮廓和面貌，发掘中国古代城市建设的系统性、前瞻性的思维方式及其成就；又能汲取理性、系统性与哲思的可贵养分，交给未来中国城市的实践，对营造具有安全、地域特色、和谐人地关系等特征的中国现代城市具有借鉴意义。另外，对不同地区城市选址传统的相互交流、影响进行研究，探讨这些传统如何共同促进了以中原地区为主流的华夏选址思想和方法的形成，对中华传统文明的华夏化进程也有积极的意义。

唐由海

2022.10

第一章 城邑的形成：龙山时代的城邑选址

一、农业与前龙山时代的城邑……3
二、龙山时代长江流域城邑选址……12
三、龙山时代河套地区城邑选址……25
四、龙山时代黄河中下游地区城邑选址……35
五、不同区域的选址特点……43
六、华夏城邑选址传统初现……51

第二章 从城邑到城市：夏商时期的城市选址

一、夏的都邑选址……58
二、商的城市选址……70

第三章 礼法制度下的西周城市选址

一、西周的都邑政治制度……93
二、早周都城选址……103
三、周都城选址……110
四、诸侯国城市选址……114

第四章 变革之会的东周城市选址

一、东周的政治经济……120
二、东周城址的违制……132
三、诸侯国国都选址……137
四、地方城市选址……157
五、秦咸阳选址……163
六、小 结……171

第五章 实用理性的选址技术体系

一、先秦的科学技术……173
二、辨方正位的测量之术……177
三、城地相称的制邑之术……180
四、因地制宜的御水之术……184
五、流域治理的兴城之术……199
六、观星授时的节令之术……214
七、星象崇拜的象天之术……226
八、小结：实用理性的技术体系特征……241

第六章 儒道互补的选址哲学思想

一、华夏哲学思想的形成……244
二、天人合一的整体观……248
三、山水有情的审美观……257
四、有为无为的人地观……263
五、小结：儒道互补的选址思想特征……278

结　语

一、先秦城市选址研究的主要贡献……283
二、先秦城市选址研究对现代城市规划建设的借鉴意义……288
三、研究不足与展望……291

参考文献……294
图表名录……312
后　记……316

第一章
城邑的形成：龙山时代的城邑选址

中国古代社会城市起源，由于考古新发现的不断发表，时间起点已经跨过了夏王朝，向龙山文化时期甚至更深远的史前推进。但一直有个问题在被学者反复讨论，即“怎样定义早期城市？”这一看似简单的问题，实际上很难回答。原因在于城市出现时期全球复杂的地域差异以及现代研究者不同的学术领域和背景，这些都将这一看似简单的问题复杂而多角度化了。

社会学学者往往从城市功能、文化、人群交往出发来描绘城市，如马克斯·韦伯（Max Weber）认为城市应该具备五个特征：防御设施、市场、法院、相关的社团、至少部分的公民自治权[①]；路易斯·沃思认为城市是当地那些共同风俗、情感、传统的集合；地理学者从人地关系理解城市，认为城市应该具备区域极化的经济功能和政治功能以及相当的人口密度，并从空间、规模和形态特征的角度，提出城市的定义，如古德傲（Goodall，1987）提出城市是一个相对较大的永久居民点。城市史学者认为城市是私有制、阶级分化和阶级压迫的结果（何一民，1994），是第二次社

① 转引自 李孝聪．历史城市地理 [M]. 北京：北京大学出版社，2004：6。由于其观察对象集中在西方中世纪的城市，李孝聪认为韦伯的城市定义并不适用于西欧之外的其他地区。

会大分工的必然，特点是存在以交换为目的的商品生产和商人阶级（李孝聪，2004）。城市经济学者则认为城市是“公共产品赖以服务和交易的空间”[①]，是“一个具有相对较高人口密度的区域”（奥沙利文，2003）。城市规划学者在空间上把城市具象化，认为城市“指一种新型的具有象征意义的世界，不仅代表当地的人们，还代表了城市的守护神以及整个井然有序的空间”（芒福德，1961）。

历史学者对早期城市进行了更为清晰的标准制定，柴德尔认为文明前期的城市形成包括下述过程和特征：人口规模较大，社会分工程度细化，严密的社会组织和控制手段，出现尺度巨大的公共建筑物，固定的统治阶级，文字的发明和广泛运用，产生了科学并利用技术（如天文算法），财富累计基础上的非农人员及活动（如文学艺术），长途贸易普遍，地缘关系替代血缘关系。张光直提出早期中国城市“这种新的聚落形态所包括的在考古材料中有所反映的因素，通常至少有下面这几项：① 夯土城墙、战车、兵器；② 宫殿、宗庙与陵寝；③ 祭祀法器（包括青铜器）与祭祀遗迹；④ 手工业作坊；⑤ 聚落布局在定向与规划上的规则性”。[②]

这些不同的城市定义标准，源自不同学者从各自城市样本的地域特色和文化特色出发，试图总结人类古代社会发展到一定阶段后其所有制关系、交换关系和分配关系发生变化时，在城市中体现出来的关键标志。这些标志，不管是防御用的城墙、交易用的市场还是祭祀用的法器或管理用的法院或宫殿，都是庞大经济总量下复杂而专业化的成果，都是文明进化的里程碑式产物。

一方面，正是因为拥有复杂多维的功能和形态属性，真正意义上的城市的形成是相对长期的过程，另一方面，城市的形成是一个非极化的进程。人类的聚落从村镇演变到城市的过程中，并没有一个准确、客观，可以描述这一性质转变的时间节点，即大的寨子和小的城市的界限并不明显。对于早期城市，事实上难有一个精准量化的定义。

许宏提出不应拘泥于“城市”的字面含义，“城市”中的“城”，即防护设施（城垣、壕沟），以及“市”，都不是城市发展早期的标准配置。“在春秋以前的中国古代城市发展的早期阶段，城市是一种以政治军事职能为主的、

① 赵燕菁．城市的制度原型 [J]. 城市规划，2009，33（10）：9-18.

② 张光直．中国青铜时代 [M]. 北京：生活·读书·新知三联书店，2013：28.

作为邦国权力中心的聚落形态”[①]，“邑”这种介于城市与村镇之间的聚落形式，更能代表这一阶段的“城”的内涵。

城邑的种种特征，表明极权的、复杂的社会组织方式出现，大量财富的积累和集中，分工和再分工持续，地缘关系超越血缘关系，文明发达到了阶级的分离和压迫阶段。这一切都指向“国家”这一人类社会的阶段性产物。“社会组织结构方面的变化，使得人类文明社会的产生和形成表现为社会形态上的运动和推移。而文明的到来也就是国家的出现，国家是文明的政治表现，是文明社会的概括。”[②]而“城市”是这一阶段的物化标志物，“城市是文明社会所特有的聚落形态”[③]。一般意义上而言，夏王朝的建立，标志着中原大型国家的诞生[④]，也意味着华夏文明的正式开始。而在此之前的两千余年的先夏时期，即仰韶文化后期到龙山文化时期（公元前4000年到公元前2000年左右，所谓的新石器时代晚期到铜石并用时期），则是华夏文明的雏形形成期。城邑作为这一时期文明的标志物，经历了原始聚落—中心聚落—城邑的发展脉络，规模与等级不断扩大，最终形成了早期国家权力与统治中心的王朝都城。

一、农业与前龙山时代的城邑

中国古代城市的历史，一般认为是从龙山文化时期（即铜石并用时期）开始的，如城子崖、平粮台、石家河、城头山等，这些遗址均充分展示了城邑应有的政治与经济特征。但从历史的纵向维度上观察，华夏文明的原始聚落，是经过了河姆渡文化、仰韶文化的酝酿，才发展成为龙山文化时期中国的城邑，且以黄河中下游、长江中下游为主要萌发区域，以中心城邑为核心向外蔓延，呈现多点簇群式分布态势。[⑤]这两个地域城邑密集出现的原因，与农业经济成为社会主流经济形态密切相关。

这是以华夏文明为代表的“大河文明”特征，即“以农业文明为基础，拥

① 许宏．先秦城市考古学研究 [M]. 北京：燕山出版社，2000：9

② 李学勤．中国古代文明和国家形成研究 [M]. 昆明：云南人民出版社，1997：12

③ 许宏．先秦城市考古学研究 [M]. 北京：燕山出版社，2000：10

④ 经夏商周断代工程论证，夏王朝建立于公元前2070年左右，尚处于龙山文化晚期。

⑤ 内蒙古东部、辽宁西部的红山文化，有发达的信仰崇拜体系，但目前尚未出土典型的聚落或城邑遗址。

有大型水资源管理工程与技术以及伴随权力和信仰高度结合的社会形态，促成了早期国家的形成与发展”[①]。只有农业占据主体的社会，才能提供长期而稳定的食物供给甚至食物富余，能供养一批不从事具体生产劳动的贵族、巫师或者手工业者，专职充实意识形态类的或手工工业制品的工作，也能供养族群内丧失劳动能力的年长者。同时，农业经济天然的等待、稳定和长期性使生产经验、技艺能长时间传承积累，诗歌、绘画、雕刻、历史传说等艺术门类能不断在前人的基础上持续发展与细化。由此，农业经济带来人口的富余和阶层分化，知识的世代积累和专业化，以人口集中、经济生产集中、政治统治权集中为特征的聚落成为必然[②]。考察华夏文明的城邑选址历史，须从文明曙光期，即河姆渡、良渚时代的农业经济形成开始。

（一）栽培农业的出现

华夏文明的农业区分为南北两区，北方以黄河中下游流域为核心，主要种植粟、黍等耐旱作物，南方以长江中下游流域为核心，主要是稻作农业。两个农业区平行发展，互相有所涵盖。

关于中国农业的起源问题，学者有各种探讨。粟、黍等北方耐旱作物基本被认定是我国本土农作物。如距今10 000年左右的河北武安磁山遗址（新石器早期），考古发现了88个存储粮食的地下窖穴，1700余件可能用于整治土地的石铲、石磨盘，大量堆积的粟（折合总量为十三万余斤）（一二期合计）[③]，加上遗址二期发现的鸡骨（距今8000年）被证实属于中国最早家鸡[④]，这些都说明磁山地区的原始农业已走过相当长的历程，粟类旱地农作物的驯化时间还可以往前追溯。而南方的水稻的起源，学界争议较大。水稻起源地讨论中，有代表性的观点包括起源于华南地区（丁颖，1949），起源于云贵高原（渡部忠世，1982），起源于长江下游（闵宗殿，1979；严文明，1982），起源于长江中游（卫斯，1996）等[⑤]。

① 陈同滨．填补长江流域的大河文明空缺 [N]. 中国文物报，2019-07-09（003）.

② 恩格斯指出：“国家的本质特征，是和人民大众分离的公共权力。”恩格斯．家庭、私有制和国家的起源 [M]. 北京：人民出版社，2003：116

③ 佟伟华．磁山遗址的原始农业遗存及其相关问题 [J]. 农业考古，1984（01）.

④ 邓惠，袁靖，宋国定，王昌燧，江田真毅．中国古代家鸡的再探讨 [J]. 考古，2013（06）：83.

⑤ 不断发现的稻作遗址，将推动这项讨论一直继续下去。如曾被否定的“华南说”，由于湖南道州（靠近广西桂林市）出土的距今1.4万至1.8万年以上的栽培稻，将江西万年（上饶市）仙人洞遗址保持的稻作历史向前推动了近5000年，使得“华南说”重新引起学界重视。

需要辨析“作物栽培”与“农业”两个概念。“作物栽培”是先民有意识地种植粮食物种以及有选择地进行驯化培育，但并不能说明其栽培所获食物在食谱中比重很大，可能只是一种采集经济的补充；而“农业”则说明，栽培所得已经占据食物来源的优势地位，是一种经济形态。

从作物栽培、人工选择直至农业经济取代采集经济，形成农业文明，是一个相当漫长的过程，相当于从旧石器时代晚期到新石器时代中期。在此过程中，人类聚居模式也相应发生着变化。早期人类的种植行为，只是出于增加野生水稻数量的目的，作物人工选择与驯化刚刚开始，采集狩猎经济仍然占据主体地位，人类的聚居仍处于利用天然洞穴阶段。如考察目前发现的四处拥有最早的栽培稻痕迹的遗址（均在距今 10 000 年左右），包括江西万年仙人洞遗址、吊桶环遗址，湖南道县玉蟾岩遗址，浙江浦江上山遗址，前三者居址都是穴居形，只有后者（上山遗址）是浅丘形。这个阶段是穴居向地面建筑转移、山岗聚居向平原聚居转移的阶段，采集狩猎经济占绝对主体地位，栽培农业刚刚萌芽起步，如上山遗址发现大量未驯化的动物骨骸，但未发现任何农耕工具。[①]

到了距今约 7000 年的河姆渡文化时期，栽培农业已经十分发达，考古发现的稻属遗存约相当于 120 吨水稻[②]，这一数字在史前文化中无疑令人惊叹，且第一期文化堆积中的水稻遗存经过鉴定，“栽培稻经过长期的驯化已离野生稻的原始形态较远”[③]，各项指标介于野生稻和现代稻之间。同时发现的 170 余件用牛肩胛骨制成的耜也说明，河姆渡的农业生产已经脱离了旧石器时代刀耕火种阶段，进入了耜耕农业阶段。骨耜是新石器早中期农业氏族翻土、耕作的劳动工具，能够有效改善土壤墒情、疏松程度，促进水稻产量增加。河姆渡聚落也完全脱离了山地、穴居状态，选址于杭州湾南部（现宁绍平原），这里地势低平、水网密布、雨量充沛、植被茂密，基本上是山地型森林边缘地带，水陆生物多样性丰富，适宜水稻栽培，也适宜野生食物采集。

---

① 赵志军．中国古代农业的形成过程——浮选出土植物遗存证据 [J]. 第四纪研究，2014，34（01）：73-84.

② 严文明．中国稻作农业的起源 [J]. 农业考古，1982，（01）：19-31，151.

③ 刘军．河姆渡稻谷的启示 [J]. 农业考古，1991（01）：170.

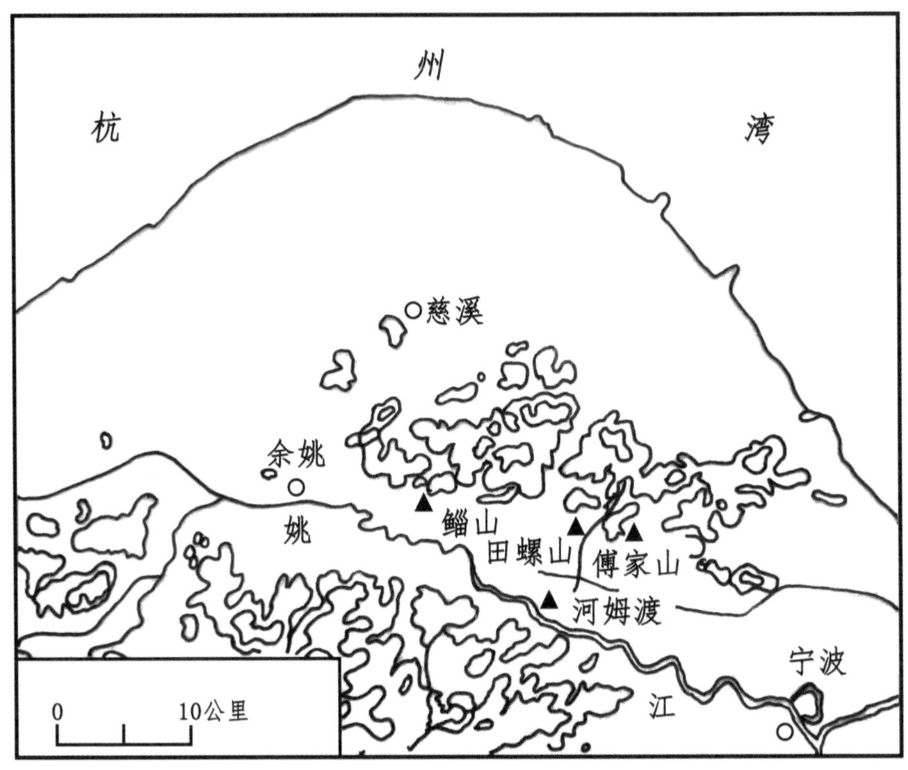

图 1–1 浙江宁绍平原河姆渡文化早期遗址分布图

资料来源：裴安平．史前聚落的群聚形态研究 [J]. 考古，2007（08）：48.

毫无疑问，河姆渡遗址的先民，过的是一种定居的生活。大量底层架空、榫卯架构的干栏式建筑遗址说明了这一点。但河姆渡文化是否是农耕文化，或农业经济在其中是否占据主导地位，学界多有争论。有研究认为遗址未发现稻谷储藏坑，稻谷含量被夸大，发现的大量储满果实的灰坑和野生动物骨骸说明采集 - 渔猎经济是其主要经济形态，“稻作农业为辅，在采集、狩猎、渔捞和稻作等多种经济并存中，稻作至多占经济比例的 1/4”①；有学者对河姆渡遗址同时期相邻的田螺山遗址的植物遗存进行浮选，认为“稻谷遗存的出土数量在出土植物遗存总数中所占的比例仅有 20% 左右”②，从而判断河姆渡聚落并未完全到达农业经济阶段，尚处于采集狩猎向农业经济转型期，

① 蔡保全．河姆渡文化“耜耕农业”说质疑 [J]. 厦门大学学报（哲学社会科学版），2006（01）：55.

② 赵志军．栽培稻与稻作农业起源研究的新资料和新进展 [J]. 南方文物，2009（03）：62.

河姆渡居民既是猎人，也是农民。也有研究认为，由于家猪和疑似酒器的发现，加上完整的整套水田耕作农具，“稻作农业得到了较大发展，已成为当时的主要生产部门”[①]。

位于新石器时代早中期的河姆渡文化，到底是否处于以农业经济为主导的阶段？仅仅从农业的视角，仅从考古出土食物遗存的比例来判断，很难评估 7000 年前的食谱中的比例关系。但如果从河姆渡聚落形态视角来判断，这一问题不难回答。

（二）农业经济形成与聚落城邑化

河姆渡聚落发育并不充分，遗址面积不大，估计村落人口在 200 人左右[②]，社会分工层级不明显，尚未发现独立的手工作坊遗址，这说明农业生产无法支撑大量人口，也无法支撑一定数量的非农业人口。河姆渡的墓葬均比较简易，散布于生活区内，随葬品少而差别小，多是日用品，这说明社会分化不明显，金字塔式的阶层格局尚未成型。另外，聚落遗址中只有少量仪式性器物，如象牙匕形器，但未见仪式性建筑，即没有与宗教或巫术等意识形态相关的表演场地，且未发现城墙、壕沟、土台等大型工程遗址。

这些聚落形态的细节，可以说明河姆渡时期仍处于酋邦阶段，即社会虽有一定的组织和等级，但仍呈现扁平态势，聚落可能有首脑人物，但权威和权力尚处于初级阶段。且考察河姆渡遗址的三四期（已处于良渚文化时代），聚落规模并没有扩大，等级没有分化。追本溯源，这些都说明其农业经济不够发达[③]，这可能是社会剩余财富未能大幅增加，人口未能有效聚集，聚落发育未充分的主要原因。

到了良渚文化时期（距今 5300—4300 年），情况为之一变。位于太湖之滨的良渚遗址中，石犁已经取代了骨耜，成为良渚居民的主要翻土工具。这一农业技术上的进步意义非凡。石犁沉重，需要畜力才能使用，石犁尺寸较长，使用过程中需要多人合作。这些都说明此阶段的聚落氏族完全驯化了大型牲畜，

① 刘军．河姆渡稻谷的启示 [J]. 农业考古，1991（01）：171.

② 孙国平．远古江南——河姆渡遗址 [M]. 天津：天津古籍出版社，2008：52.

③ 不够发达的原因，可能是宁绍地区渔猎资源富集，农业必要性不高。

且聚落内部有相对复杂的生产组织。而且，犁耕的出现，使熟土可以反复利用，并且成为新属性的土壤，即水稻土；从而降低开荒拓垦的次数，提高土地的使用效率，从而使部落完全依赖形成的熟土，定居下来。

在周谷城认为的食物增产阶段划分中，有十一等，包括：采集、捕鱼、游猎、畜牧、耙耕、耙耕兼游猎、耙耕兼捕鱼、耙耕兼畜牧、犁耕、园艺、商耕。社会进入了用牛马拉动的“犁耕”谋食阶段，才意味着进入了文明时代。[①]事实上也是如此，石犁只是良渚农业的一个标志性代表，除此之外，还有繁多而成套的农具出土，如破土器、石刀、石镰、耘田器。良渚农业所栽培稻谷的类型，也不再是非籼非粳的模糊状态，而是“（良渚文化）绝大多数遗址种植的均为粳稻，性状稳定，说明人类这时期的介入的力度是非常大的”[②]。除稻谷以外，蚕豆、地瓜等作物经济亦有出现。据研究推算，良渚遗址的农业产出比是 15 ∶ 1（收获与播种），这在史前社会是较高的，欧洲黑海沿岸古代各国，这个数字大概介于 1 ∶ 6 ~ 7 之间。[③]精耕细作、多种经营的良渚农业获得的高额粮食回报，可以支撑各类脱离农业生产的行业或阶层存在，如手工业（尤其是玉器业）、士兵、祭司、贵族等，由此带来了聚落内社会阶层的充分发育。大量精美的玉器是良渚遗址的文化特色，尤其是礼仪式玉器，在缺乏金属工具条件下，其精致程度达到了匪夷所思的境地，可见投入的人工之巨。且玉琮、玉璧这种祭祀用的礼仪用具，是“一种贯通天地的手段和法器”[④]，和玉钺同时出现在一些大型墓葬中，标志着这一时期部落神权与政权被合二为一，也说明部落酋长地位超然，不但掌握世俗权力，还掌握部落的意识形态，接近于青铜时代的“王”。恩格斯在《家庭、私有制和国家的起源》中指出：“有犁以后，大规模耕种土地，即田野农业，从而生活资料在当时条件下实际上无限制地增加，便都有可能了，从而也能够清除森林使之变为耕地和牧场了，……人口也开始迅速增长起来，稠密地聚居在不大的地域内。”

① 周谷城．世界通史 [M]. 石家庄：河北教育出版社，2000：43-44.
② 郑建明．环太湖地区与宁绍平原史前文化演变轨迹的比较研究 [D]. 复旦大学，2007：72.
③ 游修龄．良渚文化时期的农业 [C]// 浙江省文物考古研究所编．良渚文化研究——纪念良渚文化发现六十周年国际学术讨论会论文集．北京：科学出版社，1999：144-150.
④ 张光直．中国青铜时代 [M]. 北京：生活·读书·新知三联书店，2013：71.

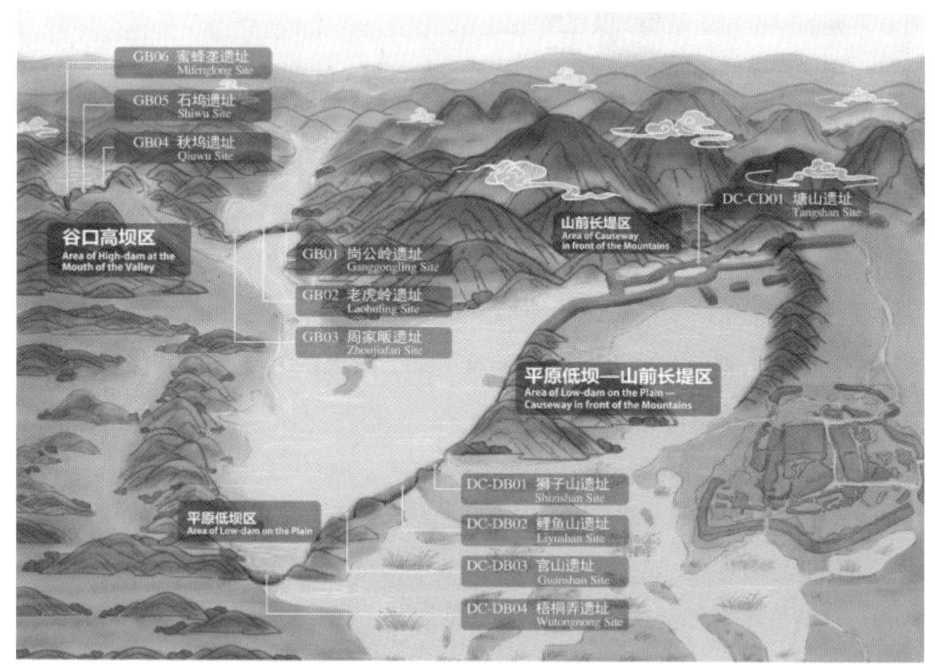

图 1–2　良渚外围水利设施分布图

资料来源：杭州良渚遗址管理区管理委员会

农业的发达，能有效地动员社会力量，支撑聚落向大型化转变。这一时期（新石器中期）发现的不同遗址，面积都比之前的（如河姆渡遗址、磁山遗址、田螺山遗址、裴李岗遗址）扩大很多，如大汶口遗址、半坡村遗址、庙底沟遗址、屈家岭遗址等，动辄数十万平方米甚至上百万平方米。如良渚古城遗址，面积就达到 290 万平方米，遗址中有若干工程设施，尺度惊人。如莫角山 30 万平方米人工建筑土台，4.5 千米长、30 多米宽的防洪堤岸，都是史前社会罕见的大型工程。

总而言之，进入新石器时代中期之后，随着农业经济的逐渐发达，以良渚文化为代表的聚落形态，逐渐“城邑”化了，即从小型的、社会结构扁平而松散的原始聚落，进入一种类似“城邑”的聚落形态。不论是黄河流域的仰韶文化，还是长江流域的良渚文化，其中包含的这种新出现的聚落，都具有以下特点：面积大，手工业发达，具有仪式性建筑，构建了大型工程，是设防的领地，有着复杂的社会组织结构，以血缘为纽带，有着以核心家族为极点的统治结构。这是中国城邑文明的破晓期，不久之后的龙山文化，带着仰韶、良渚文化的余温，催生着各类城址诞生于中国南北各地，主要是发达的农业地带，如黄河中游、长江中游、成都平原等地普遍出现。一时之间，以单个城邑为主体的方国时代来临，万邦林立、互相攻伐合并后，促生了青铜时代的华夏城市文明。

（三）仰韶文化和红山文化时代的聚落

中国的新石器时代起于距今8000年左右，结束在距今4000年左右。旧石器时期漫长的作物培育、动物驯化和物种交流历程，带来农业生产水平大幅提高，恰逢全新世中期气候适宜期到来，温暖湿润的气候催生了沿着主要河流流域分布的小型聚落。新石器前期是人类走出穴居状态，开始有意识地营建聚居环境、组织聚落形态的时期，这一时期的基本考古学特征之一便是“定居村落”出现。作为村落的最终进化形态，新石器中晚期龙山时代出现的“城邑”，其起源可以追溯到新石器早中期的仰韶文化和红山文化时期的聚落。

仰韶文化（距今7000年到5000年）是分布在黄河中上游地区的新石器中期农业村落型考古文化。与之前的磁山裴李岗文化（距今8500年至7000年）相比，仰韶文化的遗址聚落大幅增加[①]，且聚落面积差异很大，小的遗址数千平方米，大型遗址数十万平方米（高陵县杨官寨遗址80余万平方米）。仰韶文化大致经历了半坡、庙底沟、大地湾等时期，随着时间的变化，聚落位置、规模和形态表现出很大差异性。

早期的半坡时期遗址，沿主要河流二级台地分布，规模较小，大多在数万平方米，呈不规则形态。聚落有初步的公共区设置，居住与墓地分离，公共墓地有的置于环壕之外（半坡村遗址），有的位于村落中心位置（姜寨遗址）。进入中期之后，仰韶文化所影响的版图大幅扩大了，周边地区如红山、大汶口等都受其影响。这一时期的聚落等级化趋势也越发明显，中心聚落的面积急剧扩大，数十万平方米的聚落屡见不鲜。这一方面可能源自农业在社会生产中的地位提高，人口持续增长；另一方面源自礼仪制度的形成，权力下的征服与依附成为惯例，

① 20世纪末发现的仰韶文化遗址的数量已有5000多处。见任式楠，吴耀利．中国新石器时代考古学五十年[J]．考古，1999（09）：11-22，97-98.

等级化聚落成为地区权力结构的外化与载体。目前考古发现中国最早的龙、虎和北斗图像（河南濮阳的西水坡遗址45号墓，详见本书第五章），便出现在这一时期。

郑州市北郊的西山城址（距今5300年到4800年）是仰韶文化晚期典型聚落遗址，面积约1.9万平方米，坐落在邙山余脉西山南麓，北距黄河约4千米。从选址角度看，西山遗址有时代共性，如城址呈类圆形，位于河流二级台地上，处于豫西平原与黄淮平原交界处，城内经过一定规划布局等。西山遗址还呈现出仰韶文化时期聚落首次出现的特性：一是等距离分布多个中等规模的中心遗址（西山、中牟、后魏、陈庄遗址等），结合西山城内暴力摧残和人牺牲遗迹，同等规模遗址并存可能是部落林立与冲突的表现；二是城址建设呈现突出的防御功能，城墙采用了方块夯土版筑加设墙底基槽的方式。西山遗址城墙的修筑，将环壕方式的仰韶时代和城垣方式的龙山时代完整地联系在了一起。城墙的出现是城邑建设甚至是文明发展过程中的重大里程碑，“它意味着技术、社会组织和领导达到一定水平才能取得的成就”①。作为从聚落到城邑的标志性过渡物，西山遗址也可被称为西山城址。

红山文化（距今6500年到5000年）是分布在辽宁西部和内蒙古东南部的新石器中期考古文化。家猪、旱作栽培作物、农业工具的出现，佐证着这一时期西辽河流域农业经济的不断壮大，也解释了红山文化为什么较之前的赵宝沟文化（距今7200年到6500年）遗址数量大幅增加。

红山文化具有意识形态上的独特性。至其晚期阶段，红山文化已经进入复杂社会，构建了复杂的等级制度，修筑了令人叹为观止的祭祀性礼仪建筑，创造了超越现实的装饰艺术品（如C型碧玉龙），在新石器中期较早地触摸到了文明的边界，社会形态发展到原始文明的古国阶段。

目前考古发现的红山文化高等级的中心性遗址为位于辽宁凌源市与建平县交界处的牛河梁遗址（距今5500年到5000年），其地处渔猎交界处，周边为半山地半丘陵地貌。与一般中心型聚落不同，牛河梁聚落是由16个分散在50平方千米内的聚落构成的聚落体系，每一处聚落遗址都有积石冢、祭坛等纪念建筑的考古发现。牛河梁遗址最著名的礼仪建筑为“女神庙”，选址在牛河梁聚落体系中

① 刘莉 陈星灿．中国考古学——旧石器时代晚期到早期青铜时代[M].北京：生活·读书·新知三联书店，2017：205.

心位置的山顶，海拔约680米，周围环绕着诸积石冢。总体看来，牛河梁遗址在选址上以一种成熟、宏大的姿态出现，不但尺度惊人、格局独特，是集坛、庙、冢为一体的大型宗教祭祀遗址，而且此遗址试图彰显某种宗教的狂热和偏执（在女神庙周围100平方千米范围内，尚未发现任何该时期的普通住所遗址）。

红山文化的不同大小和不同性质的各类聚落，选址习惯上具有强烈的地方特色，即聚落不但位于多种地形地貌，如山、林，林、原等的交界位置，而且相对海拔较高，山梁、丘陵台地居多，并多使用碎石作为建筑材料。这些特点在龙山时代的内蒙古大青山诸城、河套地区的神木石峁城址中，都能找到延续和发展。

与仰韶文化不同，红山文化没有在环壕聚落的基础上，发育出具有城邑功能的中心聚落。考古发现的红山文化聚落只有两类，“一类是以各种公共建筑组成的礼仪中心，另一类是普通村落[①]”，且稍大的普通聚落，如魏家窝棚遗址，出现在红山文化早、中期，晚期阶段礼仪性聚落则大量出现，且居住型聚落选址刻意回避礼仪中心。红山文化最大的特征便是礼仪性，重要遗址的唯一功能就是祭祀。或许高度重视礼仪建筑的、致力于发展玉器工艺的背后，是红山文化贵族阶层应对干冷气候危机时的无奈和无力，过度消耗的社会生产力，也无法将环壕聚落发展成为城邑。仰韶文化的传承者，黄河流域的龙山文化，带着以仰韶文化为主的聚落选址传承，正式开启了华夏的城邑文明。

二、龙山时代长江流域城邑选址

“龙山”文化的定名，来自20世纪30年代李济先生对山东历城龙山镇城子崖城址的发掘。以河南登封王城岗城址为首的一系列城址的发现，促使“龙山时代有城”这一概念在20世纪70、80年代为学术界所共同认定。[②]

龙山文化是非常庞杂的复杂体，包括受龙山文化影响的以中原地区和山东地区为主体的考古文化。而龙山文化时代并非考古学谱系概念，而是一个时间概念，即以“龙山时代”代表新石器晚期后段距今5000至4000年的时间维度。

① 刘莉 陈星灿．中国考古学——旧石器时代晚期到早期青铜时代[M]．北京：生活·读书·新知三联书店，2017：189.

② 郑好．长江流域史前城址研究[D]．复旦大学，2014：6.

这一时期华夏文明各发源地的农业持续发展，铜被发现和开始被使用，社会财富和人口均大量增加，手工业从农业中完全分离，阶层复杂化和分层化不断加剧，文字有了较大发展，艺术和长途贸易出现，文明曙光初现。城邑的大量出现和规模扩大是这一文化时期的显著特点之一。从目前的考古资料上看，龙山时代的大型城址共八十余处，呈簇群态分布在广阔的地域，包括内蒙古中南部的河套地区（15 处），黄河中游的中原地区（16 处），黄河下游的海岱地区（22 处），长江上游的巴蜀地区（8 处），长江中游的江汉地区（19 处），长江下游的太湖地区（1 处）。这些城址规模较大，有的中心城址面积达到上百万平方米；内部分区明显；外部有城垣或壕沟等防御设施（但不绝对）。龙山时代遍布各地的城邑，取代了原有的聚落，成为地区行政、权力、经济中心。这一时期上承仰韶和良渚文化的方国形态，下引夏商文明的国家形态，是柴尔德（V. G. Childe）宣称的“城市革命”阶段①，是文明形成的标志阶段，也是华夏文明的起源和国家形成的早期阶段。

龙山时代分布在不同区域的城址不但呈现了文明萌芽期复杂的社会、文化、生产、建设特征，从选址视角看，还带有各自独特的地域特色。各地区大型典型城址，以下本章各节将分述之。

（一）长江上游地区

古蜀文明的主要城址，经历了从茂县营盘山城址到岷江主流两侧的宝墩城址，再到岷江支流两侧的三星堆城址，最后落址于十二桥城址，长达 4000 余年的城址迁徙、选择过程。“从宝墩古城、三星堆古城到成都十二桥宫殿建筑群遗址，是成都早期城市产生和初步形成时期。”②宝墩古城只是成都平原城市文明形成过程中的一环，也是开启古蜀辉煌的“三星堆文明”的前站。

20 世纪末，以新津县宝墩村遗址为代表的史前古蜀城址群相继被发现，揭示了成都平原在相当于中原地区龙山文化时期时的文化进程，包括“宝墩古城、都江堰芒城、郫都古城、温江鱼凫古城、崇州双河古城、紫竹古城、大邑盐店古城、

① 中国历史博物馆考古部 . 当代国外考古学理论与方法 [M]. 西安：三秦出版社，1991.

② 何一民 . 长江上游城市文明的兴起——论成都早期城市的形成 [J]. 中华文化论坛，2002（02）：33.

高山古城等，即所谓宝墩八城”[①]。

其中宝墩古城（距今约4500年到4200年）面积最大（内城约60万平方米），文化积累最为丰富和最具代表性，被当作此时期成都平原遗址的文化代表。宝墩古城城址年代相当于中原地区龙山文化第二期；位于斜江与西河之间的平坝地区，城址为呈45度角的略长方形，东西城墙长约1000米，南北城墙长600米，城墙短边和河流方向一致。采用“堆筑法”（边堆土边拍打夯实）构筑环绕式城墙，且工程巨大，城墙总长度达到3200米。发现大量精致石器（斧、锛、凿、铲、刀、镞、砺石等）。[②]在2009年的发掘中，发现遗址外部四个方向都有宝墩文化时期的夯土城墙，这些外圈城墙围合起来，呈现不规则圆角长方形，与遗址（可称之为内城）形状一致，其面积达到250万平方米（图1–3、图1–7）。

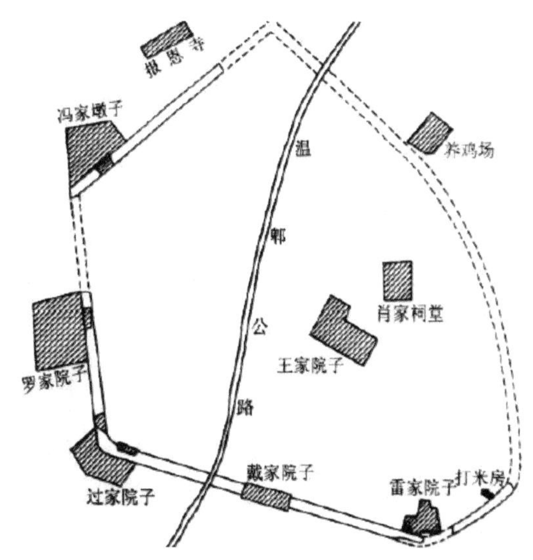

图1–3　宝墩古城遗址示意图

资料来源：毛曦．巴蜀先秦城市史研究[M].北京：人民出版社，2008：135.

① 李丽娜．龙山至二里头时代城邑研究[D].郑州大学，2010：77.

② 江章华，张擎，王毅，蒋成，卢丁，李映福．四川新津县宝墩遗址1996年发掘简报[J].考古，1998（01）：29-50，100.

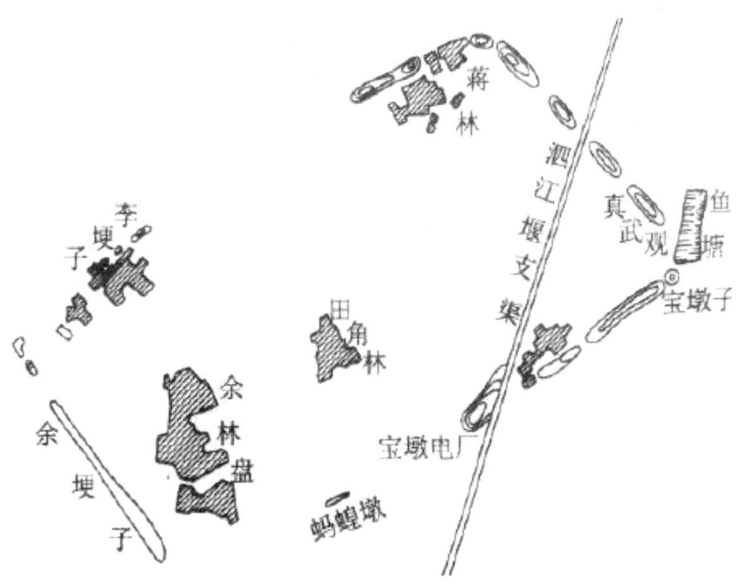

图 1-4　鱼凫古城遗址示意图

资料来源：马世之．中国史前古城[M].武汉：湖北教育出版社，2003：117.

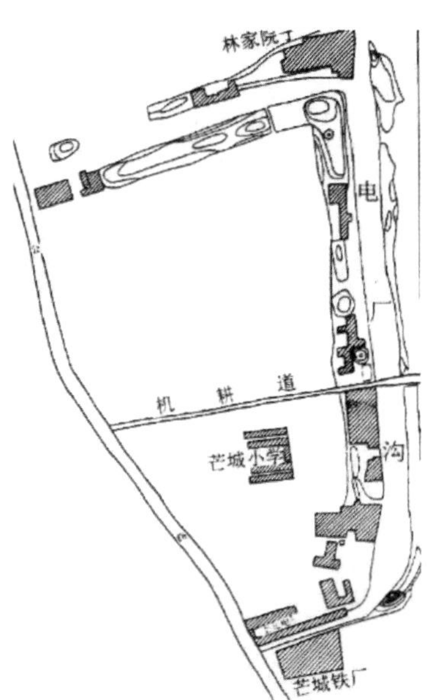

图 1-5　双河古城遗址示意图

资料来源：毛曦．巴蜀先秦城市史研究[M].北京：人民出版社，2008：145.

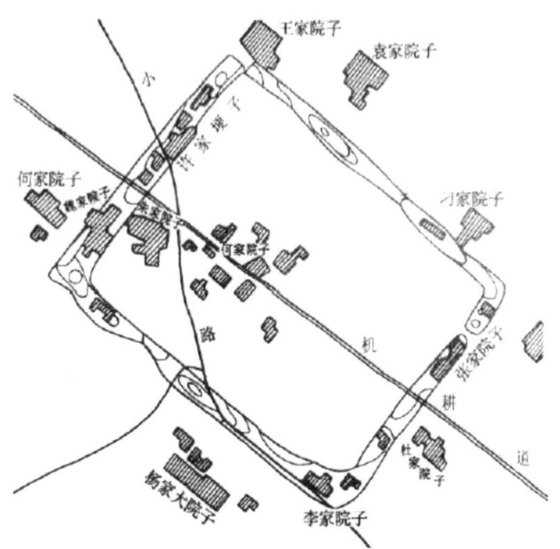

图 1-6　郫县古城遗址示意图

资料来源：毛曦．巴蜀先秦城市史研究[M].北京：人民出版社，2008：137.

图 1-7　宝墩古城遗址

资料来源：自摄

图 1-8　鱼凫古城遗址

资料来源：自摄

图 1-9　双河古城遗址

资料来源：自摄

图 1-10　郫县古城遗址

资料来源：自摄

宝墩文化的其他遗址，如鱼凫古城（距今约 5000 年到 4300 年）（图 1-4、图 1-8）、双河古城（距今约 4300 年）（图 1-5、图 1-9）、郫县古城（距今约 4000 年）（图 1-6、图 1-10）等，城址都具有以下基本特点：居于两条河流之间的高地，城内地坪高于城外；城址形态为规整方形或长方形；城墙断面呈梯形（图 1-11），且外斜角度（约 30—40°）小于内斜，推测是为防御洪水而非防御战争[①]。

① 刘兴诗．成都平原古城群兴废与古气候问题 [J]. 四川文物，1998（04）：34-37.

图 1–11　宝墩城墙遗址

资料来源：自摄

值得特别注意的是，多个城址发现大型建筑的遗存台基，如宝墩古城内城中心位置，有目前仍高于地面 1 米、面积约 3000 平方米的台地，有三组公共建筑群落，这些群落或一字排开，或品字排布，上有房屋基槽和遗留的柱洞，且柱网清晰规矩，单体面积均超过 200 平方米，应该是宝墩文化时期大型的公共礼仪性建筑。

农业经济主导的城邑，其选址应该位于平坝，靠近水源，近河但不临河；而采集与农业混合经济的城邑，选址更靠近山林与平坝交界处，以获取更多的食源种类和进行食源的季节平衡。宝墩文化时期的古蜀城邑，从选址看已深入成都平原内部，其应该已实现了以农业经济为主导的转型，考古发现也证实了这一点。宝墩遗址 2009 年浮选结果为“稻谷种子的数量为 643 粒，占 45%”①，而且“植硅体的研究同样证明宝墩先民的经济结构以稻作农业为主，兼有粟作农业”②。

只有农业经济达到一定的阶段，城邑人口的增长和社会规模的扩大才成为可能。大型的城垣，需要庞大的劳动力和精确的社会组织能力，从这个角度看，城垣不仅是城邑安全防卫的需要，也是政治权利集中化的体现。加之大型礼仪建筑，如宝墩遗址中心的建筑群、郫县古城的大型房屋（550 平方米，中央有 5 座卵石台）；礼器，如崇州双河城遗址的三孔石钺（制作精美，未

① 何锟宇．宝墩遗址：成都平原史前大型聚落考古新进展 [J]. 中国文化遗产，2015（06）：26-31.

② 陈涛，江章华，何锟宇，杨洋，Jade d’ Alpoim GUEDES，蒋洪恩，胡耀武，王昌燧，吴妍．四川新津宝墩遗址的植硅体分析 [J]. 人类学学报，2015（02）：225-233.

见使用痕迹）等的不断发现，可以判断，宝墩时期的古蜀文明，政治权利高度集中，社会规模较大且组织复杂、意识形态核心化，已经接近于国家形态了，是一种史前国家，即“酋邦社会”[①]。有研究认为，这一时期成都平原政治格局相对稳定，极少有战争等暴力冲突，也很少发现明确的武器，宝墩文化的主要聚落不再是单个以“城”为核心、城邦林立的方国形态，而是在“史前国家”的大背景下，成为了国家区域的城邑，这也标志着城市时代即将到来。后来的商时期的三星堆古城、早期成都城（以十二桥为核心），便是沿着宝墩文化的城邑脉络发展而来的。

（二）长江中游地区

龙山时期，长江中游地区的城址主要集中在江汉平原。这一地区又以天门石家河为中心，周围密布各类大小城址，密度甚至达到现代的聚落程度。这一时期比较典型的石家河文化城址有 15 座，如天门笑城、荆州马家垸、后港城河、公安鸡鸣城、荆州阴湘城、孝感叶家庙等；其中天门石家河城址规模最大，遗址积存最为丰富，存继时间最长，位于同期江汉文明的中心统御位置，代表着该区域社会经济的最高水平，成为同期文明的冠名。

石家河城址（距今约 4600 到 4000 年）位于现湖北省天门市石家河镇北侧，江汉平原北部地区。这一地区是大洪山与江汉平原交接处，为若干南北走向的指状垄岗形成的丘陵地带，地形复杂，土层深厚，靠近冲积平原，水系发达，动植物多样性强，适宜农耕和采集活动开展。

城址南北长 1200 米，东西最宽处为 1100 米，城垣面积 120 万平方米，是同时期（龙山文化一期）较大规模的城址（图 1–12）。城内分区明确，已发现墓葬区、祭祀区、居住区和高级建筑区，尤其是祭祀区（邓家湾），出土上万件祭祀用的动物、人造型的陶俑，说明此城在宗教崇拜上所耗不菲；城址城墙系黏土分层夯筑而成，底座宽 50 米，顶部宽 15 米，且带有外侧壕沟。这是一项巨大的工程，“（工程量）50 万立方米以上……要 1000 人工作 10 年才能建成，

① 段渝认为：“从某些基本要素来看，酋邦与国家没有太大的差别，例如经济分层、社会分化、政治经济宗教等权力的集中化、再分配系统等等，是酋邦组织和国家组织都共同具备而为氏族社会所没有的。”出自段渝，陈剑．成都平原史前古城性质初探 [J]. 天府新论，2001（06）：86.

同时还要有 2 万 ~ 4 万的人口才能供养这 1000 人”[①]。

图 1-12　石家河时期聚落分布示意图

图片来源：裴安平．聚落群聚形态视野下的长江中游史前城址分类研究 [J]. 考古，2011（4）：50-60.

以石家河遗址为中心的石家河文化，能动员的劳动人口众多，且有大量当时领先的玉器遗存[②]和宏大的礼仪性建筑，墓葬品也贫富不均，说明其社会分层复杂且分化严重，氏族制度走向解体，贵族阶层权大威重，整体处于文明的曙光期。石家河遗址所盛人口约三万人，周围还有如众星捧月环绕的大小聚落，

① 张弛．石家河大聚落 长江中游文明的崛起 [J]. 中国文化遗产，2012（04）：83.

② “2014 年起，湖北省考古研究所时隔 20 余年后重启石家河遗址考古，2015 年 11 月考古人员在石家河古城中心区域的谭家岭遗址寻找大型建筑遗迹时，意外发现 9 座瓮棺葬，其中 5 座有玉器随葬，共发现各类玉器 240 余件。”钱忠军．展现史前中国玉器最高工艺 [N]. 文汇报，2016-01-06（5）.

“（石家河镇）约 8 平方千米范围以内，古代遗址的分布十分密集，很多遗址之间的文化堆积没有明显间隔，构成一个大型聚落群体”[①]，足以证明石家河古城实乃当时江汉文明国家政权的中心城市。

长江中游的江汉平原上的龙山时期的史前城址，数量在各大文化区是最多的，达到 19 座。这些城址的分布呈现一定的规律性，即全部位于“洞庭湖西北、大洪山以东以南、汉水西岸”，呈月牙形态势，石家河遗址则位于月牙中间（图 1–13）。

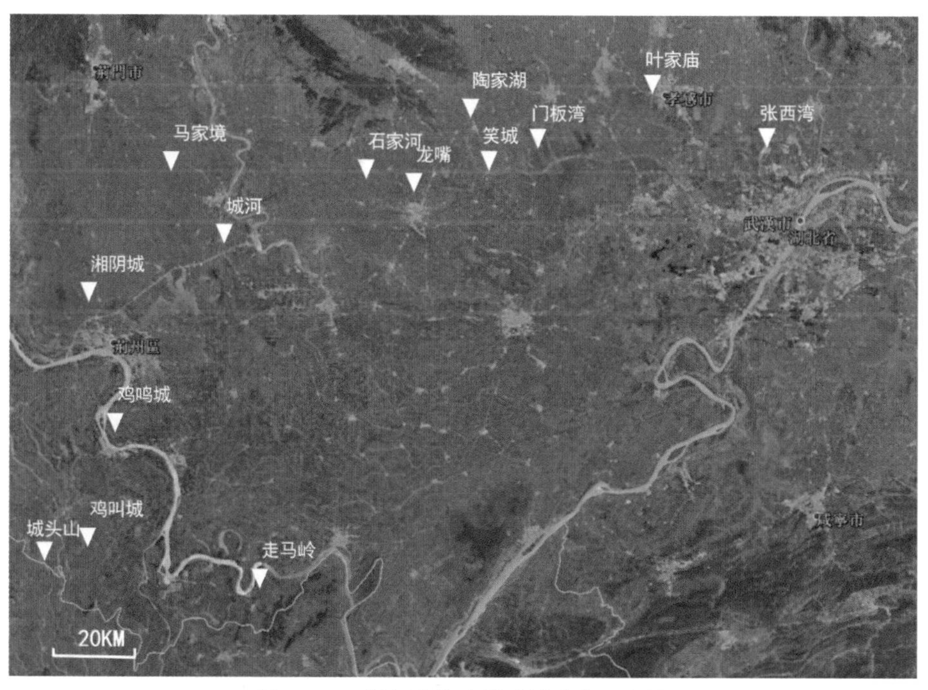

图 1–13　长江中游史前遗址分布示意图

图片来源：根据 郑好．长江流域史前城址研究 [D]. 复旦大学，2014. 改绘

山地与平原交接处的选址趋同，与江汉平原的各阶段文化演变有关。石家河文化的源头是长江江峡地区的城背溪文化（距今 6500 年—5000 年），后发展为江峡与江汉平原的大溪文化（距今 5700 年—5200 年），再发展为江汉平原的屈家岭文化（距今约 5000 年—4500 年），从山林地区向平原地区转移的

① 北京大学考古系，湖北省文物考古研究所石家河考古队，湖北省荆州地区博物馆．石家河遗址群调查报告 [J]. 南方民族考古 .1993（00）：214

过程，也即采集经济逐渐向农业经济过渡的过程。石家河古城选址于山原相交处，与其文化迁徙路径和山地偏好息息相关。可以设想，如果石家河文化得以顺利度过青铜时代，农业经济完全占据主导地位，其政权的中心城址应更往南迁移，更靠近利于农耕的江汉平原的腹心地区，甚至抵达洞庭湖平原，以控制更多的从属腹地，如同后期的楚国国都郢都的位置。

（三）长江下游地区

长江下游龙山时期的大型城址，目前已知的只有浙江余杭的良渚古城遗址（距今约 5300 年到 4300 年）。遗址位于杭州市西北，东侧天目山山势将平，西侧杭嘉湖平原展开，处于山、原交接之处；北靠大遮山，南临大雄山、大观山等丘陵。古城遗址与周边的相关山体、孤丘、河网湿地等地理环境共同构成了“山—丘—水—城”的整体格局。①

经过近八十年的不断探索和发现，以莫角山山岗为核心的良渚古城形态基本探明（图 1–14）：古城南北长 1910 米，东西宽 1770 米，总面积约 300 万平方米，呈圆角长方形；墙体特别厚大（40—60 米），残高 4 米，底部均垫有石块，墙外有护城河；城门已发现 9 座，其中水城门 8 座②，城内有工字型水系与城外相连；莫角山位于城址的中央偏北，是“宫殿区”，东西长约 670 米，南北宽约 450 米，高约 8 米，面积约 30 万平方米③。良渚古城城市结构是“以莫角山为中心，向外依次为城墙、外郭、外围水利设施完备的城市格局”④，这或许是中国古代都城宫城、皇城、外郭三重围合格局的一个源头。良渚古城城址这一塑造权力权威的象征的典型手法，“揭示出长江流域早期国家城市文明所创造的规划特征‘藏礼于城’，拥有东方城市起源的某种‘原型含义’”⑤。

① 陈同滨．世界文化遗产“良渚古城遗址”突出普遍价值研究 [J]. 中国文化遗产，2019（04）：57.

② 刘斌，等 .2006-2013 年良渚古城考古的主要收获 [J]. 东南文化，2014（02）：31-38+67.

③ 赵晔．余杭莫角山遗址 1992 ～ 1993 年的发掘 [J]. 文物，2001（12）：4-19.

④ 王宁远，刘斌，闫凯凯，陈明辉．杭州市良渚古城外郭的探查与美人地和扁担山的发掘 [J]. 考古，2015（01）：29.

⑤ 陈同滨．世界文化遗产“良渚古城遗址”突出普遍价值研究 [J]. 中国文化遗产，2019（04）：55.

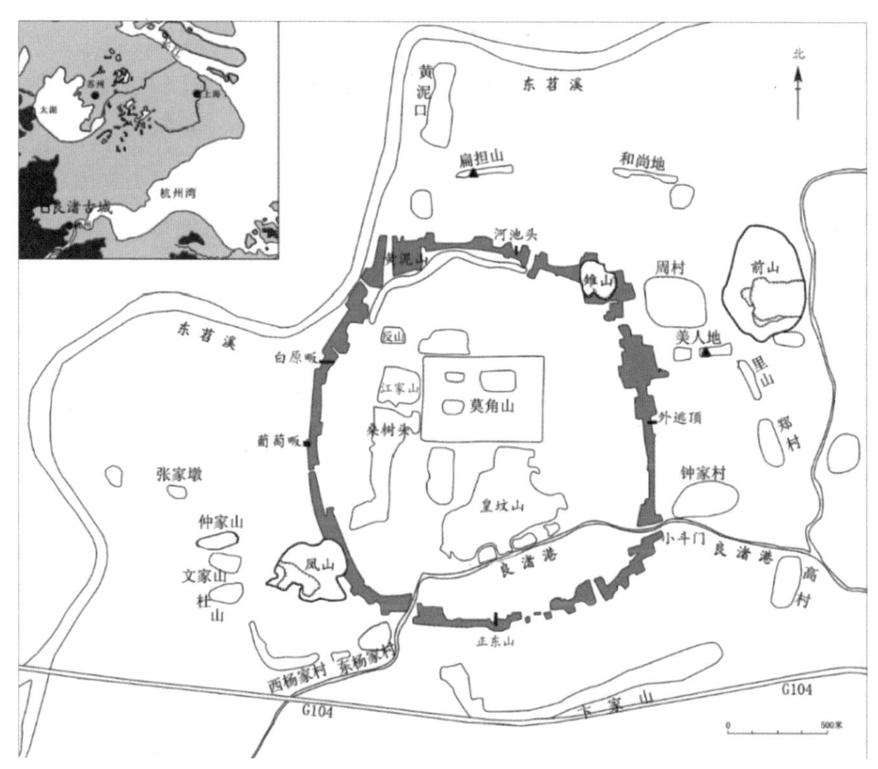

图 1–14　良渚古城外郭结构示意图

图片来源：刘斌，王宁远 .2006–2013 年良渚古城考古的主要收获 [J]. 东南文化，2014（02）：33.

良渚文化不但有多个聚落群，且聚落形态已发育得非常成熟，“（在良渚文化的主要分布区）……五级聚落是普遍存在的”①，聚落体系相对较为完整。而整个良渚文化是以良渚古城为核心的遗址群构成的，莫角山遗址又是古城的核心区，“是良渚文化政治、经济、军事、宗教、文化的中心，形成向四周辐射的态势”②。莫角山遗址是古城的中心区，也是内城，整体便是一个大型人工台地，其 30 万平方米的尺度，以致长期被认为是自然山体。莫角山台上还有土台，有约 3 万平方米的大型夯土基础（可能为承载礼仪建筑之平台）以及规整排列的大型柱洞，说明了此城址作为政治中心的属性。这些夯土基础，做工精细考究，层层夯土，层层加沙，沙层与黏土层间隔而成，多达 13 层，厚 50 厘米，其做工在整个龙山时代目前无出其右，是“良渚文化及整个龙山文化时代所见

① 郭明建 . 良渚文化宏观聚落研究 [J]. 考古学报，2014（01）：26.
② 戴尔俭 . 从聚落中心到良渚酋邦 [J]. 东南文化，1997（03）：43.

加工最好的夯土”[①]。

有研究认为，与同时期的其他地区的龙山文化相比，良渚文化在稻作农业、玉器和漆器制作等方面，水平是最高的。[②]从目前掌握的考古资料看，良渚文化在城邑建设的布局、规划、组织、施工方面，所呈现的社会生产力水平和组织能力以及意识形态所达到的层级，都说明其作为长江流域的代表性文化的必然性，它已经达到介于酋邦与国家形态之间的发展阶段，甚至与二里头遗址相比较，更具开创王朝的气魄。[③]

放在更广阔的视野中，比较世界同时期文化。良渚文明和中东两河流域的苏美尔、印度河领域的哈拉帕、北非尼罗河流域的古埃及文明总体处于大体相当的发展水平，“都拥有稳定的产业模式和发达的生产力水平，都具备高超的工程技术和创新能力，都进行了城墙、水利设施等大规模的城市化建设，都产生了复杂的社会组织结构和虔诚的宗教信仰，故而都无愧为世界古代文明的表率”[④]。

距今 5300 至 4300 年的良渚文明高度发达，遗址中出土了现今发现最早的多字符组成的陶符，遗址被认为是我国汉字正式起源的最早地域之一。良渚古城是文明政治生态的地理象征，是长江下游新石器社会发展的一个里程碑。作为早期稻作文明的物化形态，古城集中体现了良渚文明高超的组织、管理、空间营建、权威维护等能力。古城选址体现了先民的智慧。宏观方面，城址选择山地与平原交界地区，充分利用了三面环山、东面望海的地理特色，既处于地势低平、河网纵横的杭嘉湖冲积平原，又靠近天遮山山脉和杭州湾海洋生物圈，兼顾了采集经济与农业经济共同发展的需要，且外围山地地形能带来天然的防御屏障。微观方面，先民似乎已经意识到在城邑建设中如何利用自然山水资源，如将天然石山凤山和雉山作为古城城墙西南和东北的两

① 魏京武．对良渚文化莫角山城址的认识 [J]. 文博，1998（01）：21.

② 严文明．良渚遗址的历史地位 [J]. 浙江学刊，1996（05）：15-16.

③ 2019 年 7 月，良渚古城遗址被正式列入《世界遗产名录》。世界遗产委员会认为，良渚古城遗址展现了一个存在于中国新石器时代晚期的以稻作农业为经济支撑、并存在社会分化和统一信仰体系的早期区域性国家形态，印证了长江流域对中国文明起源的杰出贡献。此外，城址的格局与功能性分区，以及良渚文化和外城台地上的居住遗址分布特征，都高度体现了该遗产的突出普遍价值。

④ 赵晔．良渚：中国早期文明的典范 [J]. 南方文物，2018（01）：75.

处转角，类似于城墙防御体系中的箭楼。自然山体的引入，极大降低了建设成本，缩短了建设工期。又如莫角山宫殿区的西半部利用了自然土丘，大幅减少了工程量。再如原古河道南北向穿越古城，经过莫角山西侧并设有码头[①]（图 1-15）。史前社会最便捷的交通方式是水路交通，古河道为宫殿区提供了对外联络、物资运输的最佳通道。莫角山台地高于地面，取水不便，古河道亦为其提供了稳妥的水源保障。

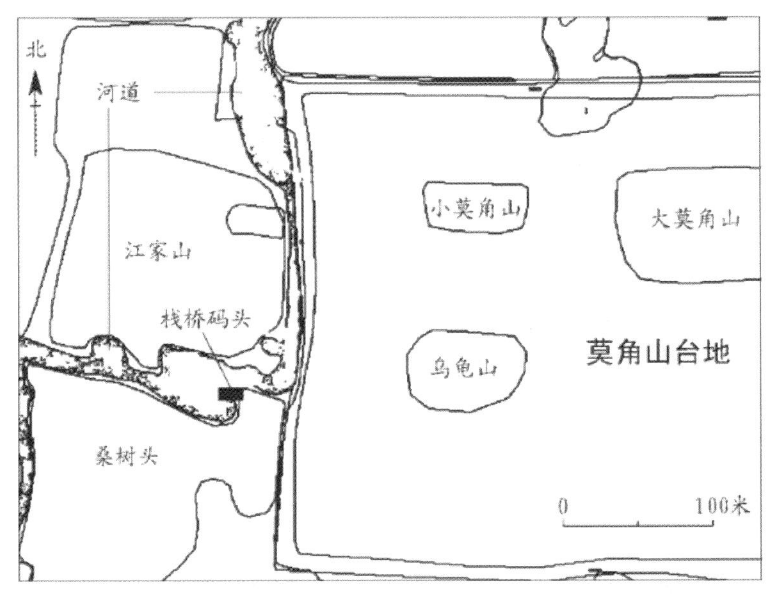

图 1-15　莫角山西坡河道与码头位置图

图片来源：刘斌，王宁远 .2006—2013 年良渚古城考古的主要收获 [J]. 东南文化，2014（02）：35.

三、龙山时代河套地区城邑选址

本书所述河套地区，是指龙山时代考古发现比较集中的内蒙古中南部和陕西北部地区。该地区基本位于中原文明的边缘，地处农耕经济与游牧经济交界线的中段地带，地形由平原转向山地，气候由半湿润转为半干旱。史前龙山时期的城址分布和形态，深刻呈现上述地理特征。比较典型的城址群落为：岱海地区城址群、大青山南麓城址群和陕北神木石峁遗址。

① 刘斌，等 . 2006—2013 年良渚古城考古的主要收获 [J]. 东南文化，2014（02）：31-38，67.

（一）岱海地区

岱海地区位于今内蒙古岱海西北岸的开阔地带，背靠蛮汉山南麓。这一地区的发现多处于龙山时期（中期），因其中的“老虎山城址”规模最大且最为典型，故岱海地区的龙山时代文化也被称为“老虎山文化”（图 1–16）。

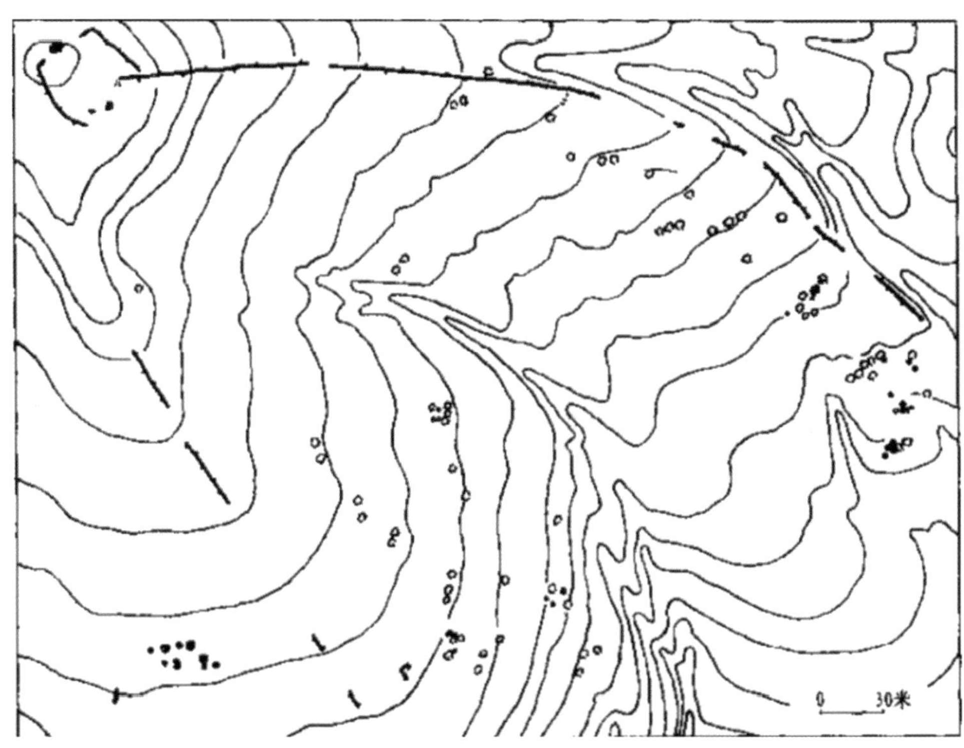

图 1-16　凉城县老虎山遗址位置图

图片来源：许宏．先秦城市考古学研究 [M]. 北京：燕山出版社，2000：20.

老虎山城址（距今 4500 年—4300 年）：依山而建，位于老虎山南坡，东侧有流溪，城内面积 12 万平方米（长 390 米，宽 310 米），呈簸箕形，由 8 个台地构成，地形北高南低，上下高差超过一百余米。城垣由石头垒砌（石缝垫有黄土）而成，依山势而建，残高 0.5 米，宽约 1 米。城内西北角地势最高处，有小城（边长 40 米），有石头砌筑的建筑基础，可能是祭祀之处。①

① 许宏．先秦城市考古学研究 [M]. 北京：燕山出版社，2000：20.

总体而言，老虎山遗址的文化发育程度不高，居住形态上尚未完全脱离穴居状态，城内房屋“均为圆角方形半地穴式建筑”[①]，陶器基本手制，未见礼器和农业工具的发现报告，处于社会分级和贫富分化才刚刚开始的阶段。

岱海城址群面向平原，背靠大山，选址于不同地形的交接处（图 1–17、图 1–18）。同期另有西白玉、板城城址，分别位于老虎山东北、西南方 5 千米外的山地，依山起城，形态不规整，城墙修筑方式与老虎山相同，城内面积差不多是老虎山的一半左右。

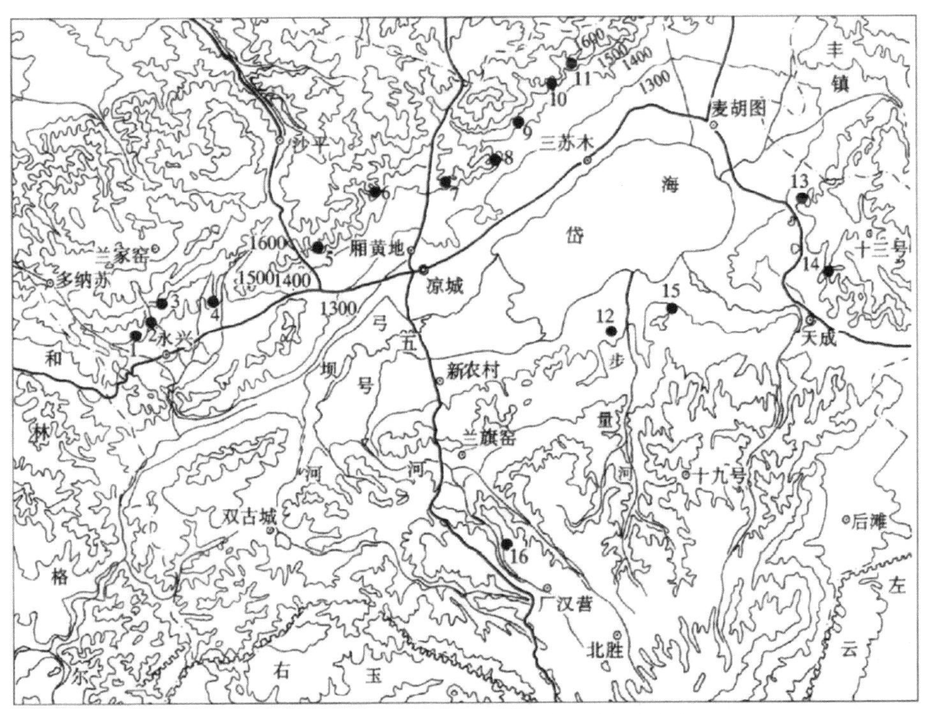

1. 西白玉　2. 面坡　3. 老虎山　4. 板城　5. 窑子坡　6. 杏树贝　7. 白坡山　8. 园子沟　9. 合同窑　10. 大庙坡　11. 武家坡　12. 狐子山　13. 黄土坡　14. 砚王沟　15. 石虎山　16. 界牌沟

图 1–17　岱海地区老虎山文化聚落的分布

资料来源：戴向明．北方地区龙山时代的聚落与社会 [J]. 考古与文物，2016（4）：63.

① 田广金．凉城县老虎山遗址 1982—1983 年发掘简报 [J]. 内蒙古文物考古，1986（00）：39.

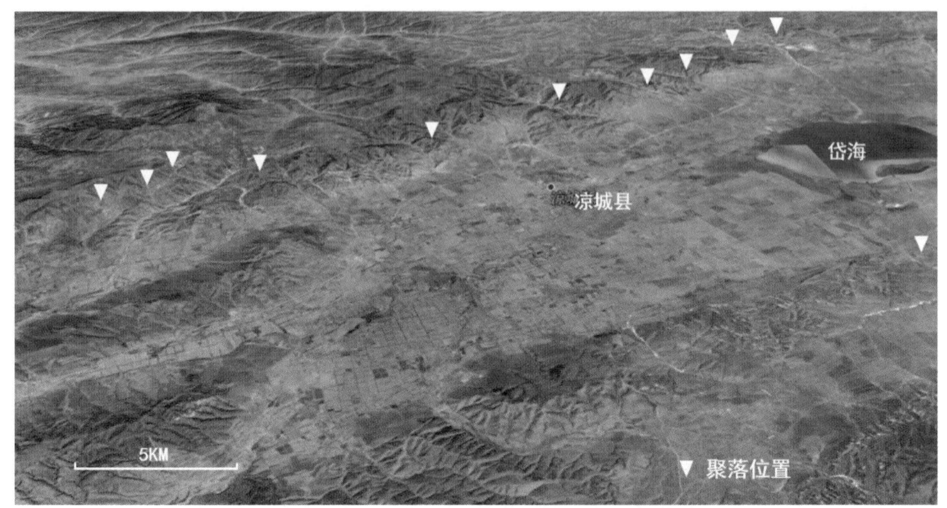

图 1-18 岱海地区老虎山文化周边地形图

资料来源：根据 Google 地图改绘

龙山时代后期，岱海地区城址群均被废弃，陕北地区大型城址兴起，原因可能还是公元前 2000 年的降温事件，环境恶化导致人口迁徙。①

（二）大青山南麓

内蒙古包头以东的大青山南麓台地，分布有十余处仰韶及龙山时期遗址，均位于南向坡地，地势较高且南低北高。这些遗址沿等高线等距一字排开，约 5 千米便有一城。目前发掘到石砌城垣的有 5 座城址，分别是阿善、威俊、西园、莎木佳、黑麻板，均属阿善文化三期晚期，距今约 4800 年。其中阿善城址规模最大，具有代表性。

阿善城址（距今 4500 年）约 5 万平方米，位于大青山山脉与河套平原相交处，南距黄河 2 千米。城址由两座小石城组成，两小城相距约 250 米，外形均不规整，南北长而东西短，所处台地较高，东台高于黄河水面 96 米，西台 81 米。西小城南端的建筑群另有石墙围合，城内有 18 座一字排列的石堆，可能是该城的祭坛。②

① 戴向明．北方地区龙山时代的聚落与社会 [J]. 考古与文物，2016（04）：64.
② 崔璇，斯琴，刘幻真，何林．内蒙古包头市阿善遗址发掘简报 [J]. 考古，1984（02）：97-108，193.

与老虎山遗址类似，阿善城内文化积存薄（不到1米），半地穴与地面建筑并存，墓葬简单，无轮制陶器出土，经济生活以农业为主，兼有家畜饲养和渔猎。

莎木佳、黑麻板城址由两个小城组成，威俊城址由三个小城组成，此三城均位于南向山坡，为不规则城址形态，石质城垣，有仪式祭坛的遗址。

大青山南麓城址群均选址在临河岸的陡峭台地上，成串分布（图1-19），各由两三小城组成，面积不大却多数有祭祀功能。观察该地区地形，黄河与大青山之间当时应尚有大量适宜建城的平坝地区，现包头城就坐落于这一地区，阿善等史前遗址建于陡峭险要的地形之上，都用石块砌筑城墙，防御的目的性比较突出。

图1-19　大青山南麓城址群分布示意图

资料来源：根据Google地图改绘

值得指出的是，以阿善、老虎山为代表的河套地区龙山时代石城城址，均位于相对海拔较高的南向山坡，随地走势。这些城址不但城内不平坦，沟壑纵横，无整块平坝地可用，往往高地分台，或分为两三小城；而且城址距离水源较远，取水极为不便。为何为了获得城址的防御优势而放弃如此重要的生产生活资源，或许在后期考古过程中能揭示这一问题答案。

（三）陕东地区

内蒙古中南部城址群于公元前2000年左右衰落，但这一地区的城址选址偏好、城市营建手段并没有消亡，而是被转移、继承到晋中北、陕西榆林地区兴起的城址了，如河套地区发现最大规模的史前城址，属于龙山文明中后期的陕西东部的神木石峁古城。

石峁古城坐落于黄土高原北部边缘，北距长城约10千米，其实用年代大约是龙山文化时代至二里头文化时代，距今约4000年，是与夏并行的一处大型聚落。石峁并不是孤城，周围城址群已经形成，这一时期，陕北榆林一带以石峁为核心的周围数十平方千米范围内，考古发现了十数个大小不一的石城遗址，面积从几万平方米到数十万平方米。考古发掘比较充分的是寨峁梁遗址（秃尾河流域遗址，与石峁距离20千米），“其时代、建筑形制和器物类型等特征同石峁城址存在明显关联”[①]，寨峁梁遗址在以石峁为核心的聚落体系下，级别并不高，可能为村落级。[②]从内蒙古海岱、大青山南麓城址演变而来的石峁城址群，文明发达程度过高，明显缺乏中间层级城址的过渡[③]，也许考古工作将在河套地区发现若干次级中心城邑遗址。

在城市营建方面，石峁古城具有三个鲜明的特色，彰显了这一时期华北地区聚落文明的新高度。

第一，城址面积巨大。

城址分为三个圈层，城内中心是“皇城台”，面积约8万平方米，有阶梯状石砌护坡，即类似良渚莫角山式的台城，疑似全城的宫殿区；内城有不规则石墙围合，约210万平方米，外城依托内城东南城墙，向东南方向拓展出去约500—700米，增加面积约200万平方米，这样全城总面积约为400万平方米，是目前已知的史前遗址中规模最大的古城（图1–20）。

---

① 陆航．石峁并非一座孤城[N]．中国社会科学报，2016-01-22（5）．

② 孙周勇．陕西榆林寨峁梁龙山遗址发掘获重要收获[N]．中国文物报，2015-11-06（8）．

③ 作为一级城址，石峁面积达到400万平方米，但陕北地区目前尚未发现30到100万平方米的二级城址，只有大量30万平方米以下的三级城址。参见王炜林，郭小宁．陕北地区龙山至夏时期的聚落与社会初论[J]．考古与文物，2016（4）：52-59.

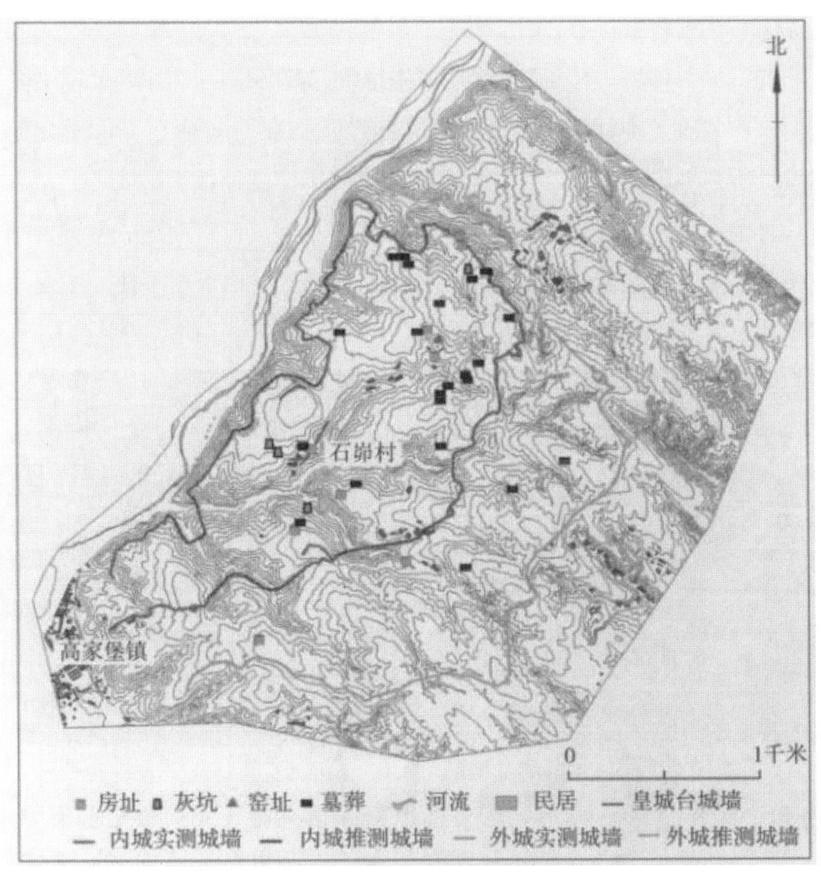

图 1–20　石峁城址形态图

资料来源：孙周勇等．陕西神木县石峁遗址[J]. 考古，2013（7）：15-24.

这一规模超过了同为龙山时代的长江中游的石家河遗址（120 万平方米）、下游的良渚遗址（300 万平方米）、黄河中游的陶寺遗址（270 万平方米）。与之相较，内蒙古中南部的岱海、大青山南麓几万平方米左右的遗址，可算作袖珍古城。

而古城建设至少包括组织石墙运输和修砌、场地的平整、台地的修筑、主体建筑的建造，且石峁古城又分为宫殿区、内城区、外城区，分区明确，内外有别，层层设墙，这是需要极大的社会组织和动员能力作为支撑的。再考虑到古城大量的玉器和壁画的出土，可以认为，石峁古城是这一时期的华北某古国的中心城邑。

第二，选址注重防御。

石峁古城具体城址位于陕西神木秃尾河的支流洞川沟东岸，台塬梁峁之上（图 1-21），城址“地标沟壑纵横，支离破碎，海拔在 1100 米至 1300 米之间”①。石峁城址所在地区地形复杂，城址尤其注重防御。城址位于高坡之上，城内地形较为复杂，高差较大，易守难攻；北部靠近悬崖，设宫殿区“皇城台”，南部坡缓，层层设置城墙防御，且环城均设有城墙。城内取水不便，城址并未发现水源且距离主要河流秃尾河近 3 千米。

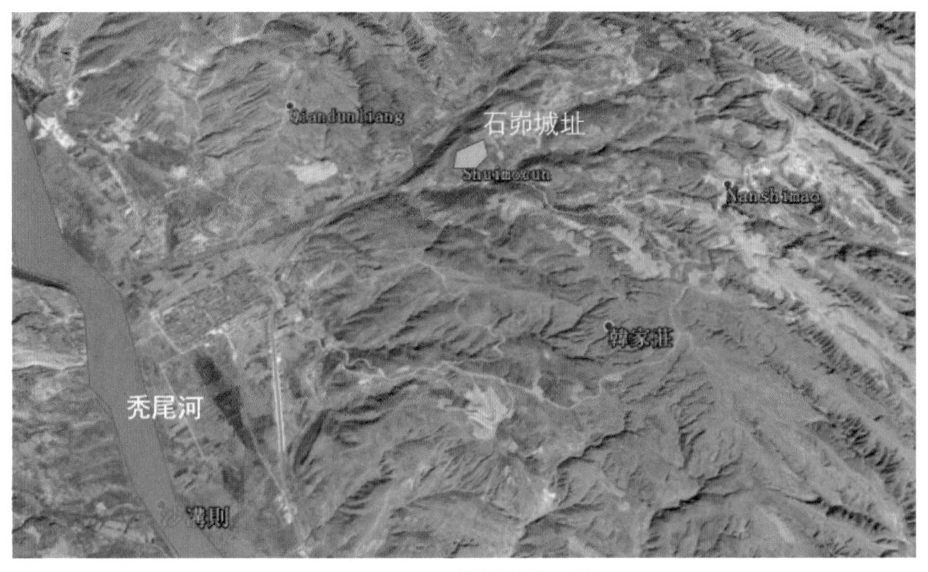

图 1-21　石峁城址位置图

资料来源：根据 Google 地图绘制

石峁城墙突出防御职能，主要材料沿袭内蒙古中南部石城遗存的传承，以石材作为主要筑墙材料，且基本形成了闭合的环形城垣系统，目前内城墙体残长 2 千米，外城墙体残长 2.84 千米②，宽约 2.5 米。石峁城墙不仅长度惊人，而且构造复杂，出现了雏形期的马面和瓮城，形成了整体性的城墙防御体系。这也说明石峁的城墙，至少不完全是神权或王权地位的象征，也非出于排水防洪的考虑（从地势高差上来看也无可能），而是防御战争的需要。马面是在中国

① 孙周勇，邵晶，邵安定，等．陕西神木县石峁遗址 [J]. 考古，2013（07）：15.

② 文艳．陕西神木石峁遗址 目前国内最大史前遗址 距今 4000 年 [N]. 西安日报，2012-10-30（002）.

古代筑城常用的技术，即城墙外侧的突出部分，一般间隔一段距离设置一处，作为交叉火力配置处，打击靠近城墙的敌人。考古发现石峁古城至少有 11 处马面遗址，集中分布在外东门附近①，观察石峁城址地形，东部为全城地势最低处，也是主要进出通道，为全城防御重点。另内蒙古中南部、陕西北部同时期石城城址，并未大量构筑马面城墙设施。这可以理解为作为中心城市，石峁古城承担了巨大的防御压力，也提供了猜想的基础，即石峁古城所处区域格局复杂，古城代表的文明可能具有某种异质性和殖民性。

瓮城是迟滞进攻者行动、增加防御空间和时间的有效的防御性城建设施。在中国城址的营建中，汉唐时期，瓮城便已广泛出现。先秦时期的瓮城实例，比较典型的是商代前期的山西垣曲商城、新郑望京楼城址、山西陶寺大城的北城。石峁古城的外城东门，是全城地势最高处，2012 年至 2014 年的考古工作中发现了体量巨大、结构精巧、建造技术复杂的瓮城遗址。东门位于“外城东北部，视野开阔，位置险要，由内瓮城、外瓮城、南墩台、北墩台、马面、门塾、散水等组成，总面积约 4000 平方米”②（图 1–22）。

图 1–22　石峁遗址外城东门址

资料来源：孙周勇，邵晶．瓮城溯源——以石峁遗址外城东门址为中心 [J]. 文物，2016（2）：50–56.

石峁古城，将中国城市瓮城、马面出现的时间，由原来认为的北魏、唐时期，上溯至龙山时代的中晚期。从地形利用、功能布局、城墙规制、城门构造等多方面看，石峁城址防御性极强，如果不考虑其超大面积的规模，石峁不太像大

① 孙周勇，邵晶．马面溯源——以石峁遗址外城东门址为中心 [J]. 考古，2016（06）：83.
② 孙周勇，邵晶．瓮城溯源——以石峁遗址外城东门址为中心 [J]. 文物，2016（02）：50.

国国都，比较接近殖民点军事堡垒。

第三，特殊的宇宙观。

经考古勘测及实验，石峁城址有着独特的宇宙观。城址外城东门地势较低，位于皇城台的正东，而其城门却朝向东北方（夹角约 30°），据测算及推测，石峁城址的设计者有意让夏至日的朝阳直射入城门甬道，照亮瓮城内的壁画。有研究认为石峁选址中已经掌握了立竿测影方式，精确测定了该地区夏至的日期及日出日落方位角，并建立了东门周边的平面直角坐标系。[①]东门是整个城址的重中之重，外瓮城南北向长墙和北墩台下，不但有有意埋入的玉器，且有两处集中埋置头骨的圆形坑。这些头骨有被烧过的痕迹，大多为 20 岁左右的年轻女性。[②]这很可能是石峁城址修筑过程中隆重的伐祭形式的牺牲。

石峁古城面积如此巨大，在龙山时代中后期的华北地区无出其右（目前资料显示），在北方文化圈占据核心位置，其所承载的文明，很可能已经进入了酋邦与国家之间的过渡阶段，即苏秉琦先生所言的“古文化、古城、古国”三阶段中的“古国”阶段。“古国”阶段意味着大面积的腹地和星罗棋布、众星捧月式的中小型城邑的拱卫。“古国”的国都面临的直接战争威胁并不大，为何从内蒙古岱海、大青山南麓诸城址到石峁古城，都如此在意城市的防御能力？为此不惜脱离水源、脱离平坝，也要选址于高坡之上，并极为重视城墙建设，不惜人殉于城墙、“墙内埋玉”以及绘制壁画。

一种较为大胆的解释是，石峁先民并非来自中原地区的土著群体，而是来自欧亚大陆的外来族群。石峁古城是强有力的外来者，虽建立了硕大的中心城邑，但处于农耕文化聚落的敌视和包围中，不得不时刻警惕可能的袭击甚至毁灭。如石峁石墙的修筑方式，带着强烈的内蒙古中南部石城的痕迹，且技艺更为精湛，文化传播由北至南的方向明显；2015 年曾在石峁城墙马面筑石中发现完整的石雕人面像，“这一石雕人面像高二十多厘米，宽十几厘米，深目高鼻，表情沉静”[③]。石雕人面像在我国龙山时期的中原地区罕见，但在欧亚草原地

① 吕宇斐，孙周勇，邵晶．石峁城址外城东门的天文考古学研究 [J]. 考古与文物，2019（01）：46-55.

② 孙周勇，邵晶，邵安定，等．陕西神木县石峁遗址 [J]. 考古，2013（07）：15-24，2.

③ 陕西神木石峁遗址惊现“石雕人面像”[N]. 中国民族报，2015-11-10（007）.

区则源远流长。“黑海北岸地区颜那亚文化之前的密卡洛伏喀下层文化和凯米-奥巴文化都使用石雕人面像，……南西伯利亚和新疆地区使用石雕人面像大约是从公元前2500年的奥库涅夫文化和切木尔切克文化开始的，……从人面的特征看，切木尔切克文化晚期的石人比较接近石峁遗址发现的石人。”①2009年有人对石峁古城的20余件石雕、石刻进行研究，其中不乏头戴尖帽，高鼻深目者。②

石峁古城，位于农耕与牧业交汇带附近，城址的具体位置与营建方式带着龙山时期不同地区文化交流的深刻痕迹，也有可能为中华文明多元渊源留下待证的线索，也加深了我们对中国古代城市选址思想、实践的复杂源头和进程的理解。

四、龙山时代黄河中下游地区城邑选址

黄河中下游地区，是仰韶文化、龙山文化、殷商文化的叠加发展地区，也是华夏文明夏商时期萌发出枝、形成国家政权的主要区域。龙山文化得名于黄河下游的海岱地区（山东章丘龙山镇），而中游的中原地区龙山文化与海岱地区龙山文化相对独立，来源可能并不相同，城址也各具特色。

（一）中原地区

目前考古发现龙山时代城址15座，大型中心城邑是山西襄汾陶寺古城，次级中心城邑有登封王城岗、新密新砦龙山城，一般性城邑有新密古城寨、郾城郝家台、安阳后冈、辉县孟庄龙山城、温县徐堡、淮阳平粮台等。其中陶寺古城（距今约4300—3900年）横跨龙山时代的中后期，规模、存续时间和文化特征最为典型。

1. 襄汾陶寺古城

古城位于山西襄汾县东北7.5千米外的塔尔山西侧，汾河东岸，城址东

① 郭物.从石峁遗址的石人看龙山时代中国北方同欧亚草原的交流[N].中国文物报，2013-08-02(6).

② 孙周勇，邵晶，邵安定，康宁武，屈凤鸣，刘小明.陕西神木县石峁遗址[J].考古，2013（7）：16.

西宽约 2 千米，南北长约 1.5 千米，面积约 270 万平方米，城址形态为圆角长方形。陶寺古城作为中原地区最大的龙山时代城址，城市选址和营建方面呈现以下特点。

（1）区域聚落格局。

陶寺遗址处于大量同时期的聚落群簇拥中。这些聚落数量庞大，根据《中国文物地图集》统计，临汾地区有239个龙山时期遗址；有5种不同等级的聚落（根据面积），呈金字塔形格局分布。根据聚落密度分析，临汾地区的遗址又可分为 8 个团聚区，陶寺所处的襄汾区聚落密度最高，聚落之间距离普遍较小，不超过 2 千米。[①] 陶寺城址位于临汾地区聚落的地理核心位置，如同国都一般，统御众多中小聚落，并被其所拱卫。而其城址在聚落群的发展中（这一地区枣园文化、庙底沟文化、西王村文化、陶寺文化的遗址数量分别是：8、177、15、239 个）形成。

（2）城址环境条件。

陶寺城址选择在塔尔山西北倾斜的黄土台地上，与汾水的距离较为合适。当时的地貌植被与今天不同，临汾地区气候温暖湿润，植被发达，陶寺城址内中梁沟和南沟尚未发育形成，台地平坦，利于各项城市建设且避水患；全新世古土壤有机质较为丰富，利于农耕活动开展；汾水是最便捷的交通通道，且能满足用水需求；[②] 塔尔山则能提供石质生产原料和建筑材料（白灰面等）[③]。

（3）城邑经过拓址。

城址分为早期城址和中期城址，分别属于龙山文化早中期和中晚期。早期城址位于大遗址的东北部，由宫城及南侧外城构成，面积约 20 万平方米，核心区是宫殿区，约 5 万平方米，有夯土台阶以及大量奢侈建筑残余（如绿松石片、红彩漆器、大玉石璜等），与生活区遗存截然不同。中期城址扩大到280万平方米，但早期城址的宫殿区被完全废弃，取而代之的是石器和骨器加工的手工业者的聚居场所，而且还发现了大量因暴力致死的遗骸。[④]（图 1–23、1–24）

---

① 李拓宇，等．山西襄汾陶寺都邑形成的环境与文化背景 [J]. 地理科学，2013（04）：443-449.

② 这一时期大型的城址，如方城、南关、南石、下樊、下靳等，都围绕汾水、浍水交汇处展开。

③ 李拓宇，等．山西襄汾陶寺都邑形成的环境与文化背景 [J]. 地理科学，2013（04）：443-449.

④ 何驽．陶寺文化遗址走出尧舜禹“传说时代”的探索 [J]. 中国文化遗产，2004（01）：59-63，4.

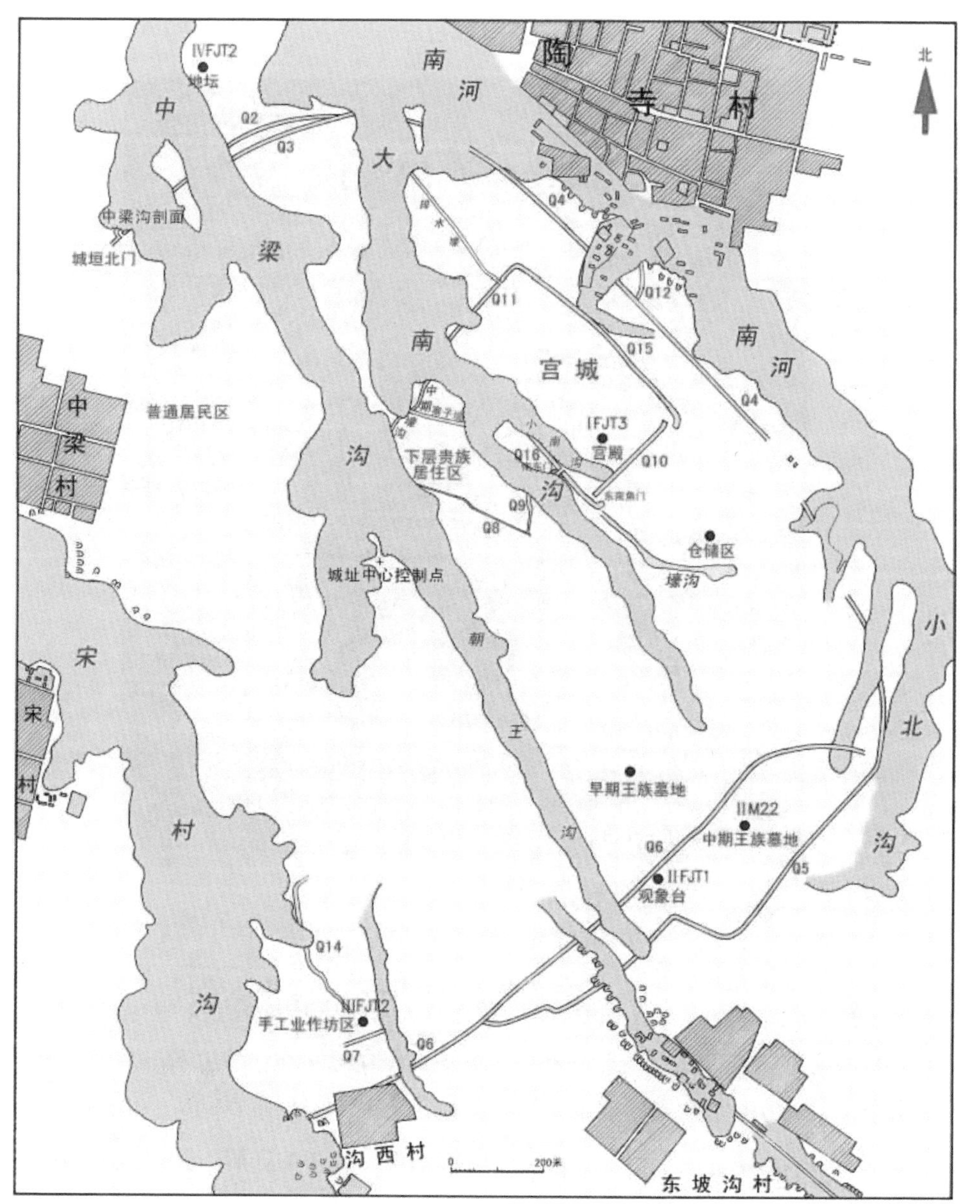

图 1-23　陶寺城址聚落布局

资料来源：何驽，高江涛．薪火相传探尧都——陶寺遗址发掘与研究四十年历史述略[J]．南方文物，2018（04）：26-40

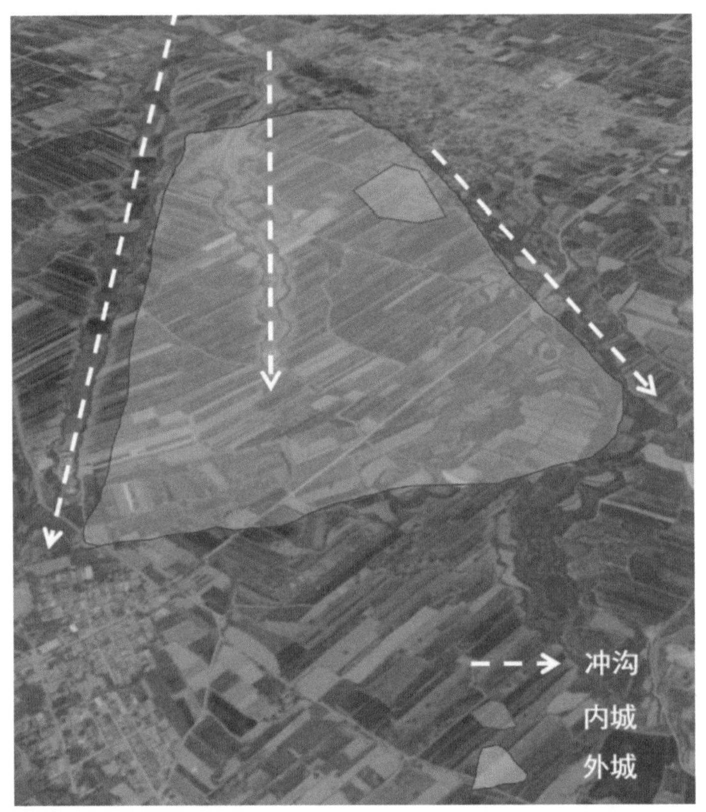

图 1–24 陶寺城址位置示意图

资料来源：根据 Google 地图绘制

陶寺遗址早期城址（距今 4300 年到 4100 年）与中期城址（距今 4100 年到 4000 年）的时间间隔大概是 200 到 300 年。但在此期间，城邑形态发生了很大的变化。一方面是向南拓展了大量的用地，另一方面是原有城邑的中心区（宫殿区）迁移，原址改作他途。这有可能源于外来势力的征服，陶寺被重新规划改建，统治陶寺的家族（集团）更替。

（4）设有观象建筑。

陶寺中期城址东南祭祀区内发现一处大型礼仪建筑基座，为半圆形夯土台（面积 1400 平方米），有三层台基，最上层台基有 12 道残深 4 至 17 厘米的缝隙，估计原有地面建筑为 11 个夯土柱。顶层半圆形夯土台圆心处有直径 25 厘米的多层夯土小圆台，据研究推测为天文观测点，为史前天文观象台，主要的功能是观象授时。具体观测方法即观测者立于观象台圆心，利用各观测缝，对远山（塔尔山）山顶的日切位置进行观察，判断季节乃至节令[①]。“考古学确定的年代（公元前 2100 年前后），太阳升起一半时，夏至太阳位于 E12 缝右部，冬至太阳位于 E2 缝正中。”[②]

形成于公元前 2100 年的陶寺观象台，是人类目前发现的最早的天文观象遗址之一，与英国的 Stonehenge（巨石阵，始建于公元前 2300 年左右）处于同一时期。在华夏文明的发展历程中，观象授时一直作为起始性的事件和标志。《尚书·尧典》所记载的尧的首功便是测天象、定历法：“乃命羲和，钦若昊天，历象日月星辰，敬授人时。”观象授时最初只是为了解决原始农业生产的时令问题，但在此基础上，先民不仅建立了最初的时间观，还建立了空间观念。在年复一年的观测中，（似乎）永恒不变的北辰、东南西北的四象、环绕帝星的二十八宿、侵入星系的彗星，这一切都构成了华夏文明关于空间、秩序、等级的思维基础，也将“天”“地”时空体系对应起来。方位决定一切，“辨方正位”成为城邑建设的首要准则。“天文学并不能仅仅被纳入科学的范畴，它既创造了文明，也是人们探索原始文明的途径。”[③]从石峁城址测夏至的东门建筑到陶寺的观象建筑，结合陶寺遗址大型礼制建筑、朱书文字题记，都直接而充分地说明了这一时期聚落已经处于文明萌发的阶段，不但与陶唐、虞舜、大夏传说有大量对接的可能，“与夏商周三代文明以及逐渐形成的华夏文明有明显传承关系，是华夏文明众多根脉中的主根”[④]，也是“华夏”概念的肇始。

2. 登封王城岗

王城岗遗址（距今 4000 年到 3500 年）位于颍河上游的登封盆地，该

① 刘次沅．陶寺观象台遗址的天文学分析 [J]. 天文学报，2009，（01）：107-116.

② 武家璧，陈美东，刘次沅．陶寺观象台遗址的天文功能与年代 [J]. 中国科学（G 辑：物理学 力学 天文学），2008（09）：1265.

③ 冯时．观象授时与文明的诞生 [J]. 南方文物，2016（01）：6.

④ 何驽，高江涛．薪火相传探尧都——陶寺遗址发掘与研究四十年历史述略 [J]. 南方文物，2018（04）：26-40.

地区已发现十余处龙山时代遗址，形成了聚落群，发现了玉琮、绿松石器等高级礼器的王城岗，则为此群落的中心城邑。遗址具体位置坐落于河南登封告成镇西约1千米的台地之上，大城城址约35万平方米，小城则分东西两城，西城为正方形，城墙周长约400米，城内总面积约1万平方米，东城因被五渡河冲毁，形态不确定。部分已挖掘城墙呈圆角形，城内较高地段有夯土基础，可能是重要的建筑台基，且夯土层内有人骨架，可能为建造时的仪式所用。[①]

3. 淮阳平粮台

平粮台城址（距今约4600年）位于河南淮阳县城东南4千米的大朱庄西南，平面呈正方形，面积约为3.4万平方米，各边长约为185米，并有南北贯穿的道路（轴线）。城墙建造工艺先进，已采用小版夯筑，并发现木制夯具。城门发现埋设了陶水管，节节紧套。已发掘房屋发现有地面铺红烧土粒，房基外设草拌泥散水的情况。

平粮台城址虽不大，但城市营建技艺较为先进，出现了采用正方形城址形态并以“轴线”统领城址空间、城墙夯筑工艺基本成熟、体制性的排水设施出现、建筑建设考究等特点，这些都说明这一时期的中原地区社会经济相当发达，国家即将出现，而城邑选址与建设水平也与文明发展水平相看齐。

（二）海岱地区

海岱地区（取“惟海岱为青州”之意）是指泰山与渤海之间的地区，也泛指山东全部、江苏北部、安徽北部组合而成的地区。海岱地区新石器时期的文化特征明显，发展路径独立而稳定。到了夏商期间，中原称此地区为“夷”“东夷”，事实上海岱地区的东夷集团，为华夏文明的形成做出了独特贡献。

有研究统计我国史前城址数量81处，海岱地区即有22处。也有研究认为黄河下游地区的龙山时代城址为18座。[②]虽地区范围和史前城址的时间期

① 安金槐，李京华．登封王城岗遗址的发掘[J]．文物，1983（03）：8-20+98.
② 张学海．试论山东地区的龙山文化城[J]．文物，1996（12）：40-52+1.

各学者的观点略有不同，但海岱地区的城址数量多、分布广的特点是客观存在的。

海岱地区城址普遍规模不大，这些城址中较大规模的是山东聊城阳谷张秋镇的景阳岗城址（38 万平方米）、山东章丘龙山镇的城子崖城址（20 万平方米）、山东临淄区朱台乡田旺城址（18 万平方米）。与其他同时期文化区相比较，海岱地区城址虽多，但尚未发现特大聚落，似与该地区文明进程和后阶段的影响力不相匹配，日后的考古工作中发现新的大型城址的可能性较大。

1. 城子崖遗址

城子崖遗址（距今 4500 年至 4100 年）位于“泰山－沂蒙山系西南麓的泗水河冲积扇和广阔的鲁西、豫东平原之间的过渡地带，是古代不同区系的文化接触、交流比较密切的区域”[①]，此区域是沟通山东中西部与中原地区的所在，即《小雅・大东》所述的“周道”[②]。具体位置在章丘龙山镇南 1 千米，巨野河支流武源河转折内弯的一台地之上，其东北约 500 米即为京杭大运河，南约 500 米为张山（海拔 37 米）。区域内黄土堆积较厚，土地肥沃，利于农耕活动开展。

城址为略方形台地，高于周边地区 20 米左右，现存城墙南北长 450 米，东西宽 390 米。[③] 城墙有基槽，为多次修筑而成，早期城墙均使用堆砌技术建成，晚期城墙改用版筑法，夯土规整，墙基尚有 10.6 米宽、2.1 至 3 米高。城墙修筑方法在后来的商周时代诸城遗址中能找到类似的工艺传承。

城子崖是早期的城邑，这一方面是由于其地手工业较为发达，手工业品种类较多，技术水平领先于整个时代；另一方面以其为核心形成的聚落团，显示出明显的城乡分异状况，城子崖作为中心聚落，起到了区域生产、行政组织的核心作用。

观察城子崖的选址，发现从宏观角度来看，其位于泰沂山地北麓的区域级

① 李季，何德亮．山东济宁程子崖遗址发掘简报 [J]. 文物，1991（07）：47.

②《小雅・大东》言：“周道如砥，其直如矢。”

③ 安金槐．谈谈城子崖龙山文化城址及其有关问题（纪念城子崖龙山文化遗址发掘六十周年）[J]. 中原文物，1992（01）：3-8.

走廊地带（图 1–25），沟通中原与海岱地区，较为便利，这一走廊目前也是山东省的经济走廊，国道 309、济青高速公路、胶济铁路、济青客运专线等重要的交通廊道汇聚此处。[①] 水源充沛、土壤肥沃，台地地形，则成为其选址的微观条件。

图 1–25 城子崖城址位置示意图

资料来源：根据 Google 地图自绘

2. 景阳岗遗址

景阳岗遗址（距今 4400 年到 4000 年）位于山东阳谷张秋镇，县城东南 17 千米、黄河以北 4 千米处。此处为鲁西北黄河冲积平原，历来土地平整而肥沃，农耕业发达。城址使用时期大概是龙山时代中期到晚期，所在处为一沙岗，约高于地面 10 余米，城址平面接近长条形，南北长 1150 米，中部最宽处约 400 米，面积约 38 万平方米，城内分为大小两个台基（图 1–26），大台基面积 9 万多平方米，小台基 1 万多平方米，[②] 可能是祭祀建筑群落基础。景阳岗城墙主要采用堆砌技术，外坡陡峭而内坡平缓，与宝墩文化防御洪水的城墙剖面截然不同。

---

① 刘江涛．城子崖遗址龙山文化环境与资源初步研究 [D]. 山东大学，2015：54

② 李繁玲，孙淮生，吴铭新．山东阳谷县景阳岗龙山文化城址调查与试掘 [J]. 考古，1997(05)：11-24，97-98.

图 1–26　景阳岗城址位置示意图

资料来源：根据 Google 地图绘制

鲁西北的龙山文化聚落呈团状分布，景阳岗、王家庄（4 万平方米）、皇姑冢（6 万平方米）三处城址，实际上各代表三组聚落群，[①] 共同组成鲁西北的聚落格局。其中景阳岗的地位最高，有夯土的疑似“祭祀区”以及刻有文字的陶器，应该是当时聚落的中心城邑。

五、不同区域的选址特点

总体而言，龙山文化时期不同区域的古城城址，各自呈现一些共同特点（表 1–1）。

① 田庄．海岱地区史前城址研究 [D]. 南京师范大学，2011：39.

表 1-1　龙山文化时期不同区域城址特点

区域	位置特点	形制特点	筑城技术	大城规模	代表性城址
长江流域	山地平原交汇区域，平行支流建城，注重防洪功能，高岗台地筑城；大小城址形成大型群团结构，拱卫中心城邑	形态规整；出现宫殿或贵族区（良渚、石家河）	善于利用地形；城墙外坡大；夯土扎实(良渚)	60 万平方米（宝墩）；120 万平方米(石家河)；300 万平方米（良渚）	宝墩、石家河、良渚
河套地区	面向平原的山地南坡筑城；重视防守功能	依山就势，并不规整；出现宫殿区(石峁)；	石材砌筑、城墙城门结构复杂；形成瓮城及马面	400 万平方米（石峁）	老虎山、阿善城、石峁
黄河中下游地区	位于区域交通廊道，靠近水源及耕地；平原台地筑城；形成多个小型群团结构	城址较为方正；出现宫殿区（陶寺）	城墙开凿基槽；采用版筑技术	280 万平方米（陶寺）；38 万平方米（景阳岗）	陶寺、平粮台、城子崖、景阳岗

(一) 长江流域选址特点小结

长江流域的城邑大部分出现在龙山文化时期（约距今 5200 至 4000 年），个别城址的建设使用甚至起源于更早的仰韶时代中晚期（距今 6000 年左右，如石家河的城头山）。无论是数量还是时间起点，长江流域都领先于黄河流域。由于纬度基本相同，流域内部交通借助河流，交流较为充分，在长江上游、中游、下游各大区域，城址选址具有一些相同的特点。

1. 山原交汇

长江流域诸文化城址，大多选址于山原交汇之处，虽多由山地聚落发展而来（如古蜀之营盘山、江汉之城背山），但主要城址并不选择于山丘之上；虽位于平原，但又不进入平原内部。这一兼顾各种地理环境优势的选址偏好，与各文化区后来的中心城市选址完全不同。长江流域后来的中心城市如上游的成都、中游的武汉、下游的杭州，分别位于成都平原、江汉平原、杭嘉湖平原的中心位置。

这一山原交汇、地利兼顾的选址特点，与文明的成长发育阶段密不可分。

刚刚从丛林山地迁移到平原浅丘的史前部落，尚处于从食物的采集者向生产者转变的过程中，承担不了食物匮乏的风险。只有当农业工具进步之后，如石犁取代骨耜、铜器乃至铁器被广泛使用，农业发展到熟荒耕作阶段，农业经济彻底取代了采集经济，农业部门成为社会经济的主导部门，人口大量增加，聚落（城邑）的位置才能自信地选择在大平原的腹心地区。

2. 支流建城

防洪是长江流域诸城选址时考虑的重点问题。长江上游的宝墩文化前期城址，如宝墩、芒城、双河、鱼凫等城，城址临近河道（西河、泊江河、螃蟹河、江安河）但又不靠近主干河流（岷江）；长江中游的石家河文化主要城址，如龙嘴、笑城、鸡鸣城、阴湘城等，也选址在主干河流（长江、汉水、澧水、陨水）的支流水系。究其原因，“大江大河的水面宽阔，水流湍急，一旦到了汛期，水势很难阻挡，以现代的抗洪手段仍然力有所不及，更遑论史前”①。支流水系抗洪压力小，不但可以取之作为水源，而且还能引水入城，成为城内外便捷通道。

3. 高地建城

高岗台地筑城，也是这一时期长江流域诸城址选址的共同点。宝墩文化各遗址位于河流旁的高地，且城内地坪均高于城外；石家河文化的各遗址，大都位于低矮岗地之上，阴湘城城址目前仍高于周围四五米；②良渚古城不仅地势较高，而且对居住地区进行了垫土处理，在沼泽密布的江南水网地区抬高地坪、防洪排涝③，为确保宫殿区莫角山的防洪安全，全区整体夯土，高度少则三四米，多则 17 米，体量和高度之大，十分罕见。

另外，长江流域诸城址都有城墙环绕，有的城墙外侧斜度并不适合部落间的战争需要，推测是为了防洪而设，且考虑到长江上游、中游、下游各城址大量出土石质农具、玉器、陶器，其实并未出土过多的武器，至少很难判断出土

① 郑好．长江流域史前城址研究 [D]. 复旦大学，2014：113

② 赵春青．长江中游与黄河中游史前城址的比较 [J]. 江汉考古，2004（03）：58.

③ “良渚古城的东面原来是较为低洼的沼泽湿地，良渚人应该是在修建古城的同时对城外一定范围进行了统一的规划。他们在沼泽中堆筑了几条东西向的台地作为居住地，在堆筑台地的同时形成了河道水系。这些长条形的台地在使用过程中，被一次次地加高和拓宽。”刘斌，等.2006-2013 年良渚古城考古的主要收获 [J]. 东南文化，2014（02）：34.

遗存的武器属性，则可推测围绕城邑展开的战争，也许并没有想象中的那么频繁，城墙设置的主要目的，可能集中于防洪一途。

事实上，长江流域各地区龙山时代的文明，均中断于龙山文化中后期，聚落数量锐减，规模严重压缩，聚落体系完全崩溃，主要大型中心城邑被废弃，本来已经处于文明曙光期的各文化，无一例外又进入了黑暗中。从大范围的时空关系中究其原因，公元前2000年左右开始的全新世温暖期的最后一次降温，造成了洪水在长江流域的泛滥，城邑被摧毁，耕田被常年淹没。各种文化的史前传说支持了洪水说，而地质考古方面也同样有所证据，如良渚遗址上普遍发现了一层淤泥层。① 虽然长江流域诸城如此重视城址防洪，但或许最终还是洪水压垮了城址的防护设施。

4. 群团结构

新石器中晚期的长江流域，发达的稻作农业，提供了大量的剩余农产品，促进人口的大规模增长。这一时期的大型聚落的面积，已经能够达到上百万平方米了，与新石器早期聚落相比，增大的尺度非常惊人。如长江下游的河姆渡遗址，面积只有4万平方米，到了良渚古城遗址，面积达到了290万平方米。

一方面单个大型中心聚落初现，成为城邑，另一方面区域内呈现以这些城邑为核心、等级化的聚落体系。中心聚落（城邑）的选址，并未有考古证据证明是在原有聚落基础上发展壮大的，有研究认为："龙山时代的城邑相对于前此的中心聚落来说都是异地而建，……是从中心聚落到城邑的发展过程的非连贯性。"②

长江上游的宝墩文化诸城，其实聚落的金字塔形体系发育并不明显。在成都平原西部，一个文化期内存在六座规模等级差别不大的城邑③，而目前考古发现中，"极少发现暴力冲突和武装镇压的遗存现象，甚至很难分辨有没有或者

① 吴文祥，刘东生．4000aB.P.前后降温事件与中华文明的诞生[J]．第四纪研究，2001（05）：443-451.

② 许宏．先秦城市考古学研究[M]．北京：燕山出版社，2000：49.

③ 宝墩遗址面积为60万平方米，并没有绝对优势，如鱼凫古城面积40万平方米，郫县古城面积32万平方米。

哪些器物属于武器”①，可以初步认为，“它们之间在总体上也一定保持着友好的邻邦关系，而不是对抗和冲突的敌对关系②”。宝墩各城邑及其控制区域，都是同一政治集团的分属部分。这种平行化的政治分区格局，到了三星堆文化时期，才被打破。

长江中游的石家河文化诸城，聚落发育充分，“屈家岭、石家河文化时期聚落的等级化比较明显，可以分为三、四等级”③。石家河遗址甚至成了江汉平原古国的中心城邑（都城）。从屈家岭文化发展到石家河文化，这一地区的聚落形态发生了深刻变革，如原有的聚落群发展成为了聚落群团（图 1–27），而若干聚落群团组成了酋邦型的前国家形态。石家河遗址本身就是一个有 4 个聚落的聚落群，而在其外围，约 1 千米范围内，屈家岭文化时期就有 13 个聚落环绕，到了石家河文化时期，环绕的聚落数量增加到 38 个。④

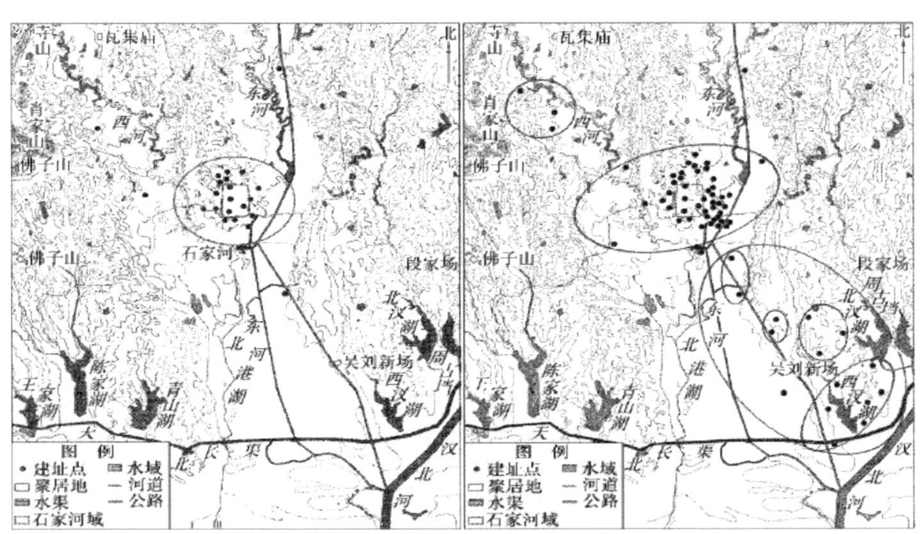

图 1–27　屈家岭和石家河时期石家河城址及周围同期聚落的分布图

资料来源：裴安平．聚落群聚形态视野下的长江中游史前城址分类研究 [J]. 考古，2011（4）：50-60.

长江下游的良渚聚落，从目前的考古发现来看，虽是一个以良渚古城遗址

① 段渝，陈剑．成都平原史前古城性质初探 [J]. 天府新论，2001（06）：86.

② 段渝，陈剑．成都平原史前古城性质初探 [J]. 天府新论，2001（06）：85.

③ 韩翀飞．龙山时代聚落形态研究 [J]. 华夏考古，2010（04）：88.

④ 裴安平．聚落群聚形态视野下的长江中游史前城址分类研究 [J]. 考古，2011（04）：50-60，115.

为单核的聚落形态，但仍存在如福泉山、寺墩等次中心遗址，是“许多大大小小的中心，围绕着一个最大的中心，形成重瓣花朵形的向心结构”①。这种聚落结构至少由四级构成，第一级是良渚古城遗址——实际上的良渚的“古国都城”和太湖南岸地区的统御者；第二级是规模较大的常州的寺墩遗址以及墓葬等级较高的上海的福泉山遗址等次中心聚落；第三级是苏州的草鞋山遗址、张陵山遗址等分中心聚落；第四级是普通村落遗址。

与新石器前期的聚落不同，新石器中后期的城邑，已经成为聚落群组的核心，新石器末期社会分化更趋尖锐，最突出的社会现象是大型的高层次的城址聚落与普通二三级聚落并存，形成对立格局和主从关系。②诸多不同聚落组群加上各自的城外附属之地，构成了新型的势力划分格局以及军事、粮食、大型工程的协作网络。在中心城邑的选址中，有可能发生的是，在原有的自然、地理因素之外，选址时势必考虑政治因素的影响，即与周边附属聚落的距离、交通、亲密程度等复杂关系。

（二）河套地区选址特点小结

中国北方的龙山时代城址可以粗略地分为两部分，一部分是河套地区，二是黄河中下游地区。这两个地区各自独立发展，形成同一时期不同的城址选择和营建特色，并将此种特色保持到了下一阶段，即铜石并用时期。

河套地区城邑选址偏好，包括以下几个方面。

1. 城址依山就势，并不规整

内蒙古岱海地区老虎山文化诸城城址、大青山南麓地区阿善文化诸城选址，均不约而同地位于面向平原的南坡山岗，根据地形起伏，依山就势筑设城垣。城址形态不但很不规则，似乎未有提前的设想和规划，而且城内地形起伏较大，平坝地区少，依据等高线设有不同高度的台地，层层叠叠（最多者如老虎山遗址，有八个台地之多）。

山地设城，会带来取水问题，但建城者似乎并不重视。

---

① 戴尔俭．从聚落中心到良渚酋邦 [J]. 东南文化，1997（03）：47.
② 任式楠．我国新石器时代聚落的形成与发展 [J]. 考古，2000（07）：57.

2. 城址重视防守功能

河套地区城址表现出强烈的防守意识。在地形上，各城址善于利用深谷、沟壑、悬崖等天险作为小城或大城的边界，如石峁遗址的内外城均利用北侧悬崖作为边界，此种选址方式不但节约城垣长度和土方，而且有利于防守。

石峁城垣不但设有马面，而且构筑了史前遗址仅见的复杂的大型瓮城体系作为城门的保卫手段。在城墙内，石峁先民镶嵌了大量玉器，显而易见，这些珍贵的玉器不是作为建材使用，而是凸显了玉石神话信仰的避邪禳敌功能[①]，说明筑城者对城墙起到足够的防御功能，能庇护城内居民等功能寄予厚望，甚至不惜使用玉器增强城垣的辟邪御敌能力。

3. 城垣采用石材砌筑

河套地区城址另一特点是大量使用石材作为城垣建材。内蒙古中南部城址即开此传统，海岱及大青山南麓诸城均使用石材，附以黄土垒筑城垣。与长江流域城址不同，河套地区城址所在地并不能提供足够筑城材料，石材取材、分解、运输均不便，需要娴熟的社会动员、组织能力。但目前看来，河套地区的石材筑城是这一地区的传统行为，流行甚广。目前公布的考古资料显示，内蒙古中南部石城 21 处，陕北地区 16 处，山西黄河东岸 11 处，蒙陕晋合计 48 处之多。[②]

（三）黄河中下游地区选址特点小结

黄河中下游地区城邑选址偏好包括以下几个方面。

1. 城址方正

不管是黄河中游的陶寺遗址、平粮台遗址还是下游的城子崖遗址、景阳岗遗址，城址形态都接近方形或长方形，只是转角呈圆弧或折线状。这种方正的城址，是城内布局秩序性、对称性的基础，而这种刻意营造的对称性带来的威严，反映出来的是统治者强有力的空间控制权以及背后冷酷的意识形态操控能力。

---

① 徐峰．石峁与陶寺考古发现的初步比较 [J]. 文博，2014（01）：19.

② 王晓毅，张光辉．兴县碧村龙山时代遗存初探 [J]. 考古与文物，2016（04）：80-87.

如林奇所言，早期方正的城址，“是表现权力的冷酷工具，用来使一部分人屈服于另一部分人，……为我们提供了一种安全感、稳定感、永恒感，一种威严感和自豪感”[①]，方正城址体现的就是公共权力的极化和在此基础上的国家权力的雏形化。

2. 交通便利

水路、陆路通道或者两者的相交地，是这一地区主要城邑的首选。这种通道并非已经形成的道路、港口，而是具备形成道路、港口可能性的带形区域。如陶寺遗址位于汾水之侧，王城岗位于颍河与五渡河交汇处，城子崖遗址位于鲁西、豫东之间的通道上。便利的交通条件与城邑的建设相辅相成，城邑吸引了更多的交通量，促进了道路、港口的真正形成，而这些交通设施反过来又确立了城址位置（大概位置）的不可替代性。

3. 台地筑城

与河套地区城邑的依山就势，占据较高海拔位置的选址特点不同，黄河中下游地区的城址多位于平原或缓丘地区的台地之上，离水源与耕作的平坝相去不远，相对海拔只是略高，取水方便。这应该与该地区农耕发展水平较高，农业经济占据主导地位有关。

4. 建设水平较高

这一地区的文明发展水平较高，如山东邹平县丁公遗址中发现了十一个刻在陶器上的文字，其有别于后来的甲骨文系统，至今不能辨识，观察这一地区的城址，在城垣修建、城址排水、礼仪建筑建造等方面具有当时的较高水平。城垣大量开凿基槽，层层夯土而成，每层夯面均有铺设细沙，且在龙山文化后期采用了版筑方法；有的城址（如平粮台遗址）有陶制排水管，文明程度较高，且建筑外有散水设置；陶寺遗址的观象建筑，虽是雏形，但仍显露出城址统治者控制区域广袤，谋求长远而稳定的政治格局。

① 凯文·林奇．城市形态 [M]. 林庆怡，陈朝晖，邓华，译．北京：华夏出版社，2001：58.

六、华夏城邑选址传统初现

龙山时代的城邑选址进程，不但为后期（夏商西周）的城市选址做了实践上的准备，更为重要的是，在城邑选址特点、偏好等多方面为华夏文明的城市选址传统的形成奠定了重要的基础。或许可以这么说，华夏文明的城市选址传统，是龙山时代城邑选址传统的继承和发展。

（一）多元化特征

这一传统首先具有多元化的特点。从地域概念来说，中国是一块有较为明确边界且相对封闭的区域，即东有大海、西有沙漠，北有草原、南有丛林的大陆一隅。文明发育相对独立，在史前阶段，受其他地区干扰、影响较小。华夏文明源自自身不同的文化板块的交流和融合，这些板块至少包括以宝墩文化为代表的长江上游地区、以石家河文化为代表的长江中游地区、以良渚文化为代表的长江下游地区、以石峁文化为代表的河套地区、以陶寺文化为代表的黄河中游地区（中原地区）、以城子崖为代表的黄河下游地区等。在其外围，是尚处于游猎采集经济，农业尚未成为主导经济部门的地方文化。

显然，发达的农业生产，是强有力的文化板块形成的基本前提。正是由于农业的安土重迁特征，农业文明更愿意长时期地留守定居在一个相对固定地方，财富和经验得以积累，有时间也有必要修筑坚固耐用的城邑。相对而言，流动性强的、以采集狩猎为主体的文明，很难也没有必要形成大型的聚居场所。

同一板块内部，由于其气候、水文、植被等耕作和生活环境大致相同，先民在类似的环境中面临的城邑建设的问题相似，所形成的选址经验具有本板块内的普遍意义，并能在本板块内迅速积淀、推广。如这一时期成都平原的城邑选址，偏好于两河之间的台地，且城址形态较方正，主轴方向与河流平行，城垣外斜以防洪；河套地区的城邑选址则偏好向南陡坡，城址形态不规则，城垣以石砌且陡立。

但如果从更大尺度的区域，即华夏区域来看，这类经验具有鲜明的地方特点，黄河流域与长江流域的城邑营建存在差异、山地与平原地区存在差异，甚至海岱地区与中原地区之间，也存在不小的差异。[①] 正是这些差异，构成了整个华夏城邑选址传统多元化的特征。

（二）一体化趋势

多元格局的另一面，是各文化板块彼此之间的相互渗透、影响和一体化的趋势。虽带有鲜明的地方特色，但城邑选址和营建的经验和风格跨越了地理和文化的界限，在华夏大地这个略显封闭的区域，不断在地域维度横向传播和时间维度纵向选择。这种城邑选址的一体化趋势，起源于新石器时代中晚期，建立在大量的器皿、装饰风格以及文化、制度和思想的频繁交流上。

从器物交换的角度出发，最能追逐踪迹的，便是作为礼器的玉器。黄河中游地区曾大量出土与良渚文化十分相似的玉璧、玉琮，意味着良渚文化向北传播，[②] 而这条玉器传播的路线，并不以中原为终点站，而是向西南一直延伸到成都平原，出现在西周早期的金沙遗址中。[③] 黄河中游和下游之间，也产生了广泛的交流活动。如海岱地区在龙山时代晚期，不但大量使用白灰作为建筑墙面材料（如城子崖遗址、尹家城遗址等都受中原地区后冈遗址的影响，开始建造和使用“白灰”建筑），而且在陶器形制和风格方面和中原地区的“王油坊、清凉山、孟庄、后岗、淇县王庄、瓦店等遗址中出土的同类器基本一致”[④]，具有同源性。

可以设想，这些广泛而频繁的器物交流，理所当然会引起更高层级的影响或控制，其中就包括城址的选择思想。如长江上游的宝墩文化诸城，城址临近岷江支流河道；长江中游的石家河文化诸城，也选址在支流水系，考虑到两者之间的距离不长，且同处长江水系，这种选址的趋同性应有互相之间的交流与影响；又如黄河中游城址普遍使用的版筑城垣技术，在新石器晚期，也广泛地运用在下游海岱地区的城址中；再如红山文化城址的高地、石材偏好，在大青山地区、河套地区城邑选址中都被发现。

---

① 中原地区城邑规模更庞大，营城技艺更先进。

② 严文明．中华文明史：第一卷 [M]. 北京：北京大学出版社，2006：77.

③ 朱乃诚．金沙良渚玉琮的年代和来源 [J]. 中华文化论坛，2005（04）：41-46.

④ 靳松安．论龙山时代河洛与海岱地区的文化交流及历史动因 [J]. 郑州大学学报（哲学社会科学版），2010，43（03）：163.

同时，选址经验特征趋同的趋势，并不表现出各文化板块平行往来、矩形互动的特征，而是以黄河中游的中原地区为核心展开的。选址经验交流，是建立在文化全方位的互动和交流基础上，建立在中原地区全面核心地位的确定的基础上的。虽然还不清楚为何龙山时代晚期的长江流域诸文明，尤其是石家河文明、良渚文明突然断崖般衰落，中原文明独领风骚，但清楚的是“从这个时期开始，中原地区的考古记录中出现了大量来自周边的文化因素，……以中原为中心全方位的交流，形成了一股强大的向心力和凝聚力，促进着民族之间的理解和认同，……夏商周三代历史继承了这个强有力的趋势。”[①] 后期三代（夏商周）的城市选址的主体特征，还是继承自中原文明的选址实践。

（三）礼制萌芽

不断进步的耕作农业带来的稳定、持续的粮食积累，促进了原始氏族的职业分化和阶层分化。在旧石器时代，分工只存在于性别之间，而新石器时代，尤其是到了其中晚期的龙山时代，手工业从农业中基本脱离出来，单独成为生产部门，城邑中有了独立的功能分区[②]，越来越多的财富被不断深化的社会分工所创造出来。这便是恩格斯所谓的“人的劳动力就能够提供大大超过维持生产者生存所需要的产品了”[③] 的阶段。社会财富大量增加催生人口数量的增加，后者又进一步促进社会分工的深化，从而增加社会财富，如此形成良性的史前氏族发展轨迹。

在这轨迹中，首先是氏族的总体财富和人口的变化，如长江下游地区，河姆渡时期仅有两百人的小聚落，良渚时期则是近 300 万平方米的大城邑，氏族规模庞大到可以动员大量劳工修筑 4.5 千米长、30 多米宽的防洪堤岸。其次是个体财富的增加，这一阶段在距今 5000 年左右的龙山时代早期，劳动生产率的提高使得原有的大家族式的生产合作关系被小家庭的独立生产方式所取代，社会经济单位日益小型化和家庭化。家长制的家庭及父系血亲的家族（大家庭）初现，原始氏族制度在形式上仍然保留，但实际上已经成为“若干在经济上有

① 严文明．中华文明史：第一卷 [M]. 北京：北京大学出版社，2006：77-78.

② 如陶寺遗址早期的小城成为后期生工生产区，城头山遗址中部偏西的陶器作坊区，石家河遗址南部三房湾的作坊区，老虎山南墙外的窑场，等等。

③ 恩格斯．家庭、私有制和国家的起源 [M]. 北京：人民出版社，1972：158.

很大独立性的父系家族组成的联合体”[1]，家族之间的财富差距不断累积。“技术的进步、农业和手工业产品的日益丰富，刺激着村落内部多级所有制发生变化……于是，原来平等、平静的村落生活悄然改变”[2]，建立在原始共产主义基础上的氏族社会，最终通过禅让、推举、选举等方式，将主要的公共权力集中交付给处于财富链顶端的核心家庭手中。

为了维护和延续这种政治特权，氏族顶端的统治者，渴望永远控制着氏族的权利，维护家庭的超然地位，这就需要展示自己的权威和力量，震慑窥视权利的潜在敌人。这种彰显身份、树立权威的意识演化分两方面的行动。他们一方面取消了一般巫师与神灵沟通的权力，宣布自己才有这种特殊能力，即所谓的绝地天通[3]；一方面强调血缘关系上的崇拜链，把父系祖先加入本来就复杂的崇拜体系中，强调先祖祭祀的重要性，并在三代时期，逐渐突出祖先崇拜。

财富和政治等级的门槛，一步步被演化成政治制度和行为准则。不同等级的阶层（家庭）之间是不能随意逾越的，所能享用的器皿等级、数量有严格的规定。这是礼制的萌芽期，如“大汶口 - 龙山以及良渚等文化的墓葬规模大小与有无棺和棺椁具备以及与其随葬器物的丰度和质量之间，是有比较固定的相关性的”[4]，推测社会经济的其他方面，应该也有此类倾向。

礼制思想的初步显现，也影响了这一时期的城址形态。六个主要的文化板块，城址大部分呈规则的方形或正方形，如宝墩文化诸城、山东龙山文化诸城，而石家河遗址、良渚文化遗址，都是在超大空间的层面上保持着冷峻的长方形形态；中原地区的城址，方正形态更加严格，如平粮台遗址，不但城址呈正方形，而且城市设置南北走向轴线，秩序井然而森严。城市营建艺术的发达，意味着阶层之间的差异与鸿沟，如陶寺城内各功能区之间有着明显的空白地带，仿佛起着隔离带作用。夏商时代明显传承了城址方正冷峻的特点，如偃师商城为长方形、洹北商城为正方形、郑州商城为长方形等，到了周王朝，根据《考工记》的记载，这种城址形态成为理性城市的基本模板，即所谓的“方九里，旁三门”。

① 严文明．中华文明史：第一卷 [M]. 北京：北京大学出版社，2006：80.

② 严文明．中华文明史：第一卷 [M]. 北京：北京大学出版社，2006：46.

③ 绝地天通：中国古代传说中，黄帝的继承者颛顼发起了这项运动。《尚书·孔氏传》：“帝命羲、和，世掌天、地、四时之官，使人、神不扰，各得其序，是谓‘绝地天通’。”

④ 严文明．中华文明史：第一卷 [M]. 北京：北京大学出版社，2006：81.

大型城邑遗址中，开始出现宫城、外城，甚至还有内城（良渚），重重相绕的城址格局是复杂的金字塔社会格局的物化形态，也是后世中国古都回字形形态的来源之一。

（四）防洪思想

大量的龙山时代城邑遗址案例中，最突出的共同点便是对城址防洪的重视。内蒙古中南部、陕西北部的河套地区的城址，哪怕要忍受取水不便的困难，也要选址于山岗之上，有的城址相对海拔甚至较河流高数十米；黄河中下游中原和岱海地区的城址，则位于河滨台地之上，俯视河道；长江流域的宝墩的诸城址，不但主动避开岷江水系的主干河流，且城址多位于岗地之上，距支流河道不远；良渚古城的内城（宫殿区）莫角山，面积达三十万平方米，仍然整体进行了填土、夯土抬高，以至于长期被认为是自然山丘。这种处理手段，应该有彰显统治阶层的威严气势以及防洪避水的双重意图。

龙山时代正是洪水肆虐的时期。先秦多项文献记载都说明，尧舜时期曾经暴发过大洪水，如《尚书·虞书·尧典》：“汤汤洪水方割，荡荡怀山襄陵，浩浩滔天。”《孟子·滕文公上》：“当尧之时，天下犹未平，洪水横流，泛滥于天下。”有的典籍则记载了先民居高避水的经历，《诗经·商颂·长发》：“洪水芒芒，禹敷下土方。”《淮南子·齐俗训》：“禹之时，天下大雨，禹令民聚土积薪，择丘陵而处之。”

洪水威胁是龙山时代最突出的人地矛盾，考古资料显示，大量这一时期的城址恰恰毁于洪水。如河南辉县孟庄龙山城址，西面城墙中部有大的缺口，“原有龙山城墙夯土已全部被洪水冲掉，且洪水在该探方内下切入生土达 1.5 米左右，……冲沟内淤土中包含有龙山文化各个时期的陶片”[①]；而宝墩文化前期诸城址和后期诸城址，分别于公元前 2000 年和前 1700 年左右被洪水冲毁。[②]

长江流域的石家河文化、良渚文化，河套地区石峁文化，长江下游地区的海岱龙山文化，在这一时期戛然而止，城址废弃，社会经济甚至出现倒退，只有中原地区的龙山文化海纳百川，一枝独秀，产生了青铜时代的夏文明。观察

---

① 袁广阔 . 关于孟庄龙山城址毁因的思考 [J]. 考古，2000（03）：41.

② 杨茜 . 成都平原水系与城镇选址历史研究 [D]，西南交通大学，2015：41.

中原地区的龙山时期城址，采用大量先进技术，如观象、版筑城垣、配置房屋散水、陶制下水管道等，是所有同时期诸文化中文明化程度最高、技艺最发达的。有一种可能：中原地区夏部落的崛起，夏王朝国家机器的诞生，不仅因为在洪水威胁面前，先民氏族必需的团结状态和期盼权威的心理，还因为中原地区有着地缘优势，采纳吸收了周围文化的先进所在，防洪措施得力，能够保护发达的城邑文明。

城邑防洪的意识在龙山时代，深入华夏各文化的认知中，并一直延伸到文明全面开启的夏商周三代。在春秋时期，管子谈起为国者必须先除去的五害，居其首的便是水害，所谓“五害之属，水最为大”（《管子·度地》）。城址的防洪问题，成为中国古代城市选址面临的主要问题之一。

第二章

从城邑到城市：夏商时期的城市选址

无论是考古资料还是历史文献，都揭示出介于公元前 21 世纪到公元前 3 世纪的夏商周时期，是华夏文明以比较成熟的国家形态展示的时期，是地方性部落、古国文化成长互并，成为区域性国家实体的时期，也是“华夏”这一心理与文化的共同体实质性形成的时期。这一时期也被称为“三代”。

从新石器晚期开始，以中央集权的秦帝国的建立为结束，三代跨度长达约2000年。华夏文明的幅员范围，从黄河中游的中原地区，拓展到西至陇西、东达辽东、南临北海、北接阴山的广袤地区。华夏文明在三代时期形成了具有特殊的内涵和顽强的生命力的文明雏形。纵观华夏文明历史长卷，可以发现其核心内涵、叙事方式、价值体系等文明基本格局在三代之后就从未改变。三代期间以中原为核心地区的华夏文明在哲学思想、典章礼仪、礼乐诗歌、天文历法、工商农业等诸多方面，建立了内容丰富且结构清晰的理论与实践体系，积累了大量经验。

就城市建设而言，三代时期城邑的规模、性质、形态都发生了很大的变化，数量众多的城邑在这一时期出现，单是在周王朝期间兴建的城市，数量便达到了1700余座之多。[①] 大量的选址实践促使华夏文明的城市选址“儒道互补”思想与“实用理性”的技术传统在这一时期基本成型。正如恩格斯所指出的：“在新的设防城市的周围屹立着高峻的墙壁并非无故：它们的深壕宽堑成了氏族制度的墓穴，而它们的城楼已经高耸入文明时代了。”[②] 城市的大量涌现，城市选址思想与技术的提升和完善，意味着华夏文明进入了成熟时期，“都邑者，政治与文化之标征也”（王国维，1917）。

具体分析夏商周三代，又可将其分为三个阶段：第一阶段是夏商时期，公元前21世纪到公元前1046年（牧野之战）；第二阶段是西周时期，从公元前1046年到公元前771年（平王东迁）；第三阶段是东周时期，公元前771年到公元前256年（秦夺九鼎）。第一阶段是从原来“满天星斗”状态的史前文明向以中原地区为核心的华夏文明逐渐靠拢、彰显勃勃生机的时期，第二阶段经历殷周之变，华夏主要政治制度开始创立，华夏文明主体形态开始呈现；第三个阶段是激昂动荡的春秋战国时代，社会经济、思想文化快速变革，是大一统中央集权帝国（秦汉）的准备阶段。这三个阶段，社会形态逐渐由讲究血缘关系的氏族（夏商）奴隶社会和宗法（西周）奴隶社会，向讲究地缘关系的地主封建社会过渡。[③]

城市选址思想与技术的发展与社会经济、政治制度的进程息息相关。龙山文化时期，城邑选址遵循自然界生存竞争的规则，夏商西周时期，城邑选址开始逐渐遵循政治、等级的规则，东周时期，城邑选址又要遵循国与国之间战争的规则。不同时期的规则和环境以及不断进步的技术手段，促使华夏城邑选址呈现越来越丰富的思想内涵和技艺方法。

一、夏的都邑选址

在中国上古史中，由于殷墟甲骨的出土，商王朝的历史成为信史，而缺乏文字记载，包括缺乏后一王朝（商）追溯记载的夏朝，一直面目并未完全清晰。

① 陈正祥．中国文化地理 [M]. 香港：三联书店，1981.

② 恩格斯．家庭、私有制和国家的起源 [M]. 北京：人民出版社，2003：91-92.

③ 郭沫若在《中国古代社会研究》提出，两周交替阶段，是奴隶制社会向封建制社会过渡阶段。但值得指出的是，中国古史分期问题一直处于百家争鸣、激烈讨论的状态。自郭沫若开始，郭沫若、吕振羽、翦伯赞、范文澜、侯外庐、童书业、杨宽、李祖德、赵光贤、金景芳、杨公骥、皮高品等诸多学者，都提出不同的古史分期观，不少学者在学术研究过程中，不断更新、修改自己的早期论断。

尤其是夏代初年这个基本节点的具体年份并不清晰，夏的起始点，可能与龙山文化晚期相互叠合。即承接龙山文化晚期的中原龙山文化，在与周围文化区进行全方位的交流和兼容并包的基础上，孕育发展出了夏文化，并在此基础上延伸发育出华夏文明。至于夏部落为何成为历史的宠儿，在多源并流的华夏文明起始阶段渡尽劫波而一家独大，有待考古工作的进一步研讨分析。

(一) 夏的社会文化

夏王朝由中原龙山文化转型而来，王朝存继时间大概是公元前 21 世纪至公元前 17 世纪。[①] 夏王朝开创了真正意义上的国家形态，与新石器时代的部落、酋邦、方国形态不同，夏王朝的国家形态带着深刻的文明标志性，在生产工具、生活用具、政治制度、社会文化、城邑建设等多方面都有着优化或者创新。

1. 政治制度方面

私有制：夏完成了原始共产主义向私有制的过渡，这个过渡经历了漫长的历程。私有制发源于由新石器时代农业积累而形成的贵族阶层和家庭观念，并一路发展壮大至夏初，终成为制度主流。家庭的意义在于：社会财富的归类小型化了，夫妻关系出现并被固定下来，丈夫处于这种关系的主要位置，家庭财产只能由家庭内的子女继承。这种继承经过若干代积累后，差别巨大的家庭财产形成了不同家庭之间的阶层划分和政治对立的基础。

英雄个人的魅力转变为家族血缘的神圣，英雄时代就此结束，氏族组织也随之解体，王权时代开始了。其最明显的表现是任贤的禅让制废除，取而代之的是任亲的继承制[②]。大禹传位于其子启，是这一制度的开端，这也是中国封建

---

① 夏商周断代工程将其定位为公元前 2070 年至公元前 1600 年。参见 夏商周断代工程专家组 . 夏商周断代工程 1996—2000 年阶段成果报告 [M]. 北京：世界图书出版公司，2000：86.

② 恩格斯在解释希腊人的氏族社会向雅典的国家过渡时，认为私有制的出现是国家制度形成的根本原因：“在英雄时代的希腊社会制度中，古代的氏族组织还是很有活力的，不过我们也已经看到，它的瓦解已经开始：由子女继承财产的父权制，促进了财产积累于家庭中，并且使家庭变成一种与氏族对立的力量；财产的差别，通过世袭贵族和王权的最初萌芽的形成，对社会制度发生反作用；奴隶制起初虽然仅限于俘虏，但已经开辟了奴役同部落人甚至同氏族人的前景；古代部落对部落的战争，已经逐渐蜕变为在陆上和海上为攫夺牲畜、奴隶和财宝而不断进行的抢劫，变为一种正常的营生。一句话，财富被当作最高的价值而受到赞美和崇敬，古代氏族制度被滥用来替暴力掠夺财富的行为辩护。”见 恩格斯 . 家庭、私有制和国家的起源 [M]. 北京：人民出版社，1972：105-106.

王朝“家天下”的滥觞。也有学者认为这是一种极端的私有制：国王一人所有制，是土地等生产资料所有制内容与形式一致的王有制。

分封制：严格意义上说，中国古代历史完全的“封”建社会，惟三代而已。“封建”起于夏初，盛于商，完备于西周，衰于东周，消于秦。分封，是将土地分封给同姓贵族，同时给予他们统治地方的权力和拱卫中央的责任，即是将王室内部的宗法体系推广于国家范围之内，是“家天下”的表现形式。分封制在减少部落邦国的存在基础、扩大王权的影响、开发和开化边陲地区方面起到了积极的作用。

三代的分封制起源于夏初。古史记载，禹不但封尧、舜之子：“然后禹践天子位。尧子丹朱、舜子商均，皆有疆土，以奉先祀。”（《史记·五帝本纪》）还大封同姓“姒”的亲属：“禹为姒姓，其后分封，用国为姓，故有夏后氏、有扈氏、有男氏、斟寻氏、彤城氏、褒氏、费氏、杞氏、缯氏、辛氏、冥氏、斟戈氏。”（《史记·夏本纪》）商代的封建制已经为出土的甲骨文所证实，那么夏行封建的古史真实性应当较高。[①]

2. 器具方面

车舆：车舆是三代时期最复杂的制器，所谓“一器而工聚焉者，车为多”（《考工记》），涉及多个行业门类，攻木之工、攻金之工、攻皮之工、设色之工，需要鲍人、轮人、舆人、辀人、梓人、车人等职业之间的密切配合。车舆的发明，一直被视为文明进步的重大标志。《吕氏春秋·审分览》认为，车舆的发明可以与文字、耕稼、法律、陶器、城邑的发明（奚仲作车，仓颉作书，后稷作稼，皋陶作刑，昆吾作陶，夏鲧作城）相提并论，且列第一。《礼记·明堂位》记载：“鸾车，有虞氏之路也。钩车，夏后氏之路也。”而且二里头城址的三期业已发现双轮车辙印，其轨距与早商的偃师商城城址发现的车辙印相近，可以认为商代的车舆制作技术的源头不晚于夏文化晚期。

车舆的出现，首先改变了出行方式，拓展了出行距离，加强了中央政权对领土的控制能力，保障了以贡赋制度为基础的政权体制在时间上的稳定和地域上的扩张。夏商周三代，中央政权控制疆域逐渐扩大与交通方式的变革密不可分。

① 王海明. 夏商周经济制度新探 [J]. 华侨大学学报（哲学社会科学版），2015（06）：5-49，141.

其次改变了城市尺度，由于车舆的出现，大尺度的城邑成为可能。二里头城址的规模达到300万平方米，超过了以往龙山文化时期的所有城址，甚至超过了春秋战国时期大多数诸侯国的城址规模。最后是形成城市的等级标准，由于车辆占据道路城市中主干道的宽度，是城市的等级标志，所谓"经涂九轨，环涂七轨，野涂五轨……环涂以为诸侯经涂，野涂以为都经涂"（《考工记·匠人》）。

青铜器：所谓"国之大事，在祀与戎"（《左传·成公十三年》），作为武器的青铜与作为礼器的青铜，都具有象征与现实双重意义。青铜器在三代历史中具有如此独特而重要的地位，以至于这一时期（公元前2000年至公元前500年）被称为中国青铜时代。

传说中的夏铸九鼎，可能打开了中国青铜文化的起始之页。至少考古事实显示，夏时期的青铜铸造作坊，已经成为最显赫和突出的手工业部门。最晚到二里头时期，青铜的重要性已经不容置疑了。在城址的权力中心，夯土建筑的台基附近，发掘了青铜礼器和兵器以及附有陶文的陶器。铸铜技术比较复杂，包括采炼、制范、翻范、熔铸、脱范等工序①，还要求掌握铜锡在合金中的比例关系。二里头城址发现了近万平方米大型青铜铸造作坊和青铜业中心。"二里头的遗物具备了中国青铜器的特征，块范铸造法，铜锡合金，有特征性的器物类型如爵和戈的使用，铜器在酒器上的重要性和青铜之用于兵器。"②

中国的早期青铜器不仅具有器物的使用价值和艺术的审美价值，更重要的是具有复杂深厚的意识形态价值。权力保障财富分配，"中国的青铜器便是那政治权力的一部分"③，青铜器是等级差异的标签，也是礼制的践行标志物。

3. 城邑建设方面

龙山文化时代晚期之后，华夏大地上的城邑数量并没有继续之前迅猛增加的势头，相反，大部分文化区的城址数量和单城规模都在急剧下降，城市分布格局变化明显，而以新砦城址（前期）、二里头城址（中后期）为核心的夏王朝的中原城邑群鹤立鸡群，在黄河中游地区（主要是豫东、鲁西、晋西南地区，

① 兰娟．先秦制器思想研究[D]．南开大学，2014：38.
② 张光直．中国青铜时代[M]．北京：生活·读书·新知三联书店，1983：7.
③ 张光直．中国青铜时代[M]．北京：生活·读书·新知三联书店，1983：13.

即夏王朝的核心疆域所在）开启了夏商周三代统治相承和文明发展的时代。

有研究认为夏王朝所在的中原地区这一阶段突然发力的原因，在于地理位置的天然交流优势，“以中原为中心全方位的交流，形成一股强大的向心力和凝聚力”[①]。而农业遗迹能更清楚地说明此优势。与其他文化区的凋敝相比，进入龙山文化晚期之后（公元前2500年至公元前2000年），中原地区的农业经济迅猛发展起来。这一地区在以粟类作物为主要作物的基础上，开始栽培小麦和水稻，在以家猪饲养为基础的同时期，开始饲养黄牛和绵羊。而多品种农业作物和多品种家畜饲养，能避免单品种的周期食物盈亏，将全年的食物供给风险降低了，并为全社会各生产行业人员提供了可靠的保障。由此带来的社会形态改变是显而易见的，中原地区被统一的文化（二里头文化）所覆盖，社会等级化、复杂化了，大型宫殿、青铜冶铸作坊、双轮车等开始在中原地区出现，也是在中国历史上首次出现。而城址形态上，城邑群形态开始完整起来，甚至原有的小城堡不见了，取而代之的是大规模的大型聚落的出现。[②]传说中，最早的城市出现在淮河中游，是由鲧所建设的，《吴越春秋》：“鲧筑城以卫君，造郭以守民，此城郭之始也。”新砦城址和二里头城址，是夏时期的中原城址的代表。

有理由认为，华夏文明在此阶段应该形成了国家形态。国家是文明的概括，也是文明阶段的标志。虽然因缺乏出土文字资料，商卜辞、青铜器铭文中亦未见关于“夏”的记载，夏王朝长期被认为仅仅是传说时代，有一定的神话色彩，但从这一时期的聚落、城邑的发展看来，中原地区华夏族形成了“国家”这种新的组织形式，并在这一形式的推动下进一步拓展文明的广度和深度，是合乎逻辑的。

（二）新砦城址

城址基本情况：新砦城址位于嵩山东南麓，河南新密市新砦村河畔台地上，南临双洎河，东侧是双洎河古道，西、北方向是开阔平原。城址呈方形，南北长1000米，东西宽700米，总面积约为100万平方米。除南侧外，三面筑有城垣与壕沟，内城位于大城西南，面积约6万平方米，设有独立的内壕（图2-1）。城址的大城北城、东城城防均利用原有自然河沟内壁修整、夯土构筑，壕沟与

① 严文明．中华文明史：第一卷 [M]. 北京：北京大学出版社，2006：78.

② 袁广阔．略论二里头文化的聚落特征 [J]. 华夏考古，2009（02）：79.

城垣结合且城垣夯土紧密。城内大型建筑位于内城偏北，在全城海拔最高处，平面略长方形，面积约 700 平方米，墙体内侧涂抹白灰，有大量红烧土粒的垫土，很可能是当时的宗庙礼仪建筑。[①]

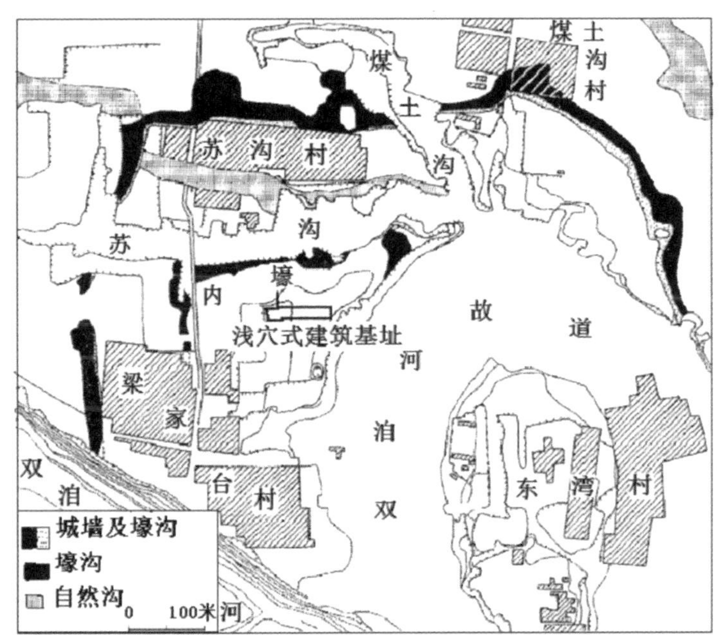

图 2-1　新砦遗址平面图

资料来源：鲁浩．中原地区早期城址护城壕研究 [D]. 郑州大学，2016：19

城址性质：从陶器、墓葬等的制式看，新砦城址由河南龙山文化发展而来，是介于龙山文化和二里头文化（一期）之间的遗存。[②] 在时间跨度上，涵盖了夏文化的起点时期。从经济形态上看，新砦城址生产力水平较高，表现为生产工具先进，有较为精致的石质生产工具；农作物品种丰富，如水稻、小麦、豆类等；粮食出现剩余，饮酒器出土较多；手工业部门分工较细，且发现了铜容器。[③]

再结合考古工作中城址内发现了玉凿、铜容器、兽面纹及夔龙纹铜牌等高等级器物，可以认为新砦城址非普通意义上的一般聚落，应是都邑性质的政治中心聚落。同时，新砦城址位置符合相关文献（《水经注》）记载的夏启所都

① 赵春青．新密新砦城址与夏启之居 [J]. 中原文物，2004（03）：12-16.

② 赵芝荃．河南密县新砦遗址的试掘 [J]. 考古，1981（05）：398-408，482.

③ 李龙．新砦城址的聚落性质探析 [J]. 中州学刊，2013（06）：118-121.

的地望，其本身规模制式亦具备王都特质，所在的嵩山地区当时又没有发现规模、等级更高的遗址，所以有学者认为新砦“很可能就是夏启之居所在地”[①]，即夏早期的都城，上承龙山时代晚期，下接二里头文化。

聚落体系特点：新砦城址规模较大，在当时的嵩山东南麓（今禹州、郑州、新密、新郑，即所谓“新砦期聚落群分布区”）区域内，是目前发现的最大的聚落遗址；城址规格较高，形制方正，且在中原地区首次采用外壕、外垣、内壕三重防御手段，有大型礼仪建筑。

在聚落体系中，新砦城址处于金字塔的顶尖位置。当时其周围还有巩义花地嘴、北庄，禹州瓦店，郑州站马屯、牛砦，新密古城寨、五虎庙，新郑人和寨等普通的聚落，呈拱卫态势围绕新砦城址，在嵩山周围沿双洎河、武定河、武河两岸散布。这个聚落集群，基本上属于同一文化体系，结构形式并不是松散的部落联盟，而是紧密的邦国形态，中心是新砦城址[②]，聚落最密集处是新砦城址的北或东北方向，呈由东北向西南扇形态势分布，似乎在对抗北方的军事威胁，保卫后方腹心位置的新砦城。

（三）二里头城址

河南偃师的二里头遗址，是夏商考古的重要支撑性基地。以此遗址命名的二里头文化，绝对年代大致相当于晚夏早商阶段（距今3750年至3550年[③]），在中原文化的基础上，吸收了海岱、河套、江淮等地文化特点，具有包容性和开放性，对周边地区的影响广度与深度均前所未见。它不但是中原城邑群的核心城市，也是夏商时期早期华夏文明的中心型城邑，证明华夏文明在古国—王国—帝国的发展进程中，已经完全进入了“王国”阶段。[④]

二里头城址位于今河南偃师境内，黄河南岸，现北靠洛河，但建城时伊洛河故道在其南侧。城址沿伊洛河北岸展开，呈西北—东南分布，东西最长约2400米，南

---

① 赵春青．新密新砦城址与夏启之居[J]．中原文物，2004（03）：16.

② 许顺湛．河南龙山聚落群研究．中原文物考古研究[M]．郑州：大象出版社，2003：128.

③ 仇士华，蔡莲珍．夏商周断代工程中的碳十四年代框架[J]．考古，2001（01）：90-100.

④ 李伯谦指出，王国是指王权国家，国家的主宰是通过战争涌现出来的军事首领，是军权与王权集于一身的人。在这个阶段，除了凌驾于社会之上的权力，也开始产生维护、实行这些权力的制度，形成了真正意义上的国家。李伯谦．文明的源头在哪里[N]．人民日报，2005-06-10（15）．

北最宽 1900 米[①]，城址总面积 300 余万平方米，东高西低，宫殿、青铜作坊等重要功能集中的核心区位于城址东南部，地势较高，城西为一般居住区（见图 2–2）。

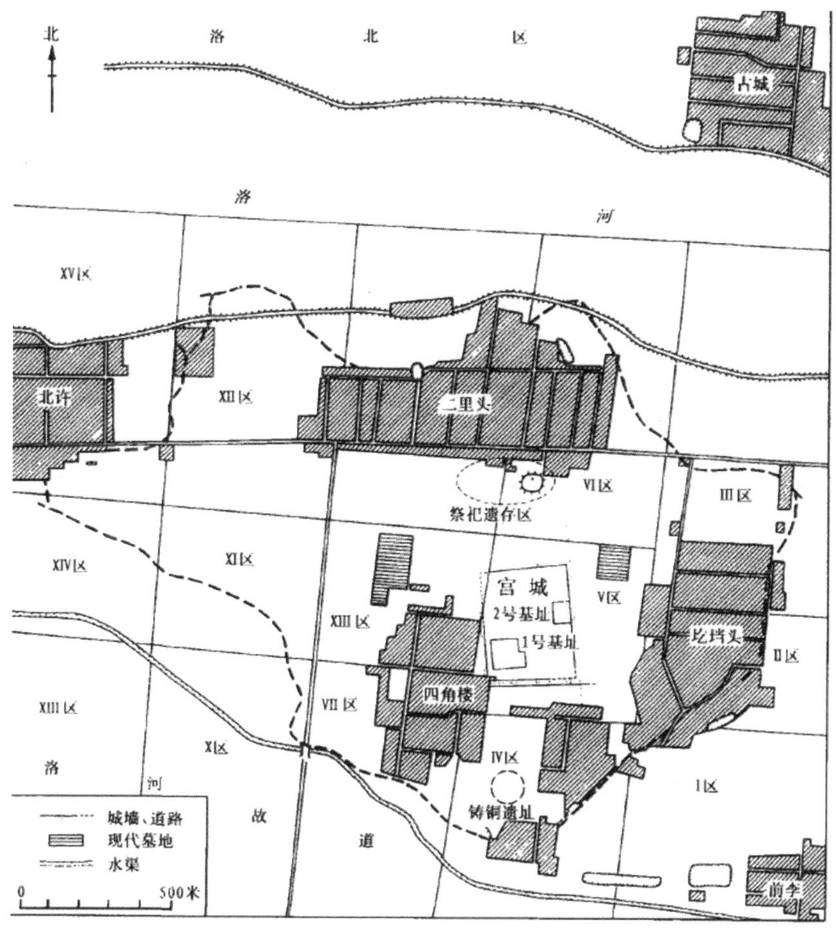

图 2–2 二里头遗址平面图

资料来源：许宏，陈国梁，赵海涛．二里头遗址聚落形态的初步考察 [J]. 考古，2004（11）：24.

城址形态：二里头城址体现出较强的方向性和秩序感。宫殿区的城墙呈长方形，坐北朝南，面积约 10.8 万平方米，大型宫殿基座九座，最大的一所宫殿面积 1 万平方米，由一系列堂、庑、门、庭等单体建筑组成[②]，布局严谨，结构

① 新华社记者 桂娟 新华社．二里头遗址：将像殷墟一样震惊世界 [N]. 新华每日电讯，2003-10-14（003）.

② 中国科学院考古研究所二里头工作队．河南偃师二里头早商宫殿遗址发掘简报 [J]. 考古，1974（04）：247.

完整，而且城内至少有两组建筑群按照明确的中轴线布局，道路网方向性很强。二里头城“是一处经缜密规划、布局严整的大型都邑”①，这也是华夏城邑选址与建设实践中，第一次出现方正宫城及有序列的大型夯土建筑群，这不但说明此时的社会经济发展水平较高，而且说明统治者控制空间能力较强，力图体现秩序与威严感，“二里头遗址的布局开中国古都城规划制度的先河”②。

图 2–3　二里头遗址

资料来源：自摄

关于二里头城址的性质，自 1957 年发现以来，经多轮学术讨论，目前学术界一般认为，虽然其带有较多商代早期特征以及河南地区龙山文化痕迹，但其主体仍为夏文化，而非早商文化，是龙山文化晚期与二里岗商文化之间的交接文化序列。③

城邑选址特点：城址所在伊洛河盆地区域是较为肥沃的黄土堆积平原，南岸地区的地势由南向北降坡，在 20 千米左右的距离内大概有 1000 米的落差，多条梳状水系平行汇入北侧的伊洛河，最后注入黄河。盆地背靠黄河，三面环山，独立但不封闭，外围有崤山、熊耳山、伏牛山和嵩山等天然屏障。此即所谓的“成周”地区，是中国古代前半期（隋唐之前）主要王朝长期经营的核心区域，长期作为王朝主要城市的选址地域。从夏王朝开始，包括商王朝的数个可能的都

① 许宏，赵海涛，李志鹏，陈国梁．河南偃师市二里头遗址中心区的考古新发现 [J]. 考古，2005（07）：19.

② 许宏，赵海涛，李志鹏，陈国梁．河南偃师市二里头遗址中心区的考古新发现 [J]. 考古，2005（07）：19.

③ 张国硕，李昶．论二里头遗址发现的学术价值与意义 [J]. 华夏考古，2016（01）：56-66.

城以及西周时期的洛邑、东周时期的周王城、东汉的都城洛阳、隋唐的东都洛阳，均选址在伊洛河盆地。周初武王选址洛邑，曾言“我南望三涂，北望岳鄙，顾詹有河，粤詹雒、伊，毋远天室”，即将伊洛河盆地定义为天下之中，天室所在。（图 2–4）

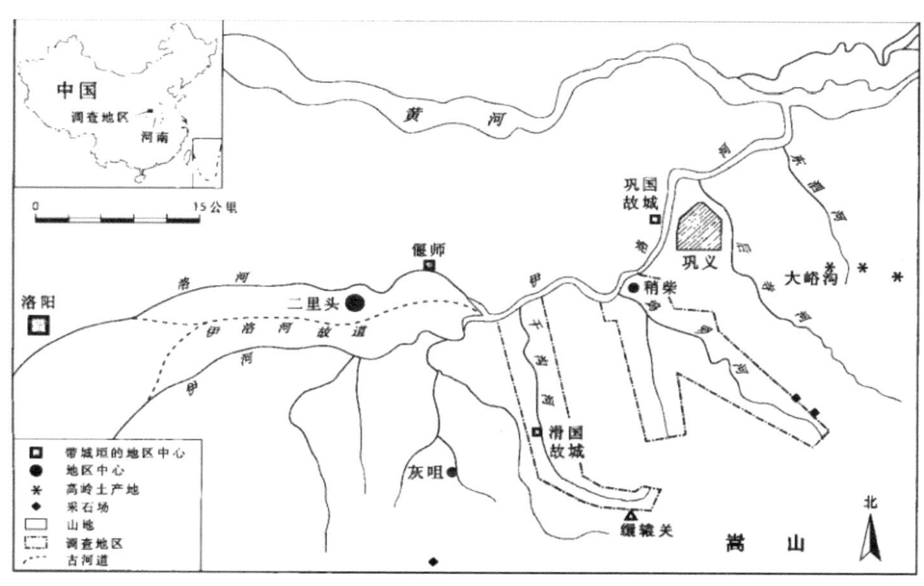

图 2–4　伊洛河流域的重要遗址及资源

资料来源：陈星灿，刘莉，李润权等．中国文明腹地的社会复杂化进程——伊洛河地区的聚落形态研究 [J]. 考古学报，2003（2）：163.

这一时期的伊洛河地区城邑，主要分布在伊洛河及其支流附近，呈现金字塔形的等级分布态势，且不同规模的城邑选址特点略有不同。大中型城邑遗址多分布于两河交汇的三角洲地区，如中心城邑偃师二里头遗址坐落在伊河和洛河交汇的三角洲上，巩义稍柴遗址（60 万平方米）坐落在伊洛河与坞罗河交汇的台地上，伊川南寨遗址（30 万平方米）坐落在曲河和伊河交汇的台地上，郑州大师姑遗址（50 万平方米）坐落在须水河和索河交汇处。① 而小型聚落位置则围绕大中型聚落点位，或在其上游分布，聚落体系感明显，如坞罗河流域共发现的 21 处二里头文化聚落，面积在 1000 至 60 万平方米不等，“聚落模式以围绕伊洛河和坞罗河之间的稍柴遗址（600000 平方米）为中心分布为特

① 袁广阔．略论二里头文化的聚落特征 [J]. 华夏考古，2009（02）：75.

征”[①]，稍柴遗址被6个小型遗址和一个中型遗址（罗口东北遗址）环绕，形成了坞罗河城邑群。

二里头城邑开创了华夏城市建设上的关键节点，彰显着国家实体形态到来后，城市选址建设的主干历程就此开始。在此之前，各文化区形成的漫天星斗的文明以及相应的城邑选址和建设特点在二里头文化时期由于中原文明的迅速崛起和快速扩张，开始加速向一体化、多重花瓣状的方向发力。二里头所在的伊洛河盆地，拥有1500年的建都历史，共计13个王朝将都城选址于此。二里头文化的选址偏好强烈地影响着后世城市，尤其是都城的选址实践。

（四）夏都邑选址特点

夏王朝是华夏文明的第一个国家政权，也是华夏文明基本形成的标志，王朝的历史大概接近五百年。其起点并不清晰，大约发源于龙山时代中后期，终点在二里头文化四期。夏王朝的都邑选址分为两个阶段，早期的都邑分布在豫西颍汝河流域，如登封王城岗、新密新砦城，禹州瓦店城等，这些城邑处于周边聚落的金字塔形格局的顶端，规模较大，内容丰富。夏中期，太康将夏王朝的统治中心城邑从颍汝河流域迁徙到伊洛河流域的二里头城址。太康之后历代夏君皆都于此，《国语·周语上》言“伊、洛竭而夏亡”。

夏都迁徙的原因在两个方面，即自然环境的变化（水患）、政治军事格局（夷夏关系）的变化。

1. 自然环境变化

龙山时代晚期，即夏初时期，是洪水暴发时期，世界多个文明的不同民族传说体系，都曾提到这次洪水灾害，《竹书纪年》《尚书》《孟子》《史记》《淮南子》等文献，也反复提及大禹治水的历史。而考古发现揭示，王城岗城址东西小城的城墙，新砦城址的东、西城墙，均被洪水冲毁。

嵩山山脉以南的颍汝河流域，山地居多，平原尤其是台地面积较少，地貌破碎，坡降较大，空间较为局促，可能较易受到洪水的冲击。而嵩山北麓的伊

① 陈星灿，刘莉，李润权，华翰维，艾琳．中国文明腹地的社会复杂化进程——伊洛河地区的聚落形态研究 [J]. 考古学报，2003（02）：216.

洛河流域，整体地势高亢，平原面积较大（约 700 平方千米），水系纵横且发达，能够消解洪峰，且北侧的邙岭将此区域与更北面的黄河隔绝开来，屏蔽了可能的黄河大水。多条河流水系带来的景观生态廊道，也促进了流域内外的交流与交换。

伊洛河流域的气候条件也较为适宜农耕活动的展开，“全新世大暖期期间，这里属于亚热带，年均气温较现在高 2℃左右，年降雨量较现在约多 200 毫米”[①]。另外，“伊洛河流域的土壤主要是黄色沙质粘土，土质疏松，易于耕种，且富含有机质，肥力较高，适宜多种农作物的生长”[②]，这一带黄土层属粘黄土，即细黄土，细砂含量少于 15%，粘土含量超过 25%，具有自然肥效，肥力高且土质疏松，利于用石铲、木耒等工具进行开垦和浅种直播[③]，洛阳地区发现的二里头时期粟、黍、麦、水稻、大豆等遗迹，间接说明了当时伊洛河流域农业的发达与多样化状态。嵩山北麓的伊洛河流域人口密集、城镇众多，形成了沿黄河南岸带形展开的城镇带，中原地区主要城镇（郑州、洛阳）也在此选址发展，而嵩山南麓的登封、禹州、汝州等城市，规模较小且分布较开，人口规模远小于嵩山北麓地区。[④]

规避肆虐的洪水和寻求更好的农耕环境，可能是夏都从嵩山南麓迁移至嵩山北麓的原因之一。

2. 政治军事格局的变化

新石器时代晚期，山东、安徽地区的龙山文化发展成为多种类型的部落方国，史称九夷，又称东夷。在夏朝前期，夷夏矛盾突出，傅斯年先生曾指出，这一时期的东西（夷夏）之争，是华夏文明的基本格局。东夷集团实力较强，其制陶业突出（以大汶口的彩陶和龙山的黑陶出名），可能有文字产生（象形符号陶刻），冶铜较早（胶县龙山遗址出土铜锥、铜渣），城市文明领先（城子崖、景阳岗城址建造技艺先进），英雄人物众多（伯益、后羿、皋陶、寒浞等）。

---

① 宋豫秦，虞琰．夏文明崛起的生境优化与中国城市文明的肇始 [J]. 中原文物，2006（03）：42.

② 齐磊．夏代早期都城变迁研究 [D]. 郑州大学，2009：60.

③ 刘素娜．从人地关系角度看夏朝的兴衰 [D]. 湘潭大学，2007：23.

④ 如登封人口密度 506 人 / 平方千米，约为郑州、洛阳人口密度的 1/4，尚未达到河南省的平均水平（563 人 / 平方千米）（均根据第六次人口普查数据）。

东夷集团对夏部落的统治造成了巨大挑战，是后者的主要对手，甚至东夷在夏中前期曾入主中原（史称“太康失国”）。

夏将都邑迁至伊洛河流域的时间，正是东夷集团处于战略进攻，全力西进的时期。夷夏军事矛盾十分突出。颍汝河流域地形类似东向的簸箕，其西、南、北面均有高山屏障（嵩山、箕山、荟萃山等），唯东部地势平坦，接壤华北平原，也靠近东夷集团的势力范围。这一纳敌于怀的地形特点，造成了夏部落的军事劣势，在夏初夷夏交恶的情况下，极不利于对东夷的防御作战。将夏都西迁至具备良好军事防御条件的伊洛河流域乃势所必然。①

伊洛河流域地处天下之中，南取江汉，西举关中，东割淮鲁，北入晋南，且因河为池，以山为垣，四塞天堑，军事地理优势突出，共计十三代王朝定都于此。迁都初期，二里头（夏都斟寻）城址被东夷集团的后裔攻陷，即“太康失国”；但少康中兴后，逐渐扭转颓势，取得夷夏战争的优势态势，“自少康已后，世服王化，遂宾于王门”（《后汉书·东夷列传》）。少康等夏王利用二里头城址所在区域有利的宏观地形地貌，逐渐构建起以都城防御为中心、都城外围自然山河关隘为屏障、周边地区军事防御为重点，多重防御设施和手段相互结合的夏国家军事防御体系。②

二、商的城市选址

“天命玄鸟，降而生商。”（《诗·商颂·玄鸟》）从成汤代夏（公元前17世纪）至纣王自焚（公元前1046年）③，商作为正统王朝，存续了六百余年。商起源于夏部落的东方，是东夷族的一支，在夏的统治期内，就已经活跃于豫南、鲁西、皖北交接的地区，夏亡前，商已经发展为大型的部落联盟形态，有强大的军事武装、复杂的社会结构，成熟的继承制度以及实用的都邑观念。商的历史是目前最早的信史，考古发现的大量甲骨卜辞和少量有铭文的青铜器，证实了《史记》《竹书纪年》等古籍所记载的商代基本历史框架和社会概况。

① 齐磊．夏代早期都城变迁研究 [D]. 郑州大学，2009：63.

② 张国硕．夏国家军事防御体系研究 [J]. 中原文物，2008（04）：42.

③ 武王克商的具体年代，学界仍有争论，本书取夏商周断代工程所确定的年表。

（一）商的政治经济

商的国家机器，尤其盘庚迁殷后，较之前朝的夏更加完备与系统化了，在宗法形态、宗教思想、经济制度、都邑建设等方面的成就更为突出，奠定了三代乃至华夏帝国的底色。孔子说“周因于殷礼，所损益，可知也”，他认为周的礼仪制度的基础是源于殷商时代的。

1. 宗法形态方面

宗法制度，是王族家族制度，也是王权的继承制度，更是王国的基本政治制度。商进一步践行并发展了夏所设立的宗法分封制，将宗法制度与王权传承结合起来，更创造性地在“子”姓王权的延续上，提出和实践了“父传子”“兄传弟”两种选择。从《史记》的记载看，“传子”是商，尤其是商后期王权继承的主流方式，这种双重选择，也为中国古代的王权继承开创了“主、辅一体”的继承制度，即常态下的父逝子继，非常态下的兄终弟及。春秋初年，宋宣公宣称“父死子继，兄死弟及，天下通义也”（《史记·宋微子世家》），宋是周初时周公赐予前朝商纣王之兄微子启的封地，都邑是殷之故都商丘，宋的礼教传承殷商之法较多。

建立在王族血缘基础上的宗法制度，将国土分为两种类型，一是王畿地区，即首都周围数百里区域，归属于商王直接管理，类似于直辖市，也称为“内服”；二是封国区，即诸侯所领的半独立王国区域，也称为“外服”。

2. 宗教思想

所谓宗教，恩格斯认为：“一切宗教都不过是支配着人们日常生活的外部力量在人们头脑中的幻想的反映，在这种反映中，人间的力量采取了超人间的力量的形式。”（《反杜林论》）中国本土的传统宗教信仰，本质上是宗法性宗教，是以血缘关系为基础，以上天崇拜和祖先崇拜为核心，气象、山川、器皿等多种崇拜为补充，开放式、社会化、家庭化的信仰体系，是维护社会秩序和家庭伦理的基本规则，也是华夏一以贯之的主体性信仰。后世外来的佛教、基督教、摩尼教、伊斯兰教、犹太教、萨满教等，在中国成功立足、开枝散叶，都是与这种主体信仰相互结合密不可分。这种传统宗教信仰，被黑格尔认为是以道德性为基础的“国家宗教”，“中国人有一个国家的宗教，这就是皇帝的宗教，士大夫的宗教。这个宗教尊敬天为最高的力量，……与这种自然宗教相结合，就是从孔子那里发挥出来的道德教训，……这种道德包含有臣对君的义务，子对父、父对子的义务以及兄弟姐妹间的义务。”[①]

这一传统宗教信仰的源头起于三代时期，能为考古所证实的，便是商代。从甲骨文记录看来，商王并不缺乏合法性的焦虑，并不通过原始宗教的方式证明政权的正当与正义，但商王极度缺乏行为自信，急切地需要外在的保护者来肯定自己的行为。其崇拜、迷信鬼神的虔诚程度，后世远不能及。历代商王通过血腥的祭祀和大量的占卜，沟通人间与上天的关系，聆听来自上天的旨意。《礼记·表记》所言“殷人尊神，率民以事神，先鬼而后礼”应该是真实的。数十万片出土的殷商甲骨卜辞，清晰而客观地证明，商人建构了一个复杂而完整的彼岸世界。在这世界，有日、月、星辰、风、雨、雷、电的天神；有山、川、河流、东、南、西、北的地示；还有先祖、先王、先妣、故臣的人鬼。这天神、地示、人鬼组成的信仰体系的塔尖，是无所不能，神力无穷而又喜怒无常“上帝”。

上帝首先具备呼风唤雨、支配自然界的能力。由于商已经进入了农业社会，对粮食生产相关的气候、天气问题最为关心。据统计，向上帝贞问具体的天气问题的卜辞比例最高。[②]其次，上帝能决定战争的胜负，判断出战的时机。商时期部落、方国众多，商政权长期处于四处征战的情况，是否发动战争、何时发动战争等重要行动，商王都需要咨询上帝的意见，只有占卜出“帝若”的结果，才采取进一步的举动。最后，城邑建设也需要征求上帝的许可，这也说明城邑建设在商代，如同战争行为一样，是较为重要的国家大事，如“帝降邑”“帝弗予兹邑”“天其永我命于兹新邑”之类的卜辞频繁出现。

祖先崇拜是商代宗教思想极为突出的特点。原始社会末期，“绝地天通”的宗教改革，断绝了民间与上帝沟通的能力（权力），而商王认为，只有故去的先王才能与上帝沟通，才能将上帝的旨意传递至自己手中，故终商一代，祭

① 黑格尔．哲学史讲演录：第一卷 [M]. 北京：商务印书馆，1980：125.

② 牟钟鉴，张践．中国宗教通史 [M]. 北京：社会科学文献出版社，2003：89.

祖频繁且隆重。商祭祀祖先以其庙号（天干）为祭日。到了商后期，先主太多（商王数量众多，先商 14 位王，商 32 位王），须祭祖 168 次，殷王一年之中平均两天就要祭祖一次[①]，且每次均有大量牲畜甚至人作为牺牲。

殷商的祭祀对象，是二元的，即上帝并不是自己的祖先，虽然上帝是商人部落的至高神祇，但与商人并没有任何血缘上的关系，且祭祖的频率和花费，远超祭天。这一点与后来的姬周将二者合二为一的宗教信仰不太一样。通过祭祖，商王垄断了与上帝沟通的特权，并认为他可以将臣民的罪行报告给自己的祖先，从而将惩罚施加于臣民的祖先。这是一种很有效的威慑，至少在盘庚迁都到殷时，起到了重要的说服作用。

商人重鬼轻人，用鬼神的超自然力震慑臣民，外部压迫强于内部自省，宗教伦理处于较为初级的阶段；商人重祖，利用祖先与上帝沟通，这种二元制的崇拜体制，逐渐一元化。

3. 经济制度

王有制：与夏相比，商是比较彻底的王有制，即全国的所有生产资料都属于王室，也都属于“王”一人。有学者指出：“周代的特征是一切生产资料均为王室所有（殷代也应该是这样），所谓‘普天之下，莫非王土；率土之滨，莫非王臣’，一切农业土地和农业劳动都是王者所有，王者虽把土地和劳力分赐给诸侯和臣下，但也只让他们有享有权而无使用权。”[②]

牛耕技术：商人已熟练掌握了农田的耕作技术，在耒耜农业的基础上，发明了牛耕。殷墟的甲骨文中，有很多“犁”字，辔头罩在牛首，另一端是用一些小点表示犁头翻土。牛耕是畜力与金属农具的结合，使得耕地变成了连续单向作业，效率较高。在中国农村，牛耕一直沿用到 20 世纪 80 年代，时间跨度接近 3000 年。

井田制：与牛耕同时出现的，还有井田制。井田制“是将土地分割成井字或相当于井字形状的土地分配耕作制度”[③]，“田”字的本身，就是对这种土地

① 牟钟鉴，张践．中国宗教通史 [M]. 北京：社会科学文献出版社，2003：95.
② 郭沫若．郭沫若全集 [M]. 北京：人民出版社，1984：27.
③ 王海明．夏商周经济制度新探 [J]. 华侨大学学报（哲学社会科学版），2015（06）：23.

划分形态的象形，如同东汉的郑玄对《周礼·地官》注解时说的一样，“立其五沟、五途之界，其制似井之字，因取名焉”。但井田制不仅仅是一种地块划分方式，更是王权下的农业国家土地根部性制度。井田制首先是税收制度。孟子解释东周井田制时说，“方里而井，井九百亩，其中为公田，八家皆私百亩，同养公田，公事毕，然后敢治私事”（《孟子·滕文公》）。有研究认为“殷、周都实行过井田，从种种资料上看来，是不成问题的”①。虽然“率土之滨，莫非王土”，但分封制决定了领有土地使用权的诸侯和大夫，是可以继续转手这土地的使用权的。三代时期生产力低下，九分之一的农业税负，已经很重，分开税田和私田,可能有利于提高农民的积极性。井田制其次是一种农业协作制度，八户人家，同耕作九百亩土地（每户一百亩，加上中间的一百亩公田），共同建设、使用土地内的沟洫井等农田水利设施，即《考工记·匠人》所言“九夫为井，井间广四尺、深四尺，谓之沟”，这是一种小型的农业协作制度。井田制还是一种保甲制度，是将农民和土地拴在一起的制度。《汉书·食货志》所谓：“六尺为步，步百为亩，亩百为夫，夫三为屋，屋三为井，井方一里，是为九夫。八家共之，各受私田百亩，公田十亩，是为八百八十亩，余二十亩以为庐舍。出入相友，守望相助，疾病相救。”看起来温情脉脉，实则是为邻里监视和连坐制度提供基础。

井田制与城邑大量采用方形有一定关系。有研究认为：“当人们在井田这种有规律的方格网的土地中劳动生活，……抽象出对象的一些特征（居中、对称、尊严），并且产生逻辑和心理定势，……城的形状、城门的设置位置、道路的开法、各种用地（或建筑）的位置关系，就是当时土地分配、土地秩序的缩写或演化。”②棋盘式格局、经涂式路网、正南北朝向、居中为公，这些农田划分手段和城邑建设中的“方九里、旁三门”“择国之中而立宫”等意识，是能挂上钩的。

4. 都邑建设

应该认为，自商开始，城邑才开始具有据点、堡垒、仓库、交通枢纽、政

① 郭沫若. 郭沫若全集 [M]. 北京：人民出版社，1984：20.

② 梁航琳. 中国古代建筑的人文精神 [D]. 天津大学，2004：14.

权与文化中心等多重意义，“邑是商王朝基本的社会和政治单位”①，是一种复杂的结构形式。甲骨文中的“邑”字，与今天并无不同，上半部分是有明确边界（城垣或者壕沟）的区域，下半部分是聚居于其中的人。筑造城邑是很严肃的大事情，不仅是经济行为（拓展经济区）和军事行为（拓张扩土），还是政治行为（明确统治权），需要不断地占卜上天的旨意，这一点从大量的卜辞中可以看出。②

商的城邑带有强烈的血缘特质，是单一的血缘组织在某地域内建设的居民单元，是“商代中国最主要、最基本的统治结构。而商王国，简单来说，就是商王直接控制的诸多城邑说组成的网络”③。这个统治的网络如此强大，据董作宾先生统计，在卜辞中共出现过 1000 个“邑名”④。当宗族进行分枝时，外迁的族长（往往是庶子），带领他的族人在封地上建设新的城邑，而这个城邑位于土地中央，是守卫族人土地和财富的城堡。费孝通先生认为（城邑）是权力的象征，也是维护权力的必要工具。⑤

在都邑体系中，最重要的当然是商王的都邑。都邑是商王和部分贵族的居所，是手工业最发达的地区，也是巫师等神职人员聚集的地区，“商代都城确是当时政治、经济、与文化最发达，社会文明程度最高的地方”⑥。在商的历史上，曾五迁六都，最早的都城是汤所建的亳，后仲丁迁都于隞、河亶甲迁都于相、祖乙迁都于邢、南庚迁都于奄，至盘庚迁都于殷，其后的 273 年不再迁都。

较之夏，商的都城具有面积大、功能复杂、形制方正、滨河而设的特点，具体各都城对应的遗址位置尚未完全落实，目前学界较为普遍认可的商之都城分别是偃师商城、郑州商城、洹北商城和殷墟。

（二）偃师商城

城址性质与位置：按照时间顺序，二里头城址的前半期（第一、二、三期）

---

① 张光直．商文明 [M]. 沈阳：辽宁教育出版社，2002：146.
② 据日本学者岛邦男《殷墟卜辞综类》统计，共有 43 个关于筑造城邑的甲骨卜辞。
③ 张光直．商文明 [M]. 沈阳：辽宁教育出版社，2002：200.
④ 可能其中有一些“邑”并不能作为城邑来看待，甲骨文中对于村落、采邑、城邑和都邑，统称为“邑”，并不加以区分。
⑤ Hsiao-tong Fei. China's Gentury[M].Chicago：The University of Chicago Press，1953：95.
⑥ 严文明．中华文明史：第一卷 [M]. 北京：北京大学出版社，2006：261.

在夏文化时间段内，而第四期则处于早商文化时间段，六千米外的偃师商城城址在二里头第四期新建。再联想到二里头规模最大的宫殿毁于其第三期的期末，学术界有推想，偃师商城是夏商分界断代的界标①，不但是商王朝镇压夏移民的军事城堡，也是商早期的都城“亳”。

偃师商城仍处于伊洛河盆地核心位置，北靠邙山，南依洛河，地势平坦。这个位置长期以来是中原地区东西交通的孔道：经过虎牢关东去郑州（华北平原），经过函谷关、潼关西达西安（渭河平原），经过娥岭关南至登封（豫东平原）（图 2–5）。

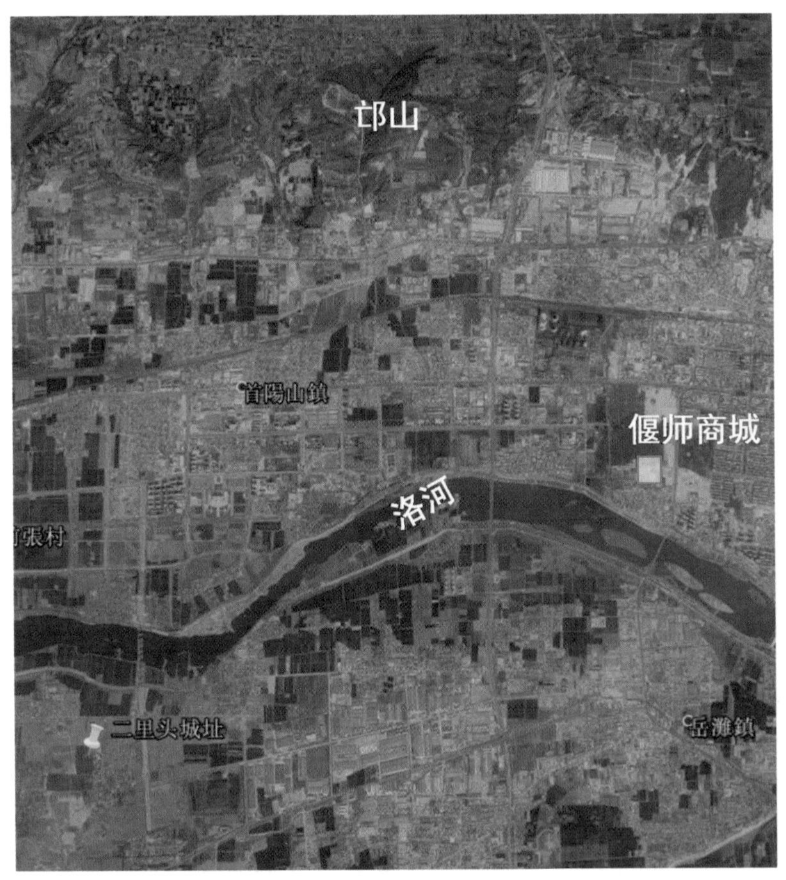

图 2–5　偃师商城位置图

资料来源：根据 Google 地图绘制

① 方酉生.再论偃师商城是夏商断代的界标[J].武汉大学学报（哲学社会科学版），2004(04)：522-527.

城址基本情况：偃师商城城址呈不完整的长方形，北宽南窄，内外双城格局（图2–6）；大城面积约200万平方米，小城几乎占满大城南部，南北长1100米，东西宽1700米，面积约81万平方米；偃师商城的大城和小城均砌有城墙，墙外设护城河（宽20米，深6米），小城内宫殿区的面积超过4.5万平方米，至少发现9座宫殿建筑夯土基础[①]，宫城位置处于城内正中，主要宫殿、城门大体上左右对称[②]；城内有纵横向的主干道，均与城门相通，大城东二门的路面下，还发现石木结构的地下排水设施，与小城的排水道相连通[③]。

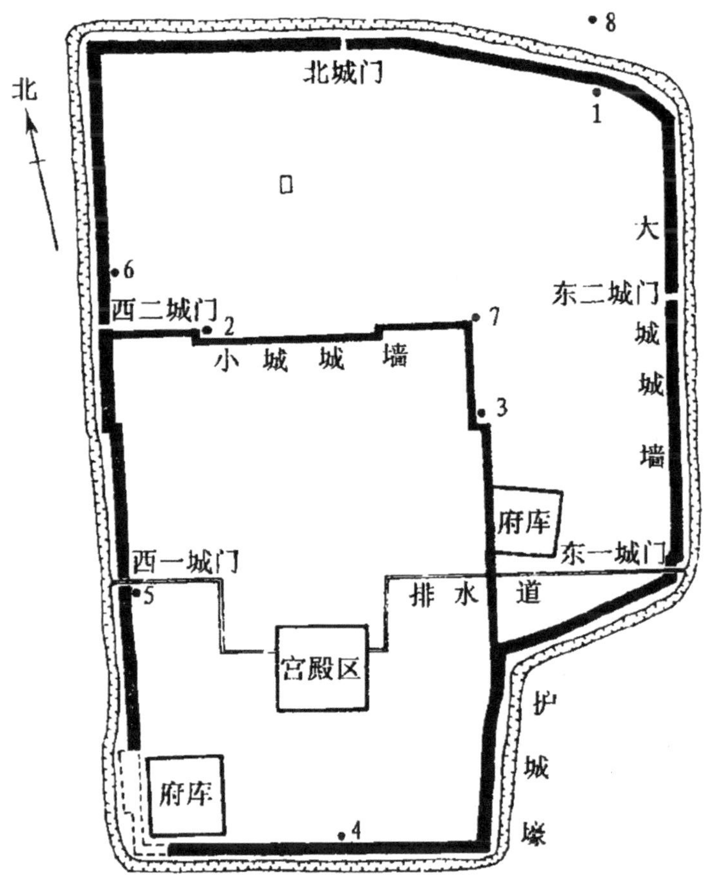

图 2–6　偃师商城遗址平面图

资料来源：王学荣 . 偃师商城布局的探索和思考 [J]. 考古，1999（02）：26.

① 刘余力 . 试析商早期帝都文化的先进性 [J]. 黄河科技大学学报，2013（06）：27-29+44.

② 王学荣，杜金鹏，岳洪彬 . 河南偃师商城小城发掘简报 [J]. 考古，1999（02）：1-11+97.

③ 许宏 . 先秦城市考古学研究 [M]. 北京：燕山出版社，2000.

偃师商城的城墙宽 6 至 7 米，采用版筑法，且预先埋设有基槽。基槽相当于城墙的核心受力结构，将城墙与基地焊作一体。城门开设方面，此城的东西城墙各有三门，南北城墙各一门，这与后《考工记·匠人营国》所记载的“方九里、旁三门”的都邑城门制式相匹配[①]，可能是古代中国城池一面开三门的传统的肇始处。

城邑选址特点：值得指出的是，小城建于大城之前，即二里头文化的四期阶段，且距离后者只有六千米，符合《诗经·商颂·殷武》“天命多辟，设都于禹之绩”的记载。这一代之前并无聚落痕迹，偃师商城的选址具有一定的突发性。这种选址的突发性，可能来自商汤建国后，为监视前朝遗民，巩固西部国土而设置都邑。故而初建时（二里头四期），此城并不大，仅仅以宫城核心区为重点，面积约 4 万平方米，后方设立小城，筑夯土墙，面积为 80 万平方米；直到二里岗下层阶段，偃师商城城址拓展，新筑大城，面积达 200 万平方米。[②]

这种城址的拓展，可能与商势力的扩张与维稳有关。商起于夏文化东部，即冀南豫北地区，灭夏后势力膨胀，奄有九州，“莫敢不来享，莫敢不来王，曰商是常”（《诗经·商颂·殷武》）。而远离根据地的新拓西部疆域，缺乏大型据点，在此情况下，设置镇守都邑，升级原有的军事据点——偃师商城的小城，将其变成都邑级的城市，是有必要的，这也与设《汉书·地理志》所言“偃师，尸乡，殷汤所都”相符合。

（三）郑州商城

城址基本情况：郑州商城位于今郑州市区内，二七广场附近，二里岗遗址群中心位置。城址略呈长方形，东北折角，有内外城墙两重，内城墙周长约 7 千米，其中东、南墙各长约 1700 米。四边城墙共九个缺口，疑似九门所在。宫城在城内东北部，地势较高，面积约 35 万平方米，是内城面积的约 1/6。[③] 考古发现 3 处大型宫殿建筑的夯土台基以及较多玉器、青铜器，[④] 宫内有池苑。（图 2–7）

① 曹慧奇，谷飞．河南偃师商城西城墙 2007 与 2008 年勘探发掘报告 [J]. 考古学报，2011（03）: 385-410，449-452.

② 李久昌．论偃师商城的都城性质及其变化 [J]. 河南师范大学学报（哲学社会科学版），2007（03）：117-121.

③ 李民．郑州商城在古代文明史上的历史地位 [J]. 江汉论坛，2004（08）：95-98.

④ 潘明娟．历史早期的都城规划及其对地理环境的选择——以早商郑州商城和偃师商城为例 [J]. 西北大学学报（自然科学版），2010（04）：708-712.

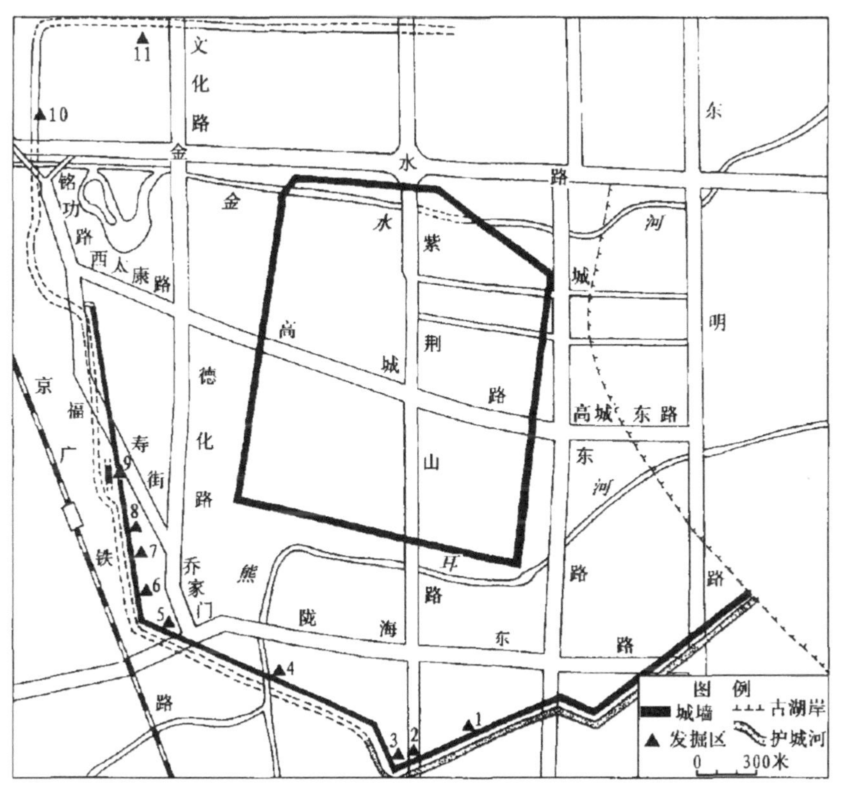

图 2-7 郑州商城平面图

资料来源：袁广阔等．郑州商城外郭城的调查与试掘[J]. 考古，2004（3）：41.

图 2-8 郑州商城及城墙

资料来源：自摄

城址规模：此城的手工作坊已经按照专业分工分布，冶铜、冶铁作坊分别布置于城南、城西[①]，墓葬区则在东、南城垣外，城外有较为密集的居住聚落遗址。且此城城址面积巨大，外城墙随地形走势，不太规则，东面为沼泽，未筑城墙，估计外城围合面积为1300万平方米，远超龙山时代的石峁城址（400万平方米）、陶寺城址（300万平方米），也超过西周时期最大的城址鲁国曲阜（1000万平方米）。[②]

城邑选址特点：商城所在的郑州地区，位于豫西延伸而来的嵩山余脉的丘陵与华北平原交接之处，“位于西部低矮丘陵的边缘、广阔平坦的黄河冲积平原前沿，地势自西南向东北倾斜”，也是中原东西南北交通通道的交织点，“郑州东逾汴、徐可至大海；北通幽、燕，南达湖广，为‘十省通衢’之地”[③]，加上黄河的运输能力，郑州的地区交通区位非常突出。现在的郑州，利用先天交通优势，已经是米字型高铁的国家级枢纽所在。

郑州应该是商代中期主要的都邑，这一选址，突出的是其交通优势。郑州商城的修筑虽晚于偃师商城，但地位应远远高于后者。有研究认为，早商文化灭夏后急剧向东、向北扩张，进入中商后，郑州已经位于商文化的中心位置，很可能是仲丁迁都，经略东方所筑的隞都[④]，“在二里冈时期的大部分时间内，偃师商城很可能只是伊洛河流域的地区中心，而郑州商城则发展为早商时期的主要中心”[⑤]。

（四）安阳殷墟

位于河南安阳洹河南北两岸的殷，是商王朝中后期的都城，《史记·项羽本纪》有言“羽乃与（章邯）盟洹水南殷虚上”。商王朝中前期，自契至盘庚，频繁地迁徙都城，十余次之多，盘庚之后，都城乃定，再不迁徙之。据古本《竹书纪年》记载，殷作为国家都城达历八代十二王，长达273年，即从公元前14世纪至公元前11世纪，直至纣王自焚而国亡。殷墟因甲骨文的发现而被发掘，是我国第一座被文献记载和文物考古所双重印证的都城，也确立了商王朝是完全的信史。从20世纪20年代开始，中国考古界就对殷墟进行了长期系统性发掘，

① 贺业钜．中国古代城市规划史[M]．北京：中国建筑工业出版社．1996：159.
② 严文明．中华文明史：第一卷[M]．北京：北京大学出版社，2006：252.
③ 徐岩．试论郑州商城的生态环境[D]．郑州大学，2004：4.
④ 李锋．郑州商城隞都说与郑亳说合理性比较研究[J]．中原文物，2005（05）：51-56.
⑤ 陈星灿，刘莉，李润权，等．中国文明腹地的社会复杂化进程——伊洛河地区的聚落形态研究[J]．考古学报，2003（02）：208.

甚至借此培育了中国的近代考古学（夏鼐语），相关资料积累较为充分。

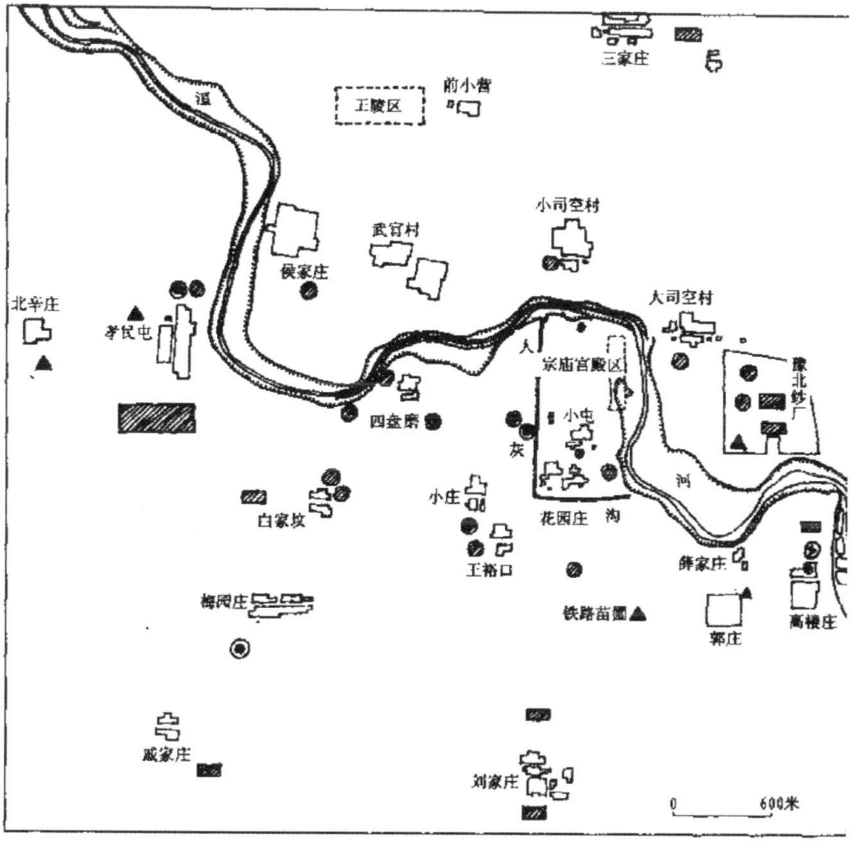

图 2–9　殷墟平面图殷墟宫殿区（复原）

资料来源：许宏 . 先秦城市考古学研究 [M]. 北京：燕山出版社，2000：42.

图 2–10　殷墟宫殿区

资料来源：自摄

城址基本情况：目前已经发现的遗址显示，殷墟是以小屯村为中心，沿洹河而建，东西长约 6 千米，南北宽约 4 千米，总面积约 24 平方千米的城邑（图 2–9）。大规模的殷墟城址，有着相当复杂的功能区划布局。宫殿宗庙区，是整个殷墟的核心区（图 2–9），位于洹河和壕沟所围合的小屯村、花园庄一带；宫殿区用深沟与外围的居住区隔离开来。发掘显示，越靠近壕沟，居住聚落的分布密度越大、建筑水平越高，包括小型夯土台基、人殉、陶制排水管等，都有在靠近宫殿区的居住聚落发现。手工业区点状分布在居住聚落外围，且有按专业分类的痕迹，如制骨作坊和制铜作坊是分开的。王陵区位于洹河北岸地势高亢处，墓葬规模较大（后母戊鼎即发掘于此），且发现大量殉人遗迹，应是商人祭祖场所。

宫殿宗庙区不但占据地势较高的地段，而且巧妙地利用了洹河南折的走势，以洹河为北、东边界，另掘深沟于西、南（南北长 1100 米，东西长 650 米），形成以水为墙的独立防护区域，面积约 70 万平方米。其主要建筑的夯土基础多为东西向，有些则两两对称，似经一定规划。[①] 建筑群有南北向的轴线序列关系，由南而北，首为祭坛，次为宗庙，再次为朝，最后为寝。如果进一步按功能划分小区，则南为宗庙祭坛小区，北为朝寝小区，而朝寝小区又是按前朝后寝之制规划的。[②]

城址发展概况：殷墟在其 270 余年存继期内并未中断，是连续发展并不断扩大的。建城初始，是盘庚迁都到武丁早期，城址集中在小屯村东北沿洹河地区；到了武丁早期，城址明显扩大，小屯村的西北方、南方等地以及洹河北岸开始初现聚落遗址和墓葬；武丁晚期至祖甲时期，城址又扩大了，宫殿宗庙区基本建成，大型的壕沟也竣工了，但城内各组团之间还有很多空白地带；到了康丁、帝乙、帝辛时期，即商王朝的尾期，殷墟城址拓展规模很大，面积达 30 平方千米左右，且内部空白地带减少了很多。[③]

（五）商都邑选址特点

商王朝的都邑，前期是偃师商城，前中期是郑州商城，中后期是安阳殷墟。

① 许宏 . 先秦城市考古学研究 [M]. 北京：燕山出版社，2000：59.
② 贺业钜 . 中国古代城市规划史 [M]. 北京：中国建筑工业出版社 .1996：174.
③ 郑振香 . 殷墟发掘六十年概述 [J]. 考古，1988（10）：929-941.

三座都邑，分别承担了商王朝不同阶段的历史使命，有其各自的贡献：“偃师商城的功绩是承袭夏文化、融合夏商文化，由此形成二里岗商文化，它发挥了初创的作用；郑州商城则发展了二里岗文化，展示出商代前期灿烂文化的风采。至于洹北商城和安阳殷墟这是集大成者，……达到殷商文化的鼎盛时期。”①

商王朝在成汤之后迁都五次，仲丁迁（亳）都至嚣（隞）、河亶甲迁都至相、祖乙迁都至邢（庇）、南庚迁都至奄、盘庚迁都至殷②，据不断变化的都邑位置，可总结出两个基本规律，一是都邑选址依赖政治腹心地区，二是都邑选址与水系关系极为密切。

1. 都邑选址依赖政治腹心地区

目前从甲骨文中得到的信息表明，商是完全意义上的国家，有一定面积的疆域③，如从殷墟出土卜辞上已经出现了上千个地名，说明商的军事和文化力量得到的极大的扩张，中央政权直接统治及分封的疆域大幅扩大，居民点增多，城市也随之大量出现。考古发现指出，从现有材料来看，商朝的四至非常广袤辽阔。在长城以北约三百千米的克什克腾旗，曾经出土商朝的青铜器。在东方，山东益都苏埠屯有商代晚期大墓，滨海的海阳等地，也发现了商代的青铜器。至于在西方，陕西很多地点都有商代青铜器。④

从氏族社会演化而来的血亲意识形态在这一时期持续深化，形成了我国特有的崇拜祖先的、家族式的宗法制度，并在此基础上构建了城乡据点体制——国野制度。“国”即城，是大型据点，“野”即乡，是采邑，也是小型据点。国野，是以统治家族为核心的、覆盖各级城乡的异级同构模式。⑤如张光直所言：中国历史上的名城——殷、长安、洛阳——不是孤立存在的；它们一定是由许多大小不同功能各异的聚落所构成的较大的网状系统的一部分。⑥

毫无疑问，只有位于据点体制中心位置，即政治腹心位置的城邑才是最为

---

① 赵芝荃．评述郑州商城与偃师商城几个有争议的问题 [J]. 考古，2003（09）：89.

② 关于殷商时期迁都，古籍中有各种说法，且相同地名的地望亦各家说法亦不同，本书从夏商周考古学论文集（邹衡 1980）观点。

③ 商的疆域其中心区大体上“东至济水，西至陕西，北起易州，南至江汉”。见李孝聪．历史城市地理 [M]. 北京：北京大学出版社，2004：52.

④ 江鸿．盘龙城与商朝的南土 [J]. 文物，1976（02）：43.

⑤ 系统内部不同等级的子系统及再下级系统，具有相似的结构特征，为“异级同构”。

⑥ 张光直．中国青铜时代 [M]. 北京：生活·读书·新知三联书店，1983：107.

安全的，如殷墟选址于河南安阳，位于其势力范围的腹心所在。且殷墟之前的五个商都城址（即亳、嚣、相、邢、奄），均位于黄河与卫河沿岸，基本上构成了一个等边三角形。这个三角形所在的地区便是商王朝的心脏地区，商虽屡次迁都，都城但基本上均选址都位于这一三角区域。（图 2–11）唯一一次的例外，是南庚将都城由“邢”（今山东郓城）迁至“奄”（今山东曲阜）。奄位于王朝的东部地区，靠近东夷。南庚迁都之后的商王朝国运衰落[1]，和都城外迁、自立险境不无关系。后商王朝之第二十帝盘庚，将都城重新迁至殷（今河南安阳），国势始中兴矣[2]。

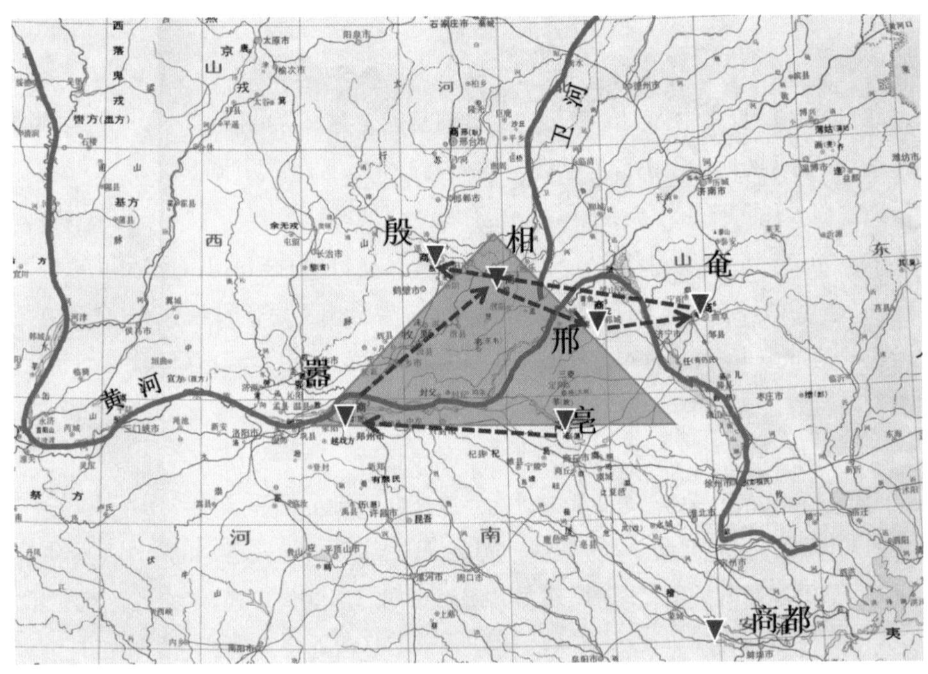

图 2–11 商后期历次迁都示意图

资料来源：根据谭其骧《中国历史地理图集》改绘

2. 都邑选址与水系关系极为密切

盘庚迁都至殷很可能是为了避免水患。《尚书 · 盘庚》中记载了迁都时盘庚对臣民的告喻：“古我先王，将多于前功，适于山。用降我凶，德嘉绩于朕邦。

①《史记 · 殷本纪第三》：“帝南庚崩，立帝祖丁之子阳甲，是为帝阳甲。帝阳甲之时，殷衰。”

② 同上：“帝阳甲崩，弟盘庚立，是为帝盘庚 …… 行汤之政，然后百姓由宁，殷道复兴。”

今我民用荡析离居，罔有定极，尔谓朕曷震动万民以迁。”商王盘庚在迁都之际，回忆了开国先祖成汤迁民众于山地以避祸的功绩，并提出现在情况相仿，因为水灾，大家没有固定的居所，民众需要迁徙。

水与都邑之间的关系，利、害皆存。无可置疑的是，河流水系利于农业发展。与承接龙山文化的夏王朝相比较，商王朝时期的农业已经开始占据社会经济的主导产业地位。从甲骨文的记载看，商朝农业有两个方面的特点：一是包括黍、稻、稷、菽、麻、高粱等主要农作物名词开始出现并流行开来，在祭祀过程中“求禾”“求年”“受年”“求雨”“告秋”等与农业生产相关的卜辞大量出现；二是酿酒业发达，酿酒是以农业繁荣为前提的。目前出土的商代的青铜器大概有一半以上是酒器，包括罍（酿酒器）、壶（贮酒器）、尊（贮酒而备斟之器）、卣（盛鬯备移送之器）、盉和斝（均为温酒器）、爵、觚和觯（均为饮酒器，爵兼温酒，觚兼烫酒）、斗（斟酒器）等。郑州商城内发现有酿酒作坊遗址，河南嵩城遗址发现酿酒作坊以及人工培植酵母的遗迹，甲骨文也记载了数个司职酒业的官员，如“小蘗臣”“鬯小臣”①。殷商饮酒风气极盛，以至于周初周王颁布《酒诰》，列举殷人过于纵情饮酒的罪状，警示周人：“诞惟民怨，庶群自酒，腥闻在上。故天降丧于殷，罔爱于殷，惟逸。天非虐，惟民自速辜。”（《尚书·周书·酒诰》）

作为国都，大量的非农业人口需要充分的耕作条件（包括土壤条件和水系灌溉条件）支撑。商的历代都城均位于当时耕作条件最好的黄河中游地区，土地平整，土壤肥沃，靠近洹水、洛水、黄河等主要河流，水运及灌溉条件优越。

河流水系还能提供都邑的防护需求。如郑州商城位于金水河与熊耳河之间，城址形态与河流走势有关，“金水河流经商城西北角外侧东流，流向与北城墙方向基本一致；熊耳河在内外城墙之间，沿内城南城墙方向自西向东流过”②；又如偃师商城虽位于现在的洛河北岸，但商朝时期城址南垣距离洛河约两千米，其东南侧有一古湖泊（方形，各边约1.5千米），“北城墙因城外自然河流的走向、位置而两次向东南倾斜，从而导致商城东北角呈抹角状。护城壕的水源也由自

① 权美平．美酒新解：小议商代秬鬯——从商代美酒探究古酒文化 [J]. 农业考古，2013（01）：286-290.

② 张兴照．商代邑聚临河选址考论 [J]. 黄河科技大学学报，2010（03）：48.

然河流而来”[①]。而洹河南岸的小屯村殷墟宫城区域，则直接利用了洹河转折处，作为其北、东两侧的防护壕沟。

考古发现证实，商代大量的城邑均与河流关系密切。据考证，仅在商中后期的殷墟时期，洹河流域呈现沿河分布特点的聚落两岸共计有 24 处之多。而偃师商城所在的伊洛河下游流域，包括其支流，沿岸分布的聚落遗址有 55 个（图 2–12）。

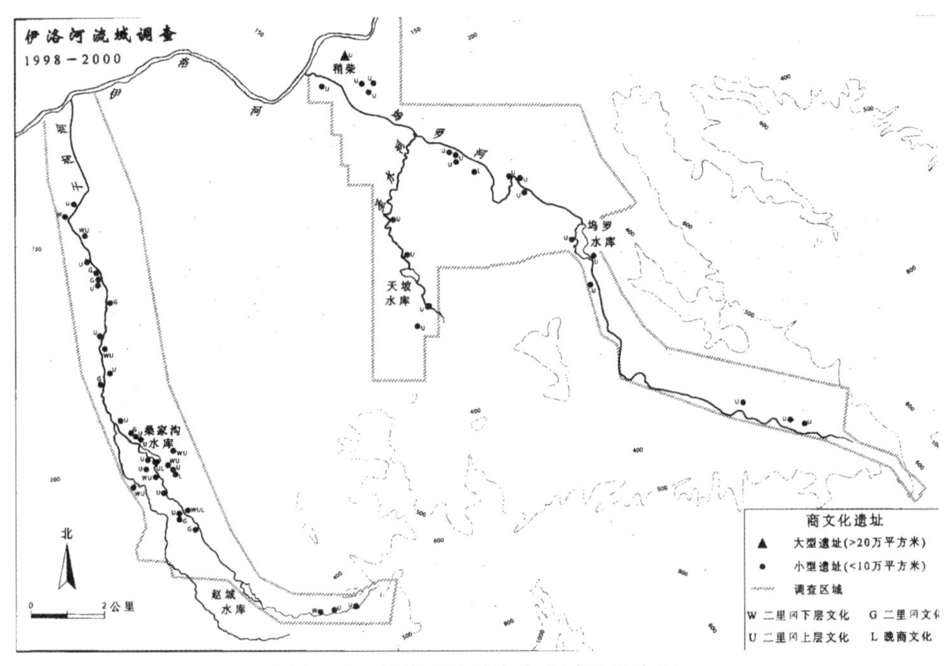

图 2–12　伊洛河流域商文化遗址分布图

资料来源：陈星灿，刘莉，李润权，等．中国文明腹地的社会复杂化进程——伊洛河地区的聚落形态研究 [J]. 考古学报，2003（2）：180.

（六）地方城邑选址

直到秦始皇统一中国之前，华夏大地上一直呈现的是各区域政治集团平行发展、相互赶超的状态，集团内部有分层的等级，集团外部是此消彼长的生存竞争。夏、商、周，很长一段时间都是彼此共存的，只是各自的时间段中（夏是公元前 21 世纪至公元前 17 世纪，商是公元前 17 世纪至公元前 11

① 张兴照．商代邑聚临河选址考论 [J]. 黄河科技大学学报，2010（03）：48.

世纪，西周是公元前 11 世纪至公元前 8 世纪）获得最高政治权力，成为这一时期的“王朝”。

中原地区“姒”姓或“子”姓以外的各集团，名义上是中央政权的封地，实际上是基本独立的方国，在甲骨文中，被称为“× 方”，多个方国就是“多方”。此外，还有和中原地区并无隶属关系的政权，与夏或商王朝平行存在，相互影响，这些区域性政权也有中心性城邑，如以成都平原为中心，控制长江上游的古蜀国，拥有大型城邑群、高度发达的青铜铸造技术、独特的艺术审美观，是与商王朝比肩而立的强大国家。在商的卜辞中，与“蜀”有关的卜辞 12 条，实际上“记载的就是双方在各自边境接壤地带所发生的一系列和战事件”[①]。

1. 广汉三星堆

古蜀国鼎盛时期，东出三峡，据巴、夔之地，接近江汉，此时正是商中期，武丁在位，国势正盛，两种文明相互融合、碰撞，互相影响，如青铜礼器、青铜兵器、玉器的制式纹路，甚至龙的造型，都有相互影响的痕迹，在商武丁时期，就有约 40 条的卜辞提到“商”和“蜀”的“国际”关系，主要涉及战争、牺牲方面的事件。

三星堆为古蜀都城，位于现广汉市鸭子河（即湔江，沱江三大支流之一）南侧的岗地上，面积约 300 万平方米，呈梯形形态，东西长 1.6—2.1 千米，南北宽约 1.4 千米（图 2-13、图 2-14），经数十年来的考古工作，已经确定其城址四面有城墙环绕。[②] 城墙建于商早期，沿用至西周，其基础宽度 42 米，顶部宽 20 余米，呈梯形断面形式，采用平夯法夯筑而成[③]，外有 2 米深的壕沟。城内有生活区、手工作坊区，在城址中轴线上，有大型夯土台地，应是宫殿区所在，且目前发现的文化遗存呈现围绕中轴线两侧分布的态势，说明城址规划和使用时期，轴线的价值和意义被充分认识。宗教祭奠区位于南城墙外侧，20 世纪 80 年代，考古工作者在两个大祭祀坑内共发现文物 6662 件，包括大量青铜器、玉器、金器、象牙、陶器等，其形态奇特，与中原地区文物迥异，似来自西亚近东文化。

① 段渝．略论古蜀与商文明的关系 [J]. 史学月刊，2008（05）：21.

② 早期研究中，曾认为三星堆遗址以鸭子河为屏障，未构筑北城墙。2016 年 1 月，考古人员在青关山附近发现北城墙。

③ 段渝．四川广汉三星堆遗址的发现与研究 [J]. 历史教学问题，1992（2）：54.

这也说明，三星堆不仅是古蜀的政治、宗教中心，还是东西方的物质集散中心，经济功能突出。

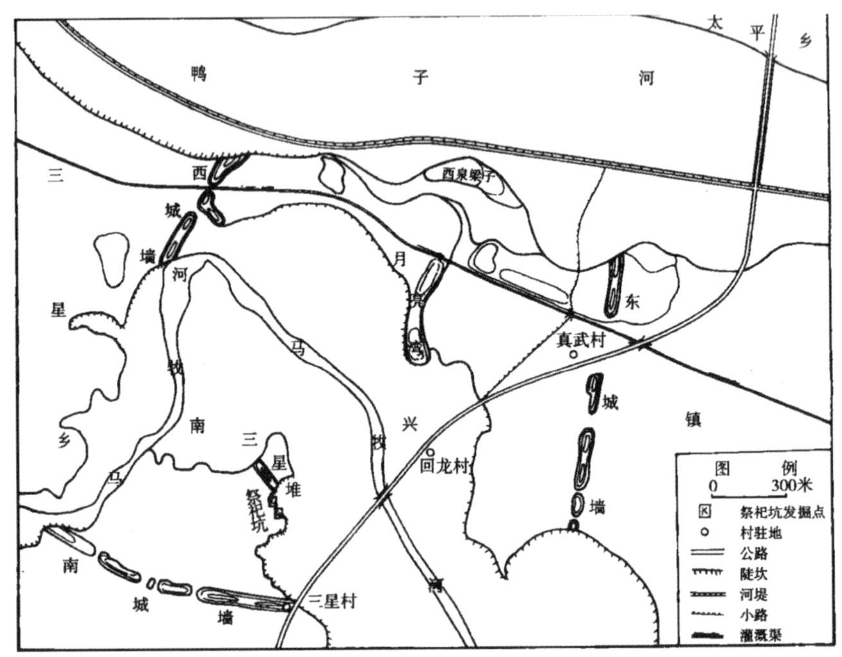

图 2-13　三星堆遗址平面图

资料来源：段渝．成都通史[M]．成都：四川人民出版社，2011：114.

图 2-14　三星堆遗址

资料来源：自摄

城址形态：三星堆的城址没有采用原宝墩文化的方形或长方形格局，而是一种不规则的梯形，有研究者建立几何模型研究后认为，其城址“经历了三种城市规划空间布局的变化，现状城墙遗址是最后的综合体”[①]，但其后古蜀金沙遗址、开明王朝的成都城址、张仪所建成都城址，都是不规则形态。三星堆可能是古蜀城址形态的转折点，而不规则城址可能因为水系的走势。

三星堆城址规模较大，超过了偃师商城（200 万平方米）的规模，而当时的其他方国都城面积较小，如黄陂盘龙城（7 万平方米）、夏县东下冯城（25 万平方米），有研究据此认为，蜀国不是方国，因方国城址不得大于都城城址。[②]

城邑选址特点：三星堆城址与水的关系极为密切。城址位于鸭子河南侧，北城墙临河，西城墙开有水门，城内水系发达，“马牧河穿城而过，各城壕与城址内外的马牧河与鸭子河的互相沟通，既有防御的功能，又兼具水上交通的功能”[③]，水系入城，能够在平时提供城内生活用水，并在汛期减缓洪涝对城垣的冲击。

从聚落结构上看，三星堆城址在其衰落期（第四期，即十二桥文化时期）是区域聚落的中心，沿着鸭子河两岸分布的商周聚落遗址，以三星堆为中心分布密度向外降低。这些外围聚落，毫无例外与鸭子河保持 350—800 米的距离[④]，似保持有宝墩文化诸城址近河不临河的选址传统。

2. 黄陂盘龙城

与古蜀国不同，学界普遍认为，从卜辞、青铜器铭文等看，湖北武汉黄陂盘龙城是商王朝南方的一个方国，也是商在南方的重要军事据点，即所谓的商之南土。[⑤]

城址基本情况：盘龙城城址位于长江中游北岸地带，江汉平原东部，北侧是大别山余脉，西北方向是随枣走廊，是典型的丘陵地区，地势东高西低。城址具体位于府河北侧二级台地上，东、南、北三面环水（图 2–15、2–16），地

① 张蓉．三星堆古城规划意匠探悉——兼谈夏商周都邑之制 [J]. 华中建筑，2010，28（5）：169.

② 段渝．略论古蜀与商文明的关系 [J]. 史学月刊，2008（05）：20—26.

③ 杨茜．成都平原水系与城镇选址历史研究 [D]. 西南交通大学，2015：41.

④ 雷雨，等．四川鸭子河流域商周时期遗址 2011 ~ 2013 年调查简报 [J]. 四川文物，2014（05）：3-9.

⑤ 江鸿．盘龙城与商朝的南土 [J]. 文物，1976（02）：42-46.

势险要，水路发达，可沿长江达到上、中、下游不同经济区，可沿汉水上溯至中原商王朝中央地区。城址年代上限为二里岗文化上层一期，下限为殷墟一期，之后城址被废弃。

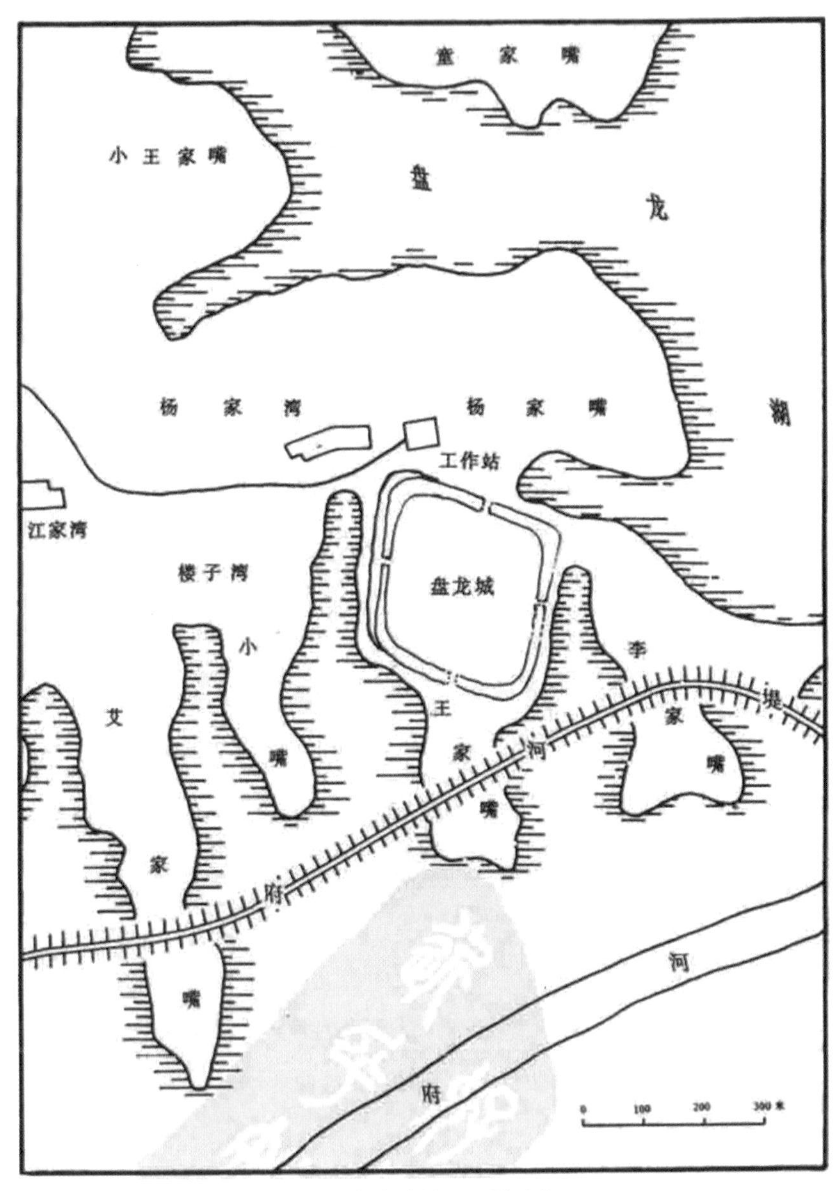

图 2-15　盘龙城城址及城外位置图

资料来源：湖北省文物考古研究所．盘龙城1963—1994考古发掘报告[M]．北京：文物出版社，2001：4.

图 2-16　盘龙城位置示意图

资料来源：根据 Google 地图绘制

城址形态：城址内城就是宫城，形状类似正方形，北偏东 20°[①]，面积约 7.5 万平方米，其东西长约 260 米，南北长约 290 米，城内东北部是宫殿区，有人工夯土而成的大型建筑台基，城垣也为夯筑，且外坡陡立、内坡缓平，城垣各方向逢中各开一门，四城墙转角有弧度（春秋时期江汉平原的楚纪南城也采用此类转角形式），城外有壕沟，且与城垣同时修建。

宫殿区较城内其他地区地坪较高，其一号、二号宫殿四方有回廊，屋顶采用“四阿重屋”的制式，庄严雄伟；整个宫殿区同样北偏东 20°，且轴线对称，

① “这与商代城址均为北偏东的方向一致。商代建筑和墓葬多偏向东北，或以为是缘于利用太阳确定方位并与遗址所处纬度有关系，或以为是商人尊东北方位。”见施劲松．盘龙城与长江中游的青铜文明 [J]. 考古，2016（8）：79.

院落布局、结构严谨，采用“前朝后寝”的功能排布，是我国目前所知最早的“前朝后寝”宫殿制度雏形的实例。[①]

城邑选址特点：从选址看，盘龙城不是一般都邑。古时汉口地区低洼地带较多，每遇汛期，一片汪洋。盘龙城内城海拔 44.8 米，是古时汉口一带的地势制高点，且扼守长江与府河交汇口[②]，动则南取洞庭、鄱阳，静则盘踞大江中段。手工作坊、平民生活区、贵族墓地等都位于城外，城内只有宫殿区，布局严谨，建造方法和技术与郑州商城如出一辙，加上墓葬形式、陶器制式、城垣建造程序与技术等，可以认为盘龙城不是仅仅模仿商文化，其应该就是商文化。

盘龙城虽不大，但等级较高，城址军事防御意味甚严，城垣、壕沟并设，另外出土的高级别礼器[③]、大量的青铜兵器，都说明此城与中原商王朝联系非常紧密，可能是商人重要贵族南下后建立的方国都邑，是商王朝拓边的重要军事据点，也是长江南岸大冶、阳新等地矿石资源北运的中转站。

---

① 湖北省文物考古研究所．盘龙城：1963—1994 年考古发掘报告 [M]. 北京：文物出版社，2001：70

② 湖北省文物考古研究所．盘龙城：1963—1994 年考古发掘报告 [M]. 北京：文物出版社，2001：502

③ 黄陂盘龙城李家嘴三号墓出土的大玉戈，长度、制式、质地都超乎寻常，似商王所用器具。

第三章
礼法制度下的西周城市选址

承接夏商文明的周王朝，是中国上古社会的鼎盛时期，是封建制向大一统国家过渡的时期。其又分为两段，前段为西周，后段为东周（春秋战国）。西周从武王伐商（公元前11世纪）算起，到平王东迁（公元前771年），历史大概是三百余年。从宗教思想、经济制度、政治体制、政权格局、城邑建设等方面看，西周与商的变革最为激烈，王国维曾说："中国政治与文化之变革，莫剧于殷、周之际。"（《殷商制度论》）西周是在位于丰镐的中央政府的领导下，在延续、优化、革新商王朝重要的制度和传统的基础上建立起来的。三百多年的历史，是中原势力外拓、各族相互融合、华夏族逐步形成的血火历史。而东周的开启，实质是宣告西周所建立的新制度寿终正寝，华夏进入了"政由方伯"时代，即地处洛邑的中央政权形同虚设的背景下，各诸侯国各创路径，变法图存，僭越西周各类制度规矩而形成的五百年"大争之世"，这一历史波澜壮阔，余韵犹存。

一、西周的都邑政治制度

周人以蕞尔小邦，起于渭水，一举颠覆大邑商，开八百年基业，体系化地创立了华夏诸多传统，从而形成了华夏文化本体，奠定了华夏认同基石。这一个过程，西周厥功至伟。许倬云认为："西周三百年来，华夏意识渗入中原各地，……当地文化层次，一方面吸收新成分，一方面反哺华夏文化，经过三百多年的融合，西周代表的华夏世界终于铸成一个文化体系，其活力及韧度，均非政治力量可以比拟。"[①]与夏商两代不同，西周所形成的华夏观念，超越了周族部族本身，也超越了"周"国家的政治实体本身，是华夏文化共同体的滥觞。华夏的城邑选址传统，无论是思想传统还是技术传统，都生长在这一文化共同体基础上，受其滋养沾溉，同时也是共同体的一部分，与之共存共生。在时代转型、思想转型、体制变革的基础上，西周确立了都邑政治制度，以政治定都邑，以都邑行政治，将都邑建设作为国家机器的一部分，赋予其意识形态的重要内涵。

（一）宗教思想

周族是小族，长期居无定所，甚至辗转于戎狄之间，商中叶以后才定居周原，国力远远不及于商，牧野一战而克商，估计周人自己都未曾想到能如此轻松地获得天命。武王虽入主中原，缔造新朝，但在此时节还是面临两个极大的问题：一方面周部落作为商之附庸，确实是以下犯上，弑君而自立，存在道德和礼制的悖论；另一方面商人长期信奉的"上帝"，是其血亲部落的护佑神祇，如何能转而庇护周族王权？这两方面的问题都挑战着周人政权的正统性和合法性。

为了解开这道德和宗教上的死扣，周初的政治家发挥政治智慧，以人道主义和理性精神，创造性地革新了夏商以来的传统，宣言"以德配天""天命靡常"的新型的、体系化的天命观，客观上推动了中国古代宗教的伦理化和世俗化，为儒家兴起提供了思想准备。孔子高度评价周的制度与礼仪，曾言："周监于二代，郁郁乎文哉！吾从周。"（《论语·八佾》）

1. 天命靡常

王国维曾言殷商之变："其制度文物与其立制之本意，乃出于万世治安之

① 许倬云．西周史 [M]. 北京：生活·读书·新知三联书店，1994：316.

大计，其心术与规摹，迥非后世帝王所能梦见也。”（《殷商制度论》）其首要之变，是周人更改了商人的天命制度，确立了“天命靡常”的中国三千余年政治伦理命题。

商人崇拜上帝，信任这个无所不能的神祇只眷顾自己族裔的王权。商末已觉察到周族的异动，祖伊警告纣王，天命将不再归向商：“天曷不降威？大命不挚，今王其如台？”纣王则坚定地认为天命在我：“我生不有命在天。”（《尚书·西伯戡黎》）在此背景下，周人必须突破既有天命观的限制，打破天命与商王的必然联系，重新诠释能够给予周人代商合法性的天命观。

首先，继承商人天命信仰，周人重视天命，周初的文献大量关注了“天命”这一命题。据研究，《周诰》十二篇，有“命”字 104 次，而其中 73 次指“天命”。[①] 据研究者对清华简《程寤》的解读，西周中晚期盛行“文王受命”“文武受命”的论述，即“周受天之命代商，统辖疆土、治理民众”[②]，《诗经·大雅·皇矣》也说上天开始厌恶殷商，怀着眷顾和宠爱向西寻找，把岐山赐予了周族：“上帝耆之，憎其式廓。乃眷西顾，此维与宅。”

其次，建立代际更迭的历史逻辑。周人把武王克商与成汤灭夏联系起来，通过“以德配天”的逻辑，解释“天命靡常”的观点，以此建立政权转移的历史逻辑，统一“天命靡常”的政治伦理认知。“上帝引逸，有夏不适逸；则惟帝降格，向于时夏。弗克庸帝，大淫泆有辞。惟时天罔念闻，厥惟废元命，降致罚；乃命尔先祖成汤革夏，俊民甸四方。”（《尚书·多士》）在周人看来，“在这种政权转移史观的视野中，商革夏命，周革商命，都源于相同的政治根据，属于同一类型的政治事件，……在政治生活中不应该被视为非常可怪之事，而应该被视为政治世界中历史经验的再次发生。”[③] 周代商完全属于正常的迭代范式。

最后，寻求都邑的天室位置。为了确定自己的政权正统性地位，周人自认为是夏的后裔，在《尚书》内多篇都以“有夏”“区夏”自居、自称之，暗示夺商之政权乃是天道轮回。武王克商返回丰镐途中，即安排选址伊洛河流域的

① 许倬云．西周史 [M]. 北京：生活·读书·新知三联书店，1994：102.
② 陈颖飞．清华简《程寤》与文王受命 [J]. 清华大学学报（哲学社会科学版），2013（02）：132.
③ 董琳利．简论“武王克商”的政治正当性问题 [J]. 中国人民大学学报，2012（05）：64.

都城位置，准备建设洛邑："乃作大邑成周于土中。城方千七百二十丈，郛方七十里。南系于洛水，北因于郏山，以为天下之大凑。"（《逸周书·作雒解》）。武王对于洛邑的位置的判断，也是基于其政治正确性。洛邑不但位于天室所在，"我南望三涂，北望岳鄙，顾詹有河，粤詹雒、伊，毋远天室"，而且位于夏之故居，"自洛汭延于伊汭，居易毋固，其有夏之居"。洛邑的城址被称为"天室""土中"，意味着周之天命所归，且同时期的青铜器何尊的铭文则更加明确洛邑的地理位置就是"中国"（图 3-1），"余其宅兹中国，自兹乂民"，这是"中国"二字最早组合在一起，可见洛邑城址在政治上、思想上的崇高地位。"成周"本就有"周道始成"的含义。周初的"中国"概念，有极为重要意义，"天命只能降于居住'中国'的王者，这个观念，是中国数千年政治史上争正统的理由"①。

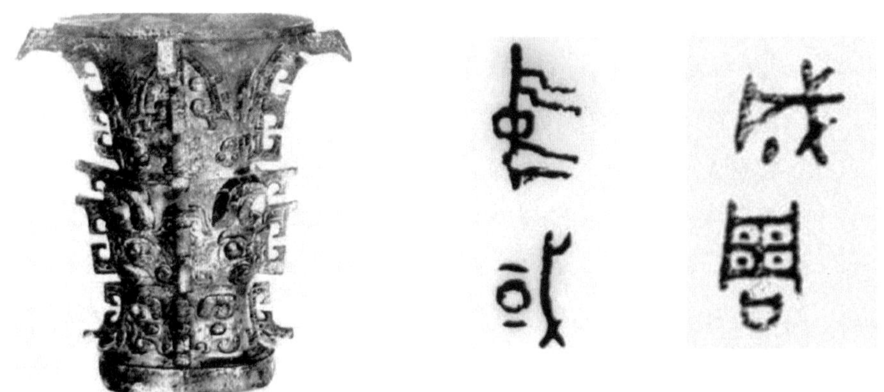

图 3-1　何尊原器及铭文中的"中国"与"成周"

资料来源：陈明远 . 从甲金文说"中·或·域·国·國"与"中国"[J]. 社会科学论坛，2016（05）：13-26.

2. 以德配天

周人的这个提法，解决了周族以下犯上的情理上的尴尬和道义上的窘迫，将"德"引入主导意识形态。周人承认商的所有上帝崇拜，尊重商的祭祀和信仰系统，认可商族的偶像，只是将商的覆灭全部归因于商末纣王的个人道德品

① 许倬云 . 西周史 [M]. 北京：生活·读书·新知三联书店，1994：98.

性上，如酗酒、贪婪、不作为、用奸臣、不守旧制等[①]。

商并不重视道德体系在王权中的建设，在殷墟卜辞中，没有发现有道德伦理方面的文字。历代商王的庙号，客观而冰冷，只是记录忌日的符号，如甲、乙、丙、丁。但周代，道德色彩逐渐成为意识形态的底色，历代周王的庙号加上了文、武、恭、孝等充满道德色彩的字眼。[②]而且，上帝在商人的思想中，喜怒无常又杀气腾腾，需要不停讨好；而周人的上帝，则是明是非、讲道理，赏罚分明且有深刻洞察力的天神。

这个上帝，还是普遍的裁决者，而不是某一族裔的守护神，与王权之间并没有血缘关系。为了从逻辑上解答天命眷顾的原因，周人将至此之后所有的王权，都置于被“民心”评判，被“道德”刻度，可质疑、可颠覆的境地。所谓“皇天无亲，惟德是辅。民心无常，惟惠之怀。为善不同，同归于治；为恶不同，同归于乱”（《尚书·蔡仲之命》）。

这是理性主义政治传统的发端，其实这一传统，在晚商已见端倪。商末的祭祀制度已经出现两分现象，新、旧两派轮流坐庄。新派相对而言，比较重视人伦日用，占卜行为大都例行公事，卜事数量大量减少，这也意味着鬼神在商政治生活中的影响力降低了，井然有序的王权是主流，“划分了人鬼与神灵的界限，在可见重人事的态度，取代了对鬼神的畏惧而起的崇拜”[③]。

周初的“以德配天”的基本王权合法性设定，将后世中国的政权与神鬼隔离开来，铸造了王权的政治形态独立、自信和内审的基本特点。正是由于这些特点，中国的王权形态区别于欧洲中世纪的神权庇护下的王权形态，也就没有经过王权与神权对峙、撕裂的启蒙、动荡与重塑期。

“以德配天”，也塑造了华夏文化基本的宗教观念，即对鬼神敬而远之，

---

① 《诗经》以周文王的口吻，批评商末商王的种种放荡不羁、祸国殃民的行为，提出“殷鉴”一说，并指出天命无常。《诗经·大雅·荡》：“文王曰咨，咨汝殷商。曾是强御？曾是掊克？曾是在位？曾是在服？天降滔德，女兴是力。文王曰咨，咨女殷商。而秉义类，强御多怼。流言以对。寇攘式内。侯作侯祝，靡届靡究。文王曰咨，咨女殷商。女炰烋于中国。敛怨以为德。不明尔德，时无背无侧。尔德不明，以无陪无卿。文王曰咨，咨女殷商。天不湎尔以酒，不义从式。既衍尔止。靡明靡晦。式号式呼。俾昼作夜。文王曰咨，咨女殷商。如蜩如螗，如沸如羹。小大近丧，人尚乎由行。内奰于中国，覃及鬼方。文王曰咨，咨女殷商。匪上帝不时，殷不用旧。虽无老成人，尚有典刑。曾是莫听，大命以倾。文王曰咨，咨女殷商。人亦有言：颠沛之揭，枝叶未有害，本实先拨。殷鉴不远，在夏后之世。”

② 牟钟鉴，张践．中国宗教通史 [M]. 北京：社会科学文献出版社，2003：118.

③ 许倬云．西周史 [M]. 北京：生活·读书·新知三联书店，1994：109.

存而不论。《论语》记载，季路向孔子问事鬼神，孔子的回答是："未能事人，焉能事鬼？"（《论语·先进》）而《论语·述而》也记载，在日常对答解惑的过程中，孔子是不讨论神怪命题的，"子不语怪、力、乱、神"。

这种现世精神和人本关怀的价值取向，在城邑选址和建设中，同样闪烁着理性主义的光辉。这种理性主义的价值取向，塑造了一种以儒家思想为基础的政治正确语境，即对规模恢宏、尺度惊人的城市建设持批评态度，对合理利用自然地理环境，和谐处理人地关系的城市选址行为持赞赏态度。如秦之咸阳城，像天法地，散点式布局，"引渭水贯都，以象天汉，横桥南渡，以法牵牛"，虽在当时彰显了帝都豪迈和君权崇高，但后世历代对其铺张浪费、劳民伤财的批评从未断绝。东汉的《汉书》说"复起阿房，未成而亡"，又说"兴万乘之驾，作阿房之宫，……民皆引领而望，倾耳而听，悲号仰天，叩心怨上，欲为乱者，十室而八"；南北朝的《三辅黄图》说"始皇穷奢极欲"；唐杜牧《阿房宫赋》也哀叹"使负栋之柱，多于南亩之农夫；架梁之椽，多于机上之工女；钉头磷磷，多于在庾之粟粒；瓦缝参差，多于周身之帛缕；直栏横槛，多于九土之城郭"。汉初选址定都渭水流域的原因，脱离鬼神等非自然因素影响，而与张良的建议"关中左殽函，右陇蜀，沃野千里，南有巴蜀之饶，北有胡苑之利，阻三面而守，独以一面东制诸侯"（《史记·留侯世家》）不无关系。这一从经济区位、农业生产环境和军事地理角度的城市选址理性分析，一直为后世称道。

（二）宗法制度

宗法制度是以父权、族权为特征的一种宗族家族制度[①]，是封建等级制度的血缘纽带。"宗法"一词，始于北宋，但宗法传统则起于龙山时代的父系氏族社会，兴于商代，盛于西周时期。"西周的宗法制度，不仅是西周政治的建制原则和指导思想，也是规范社会秩序，整齐生活习俗的指导思想。"西周将宗法制度条文化和体制化了。这种制度规范了族裔内部的权利与义务的分担，核心在于"嫡子"（正妻所生长子）与"庶子"的差别化、贵贱化对待。

商代的王权传承，尚有"父传子""兄传弟"两种选择，但西周的王权，

① 钱宗范．中国宗法制度论 [J]. 广西民族学院学报（哲学社会科学版），1996（04）：78.

基本上只能够“父传子”。纵观西周历史，宗法制度已经基本围绕“嫡”展开，11 世 12 王，只有懿王传孝王一例为兄传弟，且孝王时候，王位仍传回懿王之子，是为夷王。王国维也评价：“周人制度之大异商者，一曰立子立嫡之制，由是而生宗法及丧服之制，并由是而有封建子第之制，君天下臣诸侯之制。”（《殷商制度论》）

宗法制度是伦理法，本质上是在家庭关系内确立等级与秩序，这种组织方式基于血缘关系而不是地缘关系。为了促成血缘关系的形成，联姻行为在周代诸侯国之间大为盛行，也是王室式微后，诸侯之间互为守望、抱团结盟的主要维系力量。宗族内部，大宗（嫡）数量较少，小宗（庶）数量较多，大宗是统御小宗的，嫡子有高于其他族人的地位。从当时的青铜器（琱生三器）铭文记载看，小宗（琱生）虽是周庭高官，但在宗族内地位较低，对大宗（召伯虎）毕恭毕敬，对来自大宗的一点照顾即感激涕零，奉送玉圭、玉璧。可以说宗法制度为天子、诸侯、国君、卿大夫、士划分了政治等级，也为王权的组织形式提供了政治伦理，将高度抽象的国家治理结构，与具象可观的家族组织形式比附、同构了。

宗法制度是财产法，本质上是私有制背景下家庭关系内的代际财产分配与继承的调整规定。财产关系是宗法制度的基础，而在周代，财产主要以土地形式表现出来，“离开了宗族对于土地的耕种、管理、分配、传承，就失去了宗族的立身之本，失去了宗族权力的物质前提，也就没有了宗法存在的现实意义。”[①] 在土地分配上，大宗占有先天的优势地位，可以世代传承祖业，是所谓的“百世不迁之宗”（《礼记·大传》），小宗则处于弱势地位，只能在代际更迭时，外出谋取生路，是所谓的“五世则迁之宗”。这种以土地为基础的财产分配制度，是周代重要的政治制度“分封制”形成的重要原因之一。

（三）分封制度

分封制度（Feudalism），抑或称之为封建制度，是指以封土制度为核心的，经过层层授权，贵族占有土地和人口的统治制度。分封制度同时也是生产关系、

① 钱杭．周代宗法制度研究 [M]．上海：学林出版社 .1991：2

社会形态和法律制度，曾广泛地被中国与西欧（主要是中世纪）采用。中国的分封制度，在西周时期已经基本完善了，并具有几个基本特质。

1. 分封制度是基于宗法制度的国土分配制度

对于王室而言，嫡长子（大宗）位于国都，是天然的储君，庶子和其他嫡子（小宗）则是各自封国的大宗，他们的嫡子，继承封国之位，其余诸子，则为大夫，往下以此类推。离开国都、邑的小宗们，并不是过着赤手空拳、颠沛流离的日子，相反，他们是获得了世袭权以及一定的封地和人口的。有这种物质保障，小宗们觊觎王权的必要性将大大降低。由此天子封诸侯，诸侯封大夫，亲亲相关、层层封建，层层效忠。《左传》记载，武王初定天下时，立有亲戚关系的姬姓之国四十余个[①]，荀子也指出，周初的封国国君，大部分是姬姓[②]。

2. 分封制度是新城建设制度

在周初邦国林立的政治军事态势下，周分封诸侯，主要目的还是确立王室权威，扩大王权影响，在外服地区建立和巩固认同周室、拱卫周室的政治力量。分封是有一定仪式规定和义务承担的，包括策命与受命、制爵与受爵、巡守与述职、征赋与纳贡、调兵与从征等。[③]这些仪式与义务，是君臣关系的建立和对周天子统治权的进一步肯定。正是由于分封制度，周王才拥有比夏商二代君主更集中的王权，才能形成“溥天之下，莫非王土；率土之滨，莫非王臣”（《诗经·小雅·北山》）的朝野共识。

分封的目的，还在于建立周王室的外围保护力量，所谓“封建亲戚，以藩屏周”（《左传·僖公二十四年》）。周代大规模的分封始于成康之世，即周公平息管蔡的三监之乱之后。被分封的诸侯，不但位于中原腹地，镇守殷之顽民，还大量前往北方和东方，开疆拓土。唐代柳宗元也指出：“周有天下，裂土田而瓜分之，设五等，邦群后。布履星罗，四周于天下，轮运而辐集；合为朝觐

① 《左传·昭公二十八年》：“昔武王克商，光有天下。其兄弟之国者十有五人，姬姓之国者四十人，皆举亲也。”

② 《荀子·君道》：“立七十一国，姬姓独居五十三人。周之子孙，苟非狂惑者，莫不为天下之显诸侯。”

③ 马卫东．大一统源于西周封建说 [J]. 文史哲，2013（04）：118-129，167.

会同，离为守臣扞城。”（《封建论》）远赴外域的诸侯团体，推动大批新兴城市在这一时期产生。

3. 分封制度是华夏共同体形成制度

西周的分封，看似是国土的分割与授权，其实是姬姓（及姜姓）族群的裂生。“并不只是周人殖民队伍分别占有一片东方的故地，分封制度是人口的再编组，每一个封君受封的不仅是土地，更重要的是分领了不同的人群。……新封的封国，因其与居民的糅合，而成为地缘性单位，逐渐演变成春秋战国的列国制度，分封的诸侯，一方面保持宗族族群的性格，另一方面也顺势发展地缘单位的政治性格。”[①]

商人的分封，以姬姓和姜姓的重要成员各控制一个地区，努力促成血缘族群落与地缘族群相融合的新组合。“颇赖祭祀（同姓）、婚姻（异性）为手段，终于在这个秩序的基础上凝结了一个强烈的‘自群’意识。后世的华夏观念，当由周初族群组合方面开其端倪。”[②]不同区域“诸夏”之间的使用相同文字、祭祀相同祖先以及追求的血缘认同和文化认同，都促成了周疆域内多元一体的华夏身份认同，也就形成了初具规模的华夏观念。这种观念甚至超越了政权本身，在周王室式微甚至倾覆后，华夏族仍然开始了求延续、求一统的长篇史诗。

（四）都邑制度

西周已经是较为成熟的发达文明社会，社会、经济、政治、文化等各方面均得到长足发展，都邑建设也取得阶段性的进步。“都”是王国都城，卿大夫所封的被称“邑”，所谓“凡邑有宗庙，先君之主曰都，无曰邑”（《左传·庄公二十八年》）。

1. 都邑分布

分封制度的推行，推动了诸侯国在周之新拓疆域内筑城建都。这些诸侯国大致分布在七个区域：丰镐所在的关中地区、汾水地区、伊洛河流域、山东半岛、

① 许倬云．西周史 [M]. 北京：生活·读书·新知三联书店，1994：150.
② 许倬云．西周史 [M]. 北京：生活·读书·新知三联书店，1994：140.

鲁南苏北豫东皖北地区、豫南鄂北、鄂南湘赣及浙江。① 各诸侯国在此阶段，均展开了各国国都和采邑的集中建设，故而西周初年的成康时代，被称为周代第一次大规模的都邑建设高潮。② 根据先秦文献统计，西周有 91 座城市，绝大多数是各分封诸侯国的国都，且与考古发现的城址分布呈一致性。③

2. 都邑性质

西周是全国性城市体系草创时期，华夏城邑分布在主要的农耕区腹地，尤其是向东和南的拓展，为将来华夏文明势力范围的最终形成构建最初的据点。（图 3–2）

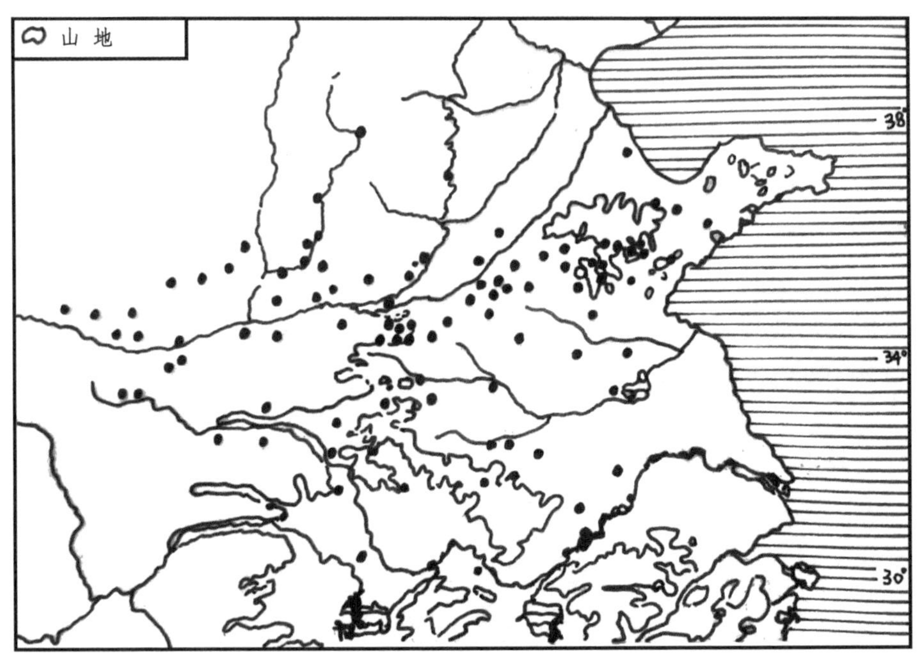

图 3–2　西周城邑分布图

资料来源：许倬云．许倬云自选集 [M]. 上海：上海教育出版社，2002.

西周初年的都邑，实质是华夏族深入中原外围文化区域的据点。这些迁徙的族群，在新受封的领土上，进一步划分土地，建立封国的国都和卿大夫的采邑，

① 许倬云．许倬云自选集 [M]. 上海：上海教育出版社，2002：72.
② 贺业钜．中国古代城市规划史 [M]. 北京：中国建筑工业出版社，1996：187.
③ 许倬云．许倬云自选集 [M]. 上海：上海教育出版社，2002：72.

组织政权，以血缘和姓氏关系，形成统治阶层（即“国人”），位居原住民（即“野人”）阶层之上。军事据点是这时期都邑的首要性质，其功能以保卫王室为核心，即“卫君”“鲧筑城以卫君，造郭以守民，此城郭之始也”。这段东汉时期赵晔的判断，似乎更指向的是西周初期的城邑建设高潮中的现象，如《礼记·礼运》所言“城者，所以自守者也”。故而西周都邑的选址重点考虑占领交通要道，“大都位于近山平原、又接近水道，筑城扼守，自可占尽优势”①。

3. 都邑等级

西周的全国的城邑体系，呈现金字塔形结构，顶层是国都丰镐和东都洛邑，第二层是各诸侯国国都，再以下是卿大夫或公子的邑。对于不同都邑的等级规模，《考工记》规定得比较详细，城市规模随等级逐渐降低：“王宫门阿之制五雉，宫隅之制七雉，城隅之制九雉，经涂九轨，环涂七轨，野涂五轨。门阿之制，以为都城之制。宫隅之制，以为诸侯之城制。环涂以为诸侯经涂，野涂以为都经涂。”虽然该书为春秋战国时期齐国官书，但齐为大国，且为“姬”之盟友“姜”封国，所传承的西周条例制度应较多，其规定可作为西周都邑等级的参考。

这是与分封制度相联系的都邑等级规定，但值得注意的是，虽然国都以下都称为“邑”，但地理位置不同、城主经营不同，经过时间累积，“邑”的大小差距很大。春秋时期的《左传·隐公元年》提到“都城过百雉，国之害也。先王之制：大都不过参国之一，中五之一，小九之一”②，这佐证了都邑制度下的都邑分为三级，也说明了突破等级规定的情况时有发生，值得警惕。

二、早周都城选址

在武王建都丰镐，周正式成为中央政权之前，文献记载周族选址建都两次，分别是公刘迁都豳（在今陕西旬邑和彬县一带，泾水以东），古公亶父迁都周原（今陕西岐山）。周族历史上就是农耕部落，周人先主后稷与夏禹、商契基

① 许倬云．许倬云自选集 [M]. 上海：上海教育出版社，2002：73.

② 东汉郑玄注疏曰：天子之城方九里，诸侯礼当降杀，则知公七里，侯伯五里，子男三里。

本处于同一时代，且与夏一样，发源于山西（故而周族上位后，自称是夏的后裔）。传说后稷是夏的农业官，教民以谷物稼穑，《山海经·海经·大荒西经》称："有西周之国，姬姓，食谷。……帝俊生后稷，稷降以谷。稷之曰台玺，生叔均。叔均是代其父及稷播百谷，始作耕。"

（一）豳

夏商两代，周族经历了一千两百余年漫长的迁徙历史，从中原农耕腹地奔于戎狄的草原地区，从事畜牧生产。夏商之际，周人先祖公刘古公，率领周族，离开戎狄之地，进入关中地区北部的豳地①，筑城建都，"复修后稷之业，务耕种，行地宜"（《史记·周本纪》）。"豳"是文献中第一个有周密计划和步骤选址、建设的国都。《诗经·公刘》较为详细地记载了公刘迁都豳的过程。②整个过程可以分为六个阶段，第一，迁都前的物资准备；第二，选址并找到了肥美大平原；第三，找到了流水高岗的好位置；第四，建立统治秩序；第五，规划都城布局，划分土地；第六，进行城邑的具体建设③。

"豳"选址分为宏观选址和微观选址两部分，"于胥斯原"肥沃而平坦的区域，是城址的宏观位置，"乃陟南冈，乃觏于京""相其阴阳，观其流泉"，水系流泉充沛的向南高岗，是城址的最好的微观位置。"京"是向阳的岗地，《尔雅·释丘》"绝高为之京，非人为之丘"，也是适宜建设国都的地点。公刘时代，称"豳"为"京师"，这是国都称之为"京"的开始，而"师"，是军事单位，二千五百人为师，"京师"即驻扎军队的高岗。都城选址"豳"，运用了很多当时的技术手段，如"既景乃冈"，"景"通"影"，即立杆以日影定四方向；"相其阴阳"，即观察山之南北，这也是汉语中"阴阳"一

① 豳地的具体位置，自汉以来便众说纷纭，近代更有多位学者提出不同看法，陕、甘、宁、晋皆有支持者。本书采翦伯赞《先秦史》观点。

②《诗经·大雅·公刘》："笃公刘，匪居匪康。乃埸乃疆，乃积乃仓；乃裹糇粮，于橐于囊。思辑用光，弓矢斯张；干戈戚扬，爰方启行。笃公刘，于胥斯原。既庶既繁，既顺乃宣，而无永叹。陟则在巘，复降在原。何以舟之？维玉及瑶，鞞琫容刀。笃公刘，逝彼百泉，瞻彼溥原；乃陟南冈，乃觏于京。京师之野，于时处处，于时庐旅，于时言言，于时语语。笃公刘，于京斯依。跄跄济济，俾筵俾几。既登乃依，乃造其曹。执豕于牢，酌之用匏。食之饮之，君之宗之。笃公刘，既溥既长，既景乃冈，相其阴阳，观其流泉。其军三单，度其隰原，彻田为粮。度其夕阳，豳居允荒。笃公刘，于豳斯馆。涉渭为乱，取厉取锻，止基乃理，爰众爰有。夹其皇涧，遡其过涧。止旅乃密，芮鞫之即。"

③ 杨宽．西周史 [M]. 上海：上海人民出版社，2003.

词的最早出处；“度其隰原”“度其夕阳”，“度”都是对具体地形的测量和丈量。

“豳”的选址完成了三项主要任务。一是恢复了周族原有的农耕生产方式，壮大了族群实力，“周道之业始兴”。二是改变了政治区位，周族由此进入了中原地区的势力范畴，开始觊觎中央政权，实施所谓“翦商大业”。三是完成了国家机构的空间布局。“公刘时代，是周族开始振兴的时期。这是创建了国家机构，有计划地选定和营建了新的国都，对国都的布局作了适当的安排，在郊外，对平原和低地加以开垦，在高冈一带驻屯了三支军队。在京都，建设了招待族众集会饮食的厅堂，并在西区建造了许多宫室”。

（二）周原

商后期武乙时期，周族在古公亶父的带领下，将都城由豳迁至周原。这次迁都的原因，是由于北方游牧民族“熏育”族的逼迫，周人不堪其扰，南下避祸。[①] 这一时期商进入王朝的最后历程，对周边四夷的威慑能力已经大大降低，戎狄各部频繁南下侵扰，是可以预见的。

周原的位置是基本确定了的，位于关中平原西侧，鄂尔多斯地台南缘处的山前洪积扇区，地势自北向南缓倾。周原扼守渭水上游，得山地平原两利，城址地处平原而背靠岐山，南控渭水（图 3–3），《汉书·地理志》记载：“岐山在西北。中水乡，周文王所邑。”西周建国之后，周原成为周公和召公的采邑。考古工作显示，“周原”具体位置在岐山东北六十里，北以岐山为界，南至扶风法门乡的康家、庄李村，东到扶风县黄堆乡的樊村，西及岐山县祝家庄的岐阳堡，东西宽约 3 千米，南北长约 5 千米，总面积约 15 平方千米[②] 宫室建筑遗址则位于京当乡凤雏村，建筑有夯土台基、院落布局，回廊相连，陶质下水管。

---

①《史记·周本纪》：“薰育戎狄攻之，欲得财物，予之。已复攻，欲得地与民。民皆怒，欲战。古公曰：‘有民立君，将以利之。今戎狄所为攻战，以吾地与民。民之在我，与其在彼，何异。民欲以我故战，杀人父子而君之，予不忍为。’乃与私属遂去豳，度漆、沮，逾梁山，止于岐下。豳人举国扶老携弱，尽复归古公于岐下。”

② 张洲，李昭淑，雷祥义．周原岐邑建都的环境条件及其迁移原因试探 [J]. 西北大学学报（自然科学版），1996（04）：363.

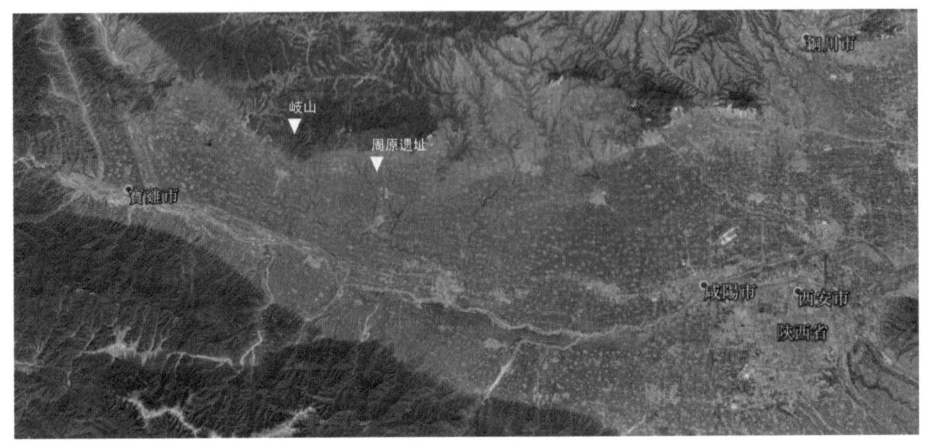

图 3–3　周原遗址位置示意图

资料来源：根据 Google 地图绘制

据研究判断，周原选址时的渭河北侧支流尚未深入黄土台原切割，当时的城址所在的原面完善，且水量较大（春秋时期渭水尚能通航）①。《诗经·大雅·绵》记载，经过地形勘察和占卜以及对周原土质的判断后（土地肥沃，苦菜亦有甜味），古公亶父才确定在此选址建都。②具体筑城过程中，同样使用很多技术手段：如"乃疆乃理，乃宣乃亩"，对土地分区布局，开渠拓荒；如"其绳则直，缩版以载"，用绳索定位建筑和道路，并使用了版筑技术。

周原城址周围土质确实较好，是洪积扇地区，即"七星河和美阳河洪积扇之间的顶部洼陷地区"③，适宜以农业为主的周族选址生产。《诗经·大雅·皇矣》记载了古公亶父初建周原之时，周人披荆斩棘的艰难，也说明当时周原植被的茂盛。"作之屏之，其菑其翳。修之平之，其灌其栵。启之辟之，其柽其椐。

① 史念海．周原的历史地理与周原考古 [J]. 西北大学学报（哲学社会科学版），1978（02）：80-88.

②《诗经·大雅·绵》："绵绵瓜瓞。民之初生，自土沮漆。古公亶父，陶复陶穴，未有家室。古公亶父，来朝走马。率西水浒，至于岐下。爰及姜女，聿来胥宇。周原膴膴，堇荼如饴。爰始爰谋，爰契我龟，曰止曰时，筑室于兹。乃慰乃止，乃左乃右，乃疆乃理，乃宣乃亩。自西徂东，周爰执事。乃召司空，乃召司徒，俾立室家。其绳则直，缩版以载，作庙翼翼。捄之陾陾，度之薨薨，筑之登登，削屡冯冯。百堵皆兴，鼛鼓弗胜。乃立皋门，皋门有伉。乃立应门，应门将将。乃立冢土，戎丑攸行。肆不殄厥愠，亦不陨厥问。柞棫拔矣，行道兑矣。混夷駾矣，维其喙矣！虞芮质厥成，文王蹶厥生。予曰有疏附，予曰有先后。予曰有奔奏，予曰有御侮！"

③ 张洲，李昭淑，雷祥义．周原岐邑建都的环境条件及其迁移原因试探 [J]. 西北大学学报（自然科学版），1996（04）：364.

攘之剔之，其檿其柘。”“作”借作“柞”，砍伐树木，“屏”是除去的意思，“菑”是立而死的树木，“翳”通“殪”，指死而俯地的树木，“灌”“栵”“檿”“柘”皆是树的名字。

周原城址周围水系发达，南北向冲沟众多，自然水系亦经过周人改造。据考古发掘，经过对遗址内外水网系统的发现与辨析，研究者认为当时的周原水系发达，层次分明，人工介入痕迹明显，多条东西向冲沟为人工构筑，沟通自然形成的南北向冲沟，“存在自然水系与人工水系、蓄水池与引水渠、干渠与支渠等不同层次的水系格局”①，周原遗址的扩张过程中与水源关系密切。②

通过选址周原，周人分三步建立起了国家意识形态。

第一步是筑城郭。《史记·周本纪》“于是古公乃贬戎狄之俗，而营筑城郭室屋，而邑别居之。”迁周原之前，周族长期与戎狄毗邻，不可避免有戎狄游牧习俗，比如无城而散居；迁周原后，周人摒弃了戎狄习俗，筑城建郭，以农耕族的姿态融入中原华夏文化圈。

第二步是建宫室。古公亶父在国都中，设置了皋门和应门以及宗庙和社稷，皋门是郭之门，应门是宫之门。宫殿建筑形制规整，讲究轴线对称与庄重威严（图3–4）。突出的宫室布局与建设强调了王权的权威性、神圣性和唯一性，周原的这些始创性的措施，对此后周代以及历代国都的影响都很深远。

第三步是立官职。血缘关系的首领等级制度被业缘关系的官职等级制度所取代，说明国家政权的雏形形成。古公亶父在周原创立职官制度，“作五官有司”（《史记·周本纪》），五司即“司徒、司马、司空、司士、司寇”③。官僚政府取代了神权政府，“王家与政府及军事行政系统的分离，西周中央政府被明显地部门化了，‘国家’的概念（不同于‘王权’）也被牢固确立了”④，这意味着周政权的组织与运作的体系化、世俗化，古公亶父在周原开始了这一进程。

① 文艳．周原遗址发现2700年前水网系统[N]. 西安日报，2016-01-14（006）.

② 李彦峰，孙庆伟，宋江宁．陕西宝鸡市周原遗址2014～2015年的勘探与发掘[J]. 考古，2016（07）：32-44.

③《礼记·曲礼下》：“天子之五官曰：司徒、司马、司空、司士、司寇。”

④ 田旭东．《西周的政体——中国早期的官僚制度与国家》评介[J]. 中国史研究动态，2010（12）：28-29.

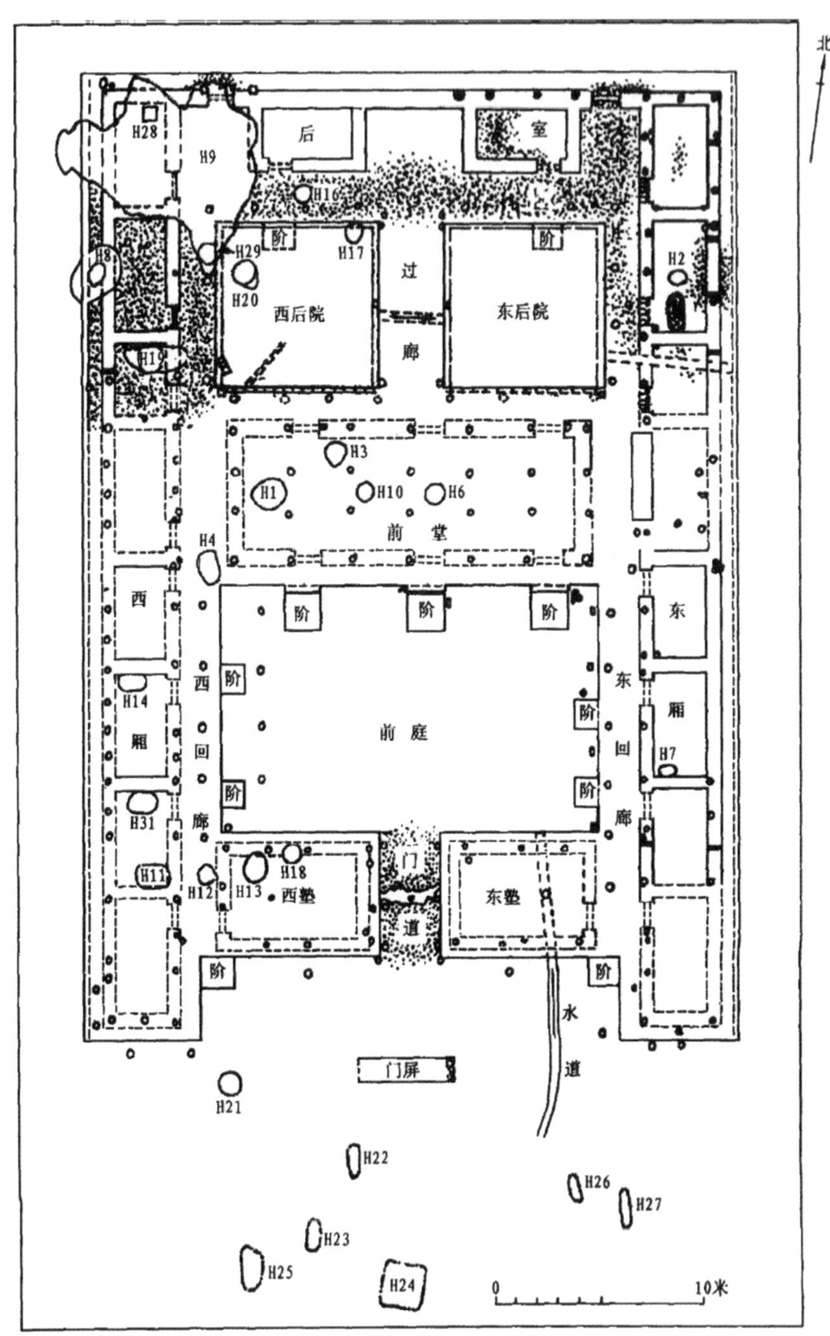

图 3-4　周原凤雏村建筑基础平面图

资料来源：杜金鹏 . 周原宫殿建筑类型及相关问题探讨 [J]. 考古学报，2009（04）：437.

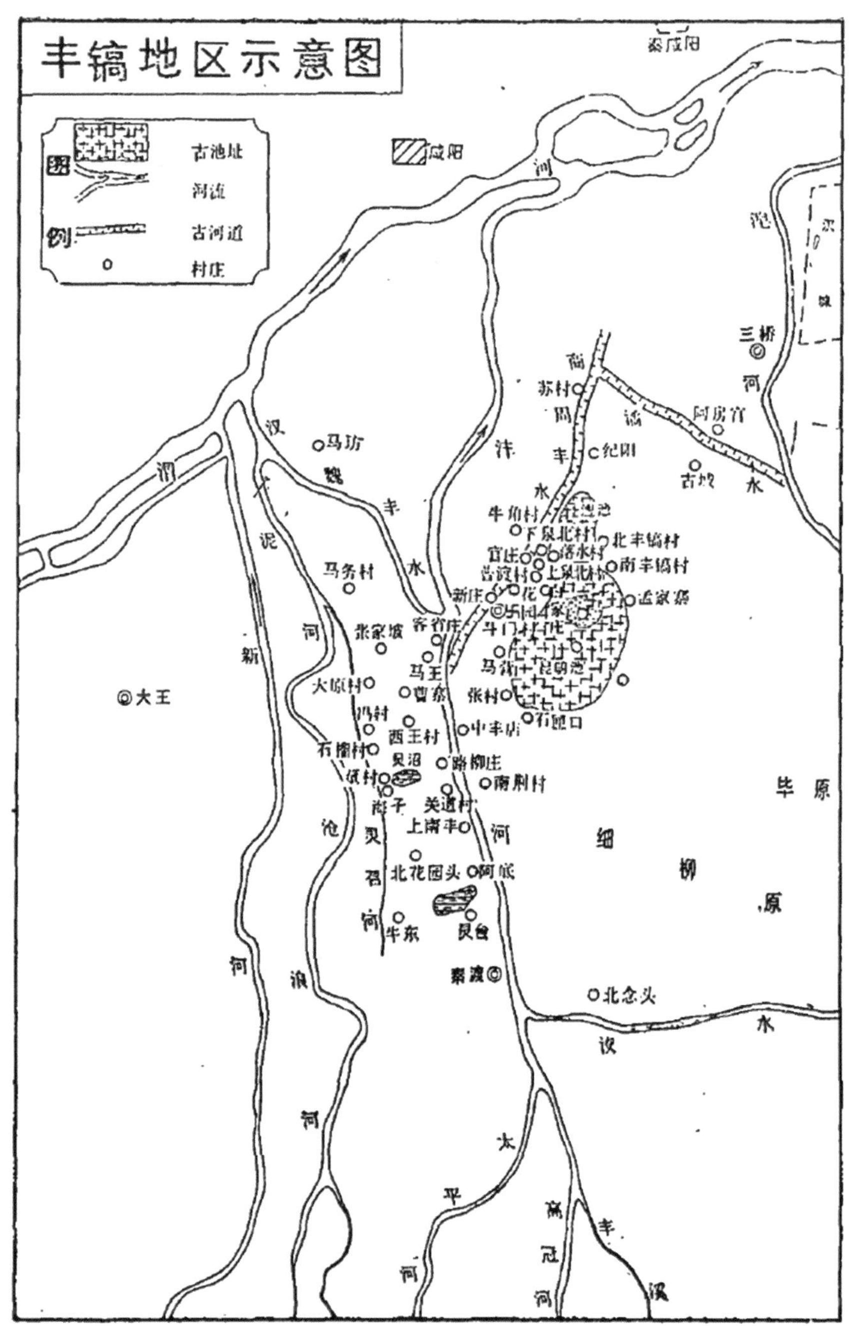

图 3–5　丰镐地区示意图

资料来源：卢连成．西周丰镐两京考[J]．中国历史地理论丛，1988（3）：116.

三、周都城选址

（一）丰　镐

古公亶父的之孙文王姬昌为周族首领时，正值商之帝辛时期，商政糜烂，“百姓怨望而诸侯有畔者”（《史记·殷本纪》）。姬昌在位 50 余年，致力实施东进翦商计划，陆续清除黎、邘、崇等国，其中崇的消灭尤为重要。崇为东方强国，地理位置可能在河南黄河南岸的嵩县附近。崇已经是商的腹心地区、羽翼所在，可见文王所率的周族已经对商形成了压倒性的战略优势。

丰邑为文王所建。东进战略的核心之一，就是新建东进堡垒“丰”。“文王受命，有此武功。既伐于崇，作邑于丰。文王烝哉！筑城伊淢，作丰伊匹……王公伊濯，维丰之垣。”（《诗经·大雅·文王有声》）“淢”是沟洫，即护城河，“垣”是城墙，说明丰邑的防御设施为城墙和壕沟结合，至少两重。

沣水是秦岭北麓的重要区域河流，自终南山的丰溪口发源，商周时期东入渭水，后改为北注渭水。丰邑在沣水西岸，大致范围是东靠沣水，西至灵沼河，北至客省庄，南抵西王村，面积大约 6 平方千米，核心区域大致在今客省庄和马村一带。

镐京为武王所建。武王姬发完成翦商未尽之功，于黄河南岸伊洛河平原北部的孟津盟誓后，甲子一日而覆商。[①] 正是因武功烈烈，姬发被称为“武王”。武王在沣水东岸建设了新都镐京，作为国都。《诗经·大雅·文王有声》记载：“考卜维王，宅是镐京。维龟正之，武王成之。武王烝哉！”“宅”是“择”，是在吉祥美好之地选址建城的意思。镐京经历了两次占卜，“卜占”和“龟占”，反复确认城址后，武王建都于镐。镐京位于沣水东岸的高阳原上，北面靠沣水和彪池，南面被西汉修建的昆明池覆压，东边是北丰镐村，遗址总面积约 5 平方千米。[②]

丰镐二京（图 3–5），是中国古代历史上都城中仅见的双子城，作为西周的国都，自武王迁都到平王东迁，有约 250 余年的历史。两京隔沣水相望，相距约 18 千米。由于西周末年犬戎之乱和汉武帝昆明湖的修筑，丰镐二京残破凋

① 1976 年陕西临潼出土的西周利簋铭文曰：“武王征商，唯甲子朝，岁鼎，克昏夙有商。”
② 卢连成．西周丰镐两京考 [J]. 中国历史地理论丛，1988（03）：115-152.

敝，今已无法复原城址的基本格局，仅能从零星出土墓葬文物和文献记载追溯之。

文王建丰邑时设有天子宗庙与宫殿，武王之后，仍常举行大祭或者会盟活动。《左传·昭公四年》：“周武有孟津之誓，成有岐阳之蒐，康有丰宫之朝。”说明丰邑的朝会典礼是和孟津之誓同样重要的国家仪式。《雍录》言：“武王继文，虽改邑于镐，而丰宫原不移徙，每遇大事，如伐商作洛之类，皆步自宗周，而往以其事告于丰庙，不敢专也。”《尚书·毕命》：“王朝步自宗周，至于丰。”到了康王时代，仍然是都镐而受朝于丰。

镐京在甲骨文中作“蒿”，即高而向阳的岗地之意。镐京是西周国家权力的集中地，大型礼制建筑“辟雍”就筑于镐京：“镐京辟雍，自西自东，自南自北，无思不服。”（《文王有声》）据研究，辟雍也有祭祀、礼乐的职能①，与丰邑的宗庙如何区分使用，尚不得知。镐京在成王之后，又被称为“宗周”，这是有强烈的政治含义的称呼。“宗周”是王朝统治权力的象征，所谓“武王自丰居镐，诸侯宗之，是为宗周”（东汉《帝王世纪》）。“宗”是大宗和小宗的合称，也是宗法制度下分封的各方诸侯维护周室、拱卫中央政权的形态，作为政治中心的镐京，享用“宗周”的称谓，是顺理成章的。

丰镐的选址特点：从宏观上看，选址丰、镐作为国都，是周族进入渭河中游，关中平原腹地，政治上向东进取和守卫政权果实的理性判断。岐山周原地区，土地虽肥沃，但地势高亢，气候干旱少雨，主要支流的径流并不稳定，考古发现周原有大量西周时期水井，也说明河道取水是存在困难的。沣水所在的渭河流域，地势较为平坦，沃野千里，渭、泾、沣、涝、潏、滈、浐、灞等河流纵横，沼泽较多，更适宜农业生产的开展，汉初被称为“天府之国”（《史记·留侯世家》）。

从微观上看，丰、镐选址在沣水两侧的二级台地的台原之上，地势较高。“原”是关中地区特有地理现象，平原如台阶般沿河后退，称之为头道、二道、三道原。三道原是二级阶地，近河而少水患。文王和武王不约而同地将城市放置在渭河支流两侧的二级台地上，是出于对主干河流——渭河的警惕。秦咸阳选址渭河北岸，不断向南拓展，后咸阳城南部为渭河北移而毁，便是忽略渭河威胁的负面案例。

① 杨宽．西周史 [M]. 上海：上海人民出版社，2003：117.

（二）洛邑成周

关于西周洛邑选址的历史记录向来较多且等级很高，如《尚书》、青铜器“何尊”。可以说洛邑选址是中国历史上第一次大张旗鼓、有条不紊、记录详细的城市选址实践，素来为学界重视。

武王克商之后，即启动了东都洛邑的选址工作。武王曾和周公说：“我南望三涂，北望岳鄙，顾詹有河，粤詹雒、伊，毋远天室。”正是由于周人以夏人的后人自居，夏之居所就在黄河南岸的伊洛河流域，周要继承天命，就要做出一副入主中原，承夏之居的样子。但周人又不能离开经营已久的关中平原，贸然迁都于洛邑，只能以“东都”的名义营建洛邑，既尊重了法统，又照顾了现实。

《尚书·召诰》以细致的笔墨，记载了东都洛邑从选址到营建的全过程，其工程主持者是召公和周公，实施者则是“庶殷”（商的遗民），管理者则是商的社会领袖（贤人）。这也说明，这一时期的周人的政治策略比较开明，尊重殷商原社会结构。

根据《尚书》记载，洛邑选址分为三个阶段。第一阶段，相宅。召公受命，先行于洛邑勘察城址位置①；第二阶段，卜宅。在确定基本的城址范围后，召公进行了占卜，得到了吉兆②，继而安排庶殷在洛水突出部（洛汭）进行城址初步建设；第三阶段，经营。周公至洛邑，继续进行占卜③，绘制图纸禀报成王，并召集殷民的社会领袖举行了祭祀④。

洛邑的选址，具有深刻的政治军事意义。选址时，周公已摄政五年，刚刚平定了三监和武庚叛乱，而这些叛乱都发生在商王畿地区（今安阳），周公可能意识到要加强对中原地区的控制，建设东部据点尤为重要，洛邑的选址建设工作旋即展开。

不管洛邑在伊洛河平原的哪个位置，都能被称为“成周”。“成周”，和

①《尚书·召诰》：“惟太保先周公相宅。”

②《尚书·召诰》：“越三日戊申，太保朝至于洛，卜宅。厥既得卜，则经营。越三日庚戌，太保乃以庶殷攻位于洛汭。”

③《尚书·洛诰》：“予惟乙卯，朝至于洛师。我卜河朔黎水，我乃卜涧水东，瀍水西，惟洛食；我又卜瀍水东，亦惟洛食。伻来以图及献卜。”

④《尚书·召诰》：“周公朝至于洛，则达观于新邑营。越三日丁巳，用牲于郊，牛二。越翼日戊午，乃社于新邑，牛一，羊一，豕一。越七日甲子，周公乃朝用书命庶殷侯甸男邦伯。厥既命殷庶，庶殷丕作。”

成王的“成”密不可分。文王造势，武王克商，周公东征，直到成王时期，西周统一的、全面的中央政权，才能说基本建立起来了，开国大业“成”矣，“名曰成周者，周道开、始成，王所都也”（《水经注·谷水注》）。“成周”与“宗周”相对应，“‘宗周’是因为天子是天下的大宗而得名，‘成周’是因为建成四方统治的中心而得名。”[①]关中平原和伊洛河平原，至此成为中国古代前半期中央政权东西形态的统治中心。

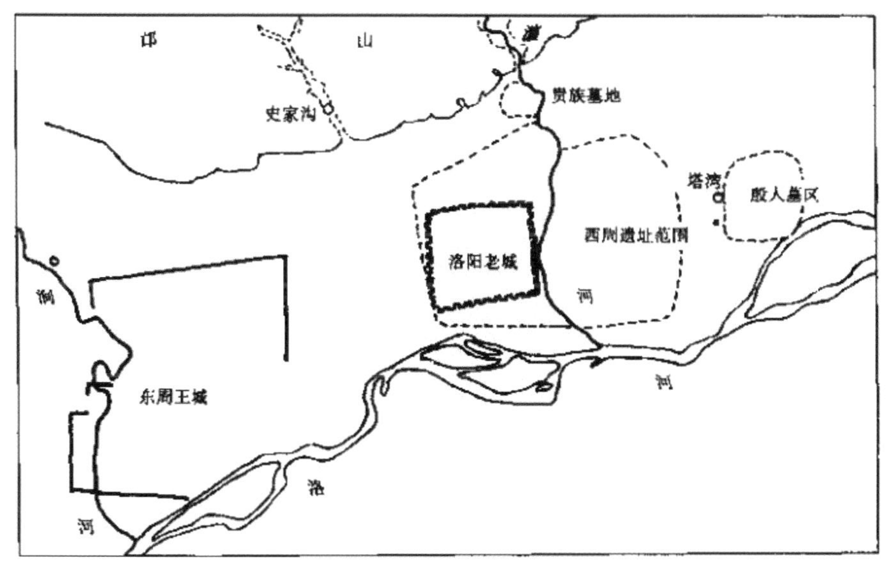

图 3–6　洛邑位置图

资料来源：许宏 . 先秦城市考古学研究 [M]. 北京：燕山出版社，2000.

洛邑具体位置并不明确，根据《尚书》相关章节的记载，周公所占卜之地，应该在涧水、瀍水之间至瀍水东西岸一带。有学者认为，洛邑为两城，分别是东周王城和成周城，涧水东岸已发现东周王城遗址，“考古资料表明，今瀍河两岸恰是西周遗址和墓葬最丰富、最集中的地区”[②]（图 3–6），但目前的考古工作尚未最终寻觅到成周的具体城址证据。

洛邑实践了相应的选址技术，提出了成文的选址思想。选址技术是土圭之法，即通过日影，判断“地中”所在[③]，“庶殷攻位洛汭”，采用的测量定位技

① 杨宽 . 西周史 [M]. 上海：上海人民出版社，2003：182.

② 许宏 . 先秦城市考古学研究 [M]. 北京：燕山出版社，2000：64.

③《周礼·地官》：“以土圭之法，测土深，正日景，以求地中。”

术，可能就是“土圭之法”；选址思想即“择中设邑”“负阴抱阳，背山面水”。作为都城，“据天室、承天命”被认为是选址的大前提，是选址的宏观层面，周公曾言，是为了周室长治久安，才于天下之中筑城设都[①]，建好之后，于社坛分五色土，四向分别为青、赤、黑、白，中央用黄土，象征天下归周室，周室居中而封土建诸侯。[②]而“负阴抱阳，背山面水”，则是对城址具体位置的价值判断。“洛汭”，便是洛水的突出部，是平坦、向南的理想居所，“南系于洛水，北因于郏山，以为天下之大凑”（《逸周书·作雒解》）。

西周初年的洛邑成周的选址和建设，为后世提供了城市营建活动的理论和实践范例，也标志着我国古代城市选址传统的正式发源。

四、诸侯国城市选址

西周初年成康时代的分封，使姬姓贵族纷纷率各自宗族前往封地，筑城建国，为周室建立藩屏，如晋、燕、邢、虢、鲁、滕等，封国均有城址发现，但明确为都城的不多，燕都琉璃河城址是一例。

（一）燕国都城琉璃河

西周初年召公封燕，因召公留宗周辅佐成王，无法东迁，只能遣其子克携部族前往燕国封地。琉璃河城址是周的封国“燕”所建设，这一点已经为学界认同。燕国与周共始终，前后八百余年历史，疆域曾达到内蒙古南部、辽宁西部、山东西北和河北北部，是周王朝时期的大国之一。其起点或“初都”，便是琉璃河城。

琉璃河城址位于今北京市西南，房山区董家林村，太行山东麓尽处的平原处，大石河北岸（图 3–7）。城址面积现存约 25 万平方米，平面略呈长方形，北城墙长 829 米，东西城墙余段各长约 300 米，城外 3.5 米处设有护城壕沟，宽 25 米。[③]城墙宽 10 米左右，采用版筑方式，建于平整地面上，未建设基槽，

①《逸周书·作雒解》：“周公敬念于后，曰：‘予畏同室克追，俾中天下。’及将致政，乃作大邑成周于中土。”

②《逸周书·作雒解》：“乃设丘兆于南郊，以祀上帝，配以后稷，日月星辰先王皆与食。封人社遗，诸侯受命于周，乃建大社与国中，其遗东青土，南赤土，西白土，北骊土，中央亹以黄土，将建诸侯，凿取其方，一面之土，焘以黄土，苴以白茅，以为土封。故曰，受列土于周室。”

③ 刘立早．琉璃河遗址——北京城市发展的源头 [J]. 北京规划建设，2014（02）：150-155.

这一点与商周时期城墙建设的主流做法不同。①

图 3-7 琉璃河商周遗址位置图

资料来源：根据 Google 地图绘制

城址墓葬出土的青铜器、玉器以及铭文的风格，与宗周、成周等周室核心地区出土器物基本一致，“反映了周文化在地域上的大范围扩张”②，且第一代燕侯克的墓葬已被发现。在远离中央政权的苦寒之地，其不但要面对北部山戎的威胁、殷商后裔箕子朝鲜的反弹，还要面对原居民（“野人”）的不满。燕君在建都时，选址的地点虽近山地，但仍在华北平原，目的可能是为了和中原政权的联系安全性，且建设中特意加强了城址的防护能力，设置了大型的城墙和宽大的壕沟。

西周中期之后，随着燕国国界向北扩张，琉璃河城址废弃不用，成为一般居民点。

（二）齐国陈庄西周城址

陈庄城址年代大约在西周早期，位于齐国腹地的王畿附近，即今山东淄博市西北部的高青县，陈庄村和唐口村之间，小清河北岸（图 3-8、3-9）。城址

① 王鑫，柴晓明，雷兴山．琉璃河遗址 1996 年度发掘简报 [J]. 文物，1997（06）：4-13+1.

② 许宏．先秦城市考古学研究 [M]. 北京：燕山出版社，2000：70.

处于现黄河南岸的冲积平原，地势低且平，西北高，东南低，土地肥沃，适宜农业耕作，城址平面接近方形，东西约 350 米，南北约 300 米，面积约 9 万平方米，城墙为花土夯筑，四周均有壕沟。① 与其他城邑不同，此城城址只有一座城门，门位于南城墙正中，城内 20 米处即是构筑复杂的夯土祭坛，圆形、方圈、椭圆形、长方形圈等九种不同土色和形状的夯土层层堆积叠压，制式殊为奇特，应该是当时重要的社坛②（农事、战事祭祀）。

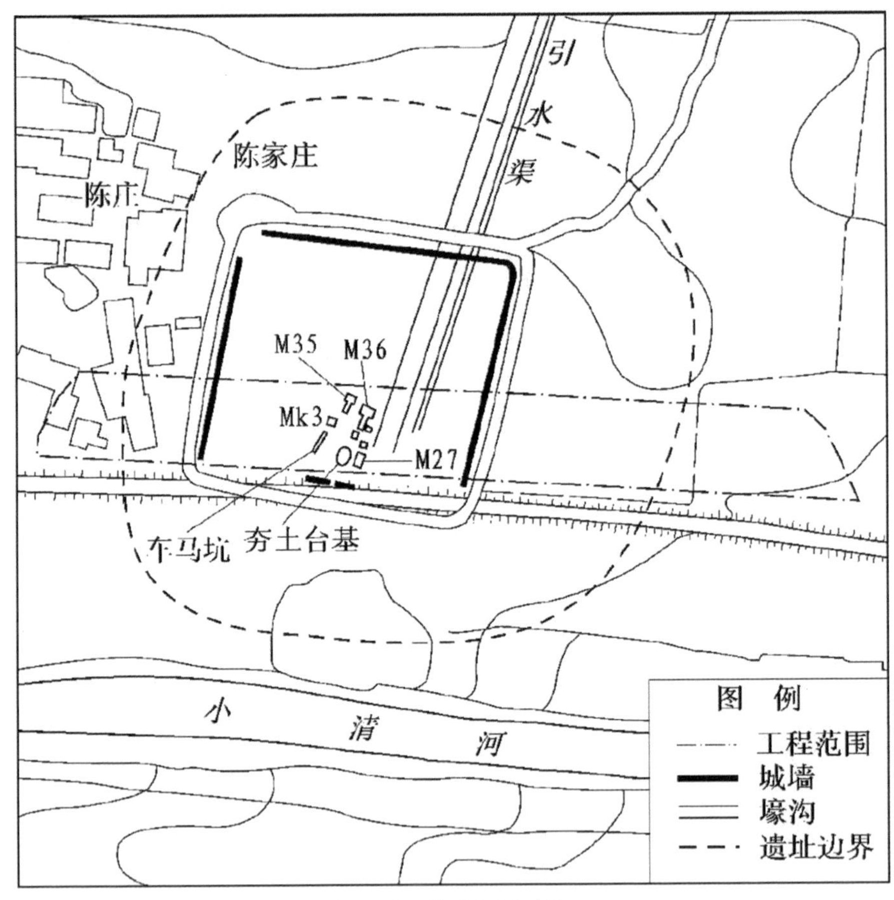

图 3-8　陈庄西周遗址

资料来源：高明奎，魏成敏，蔡友振，王振．山东高青县陈庄西周遗址 [J]. 考古，2010（08）：28.

① 高明奎，魏成敏，蔡友振，王振．山东高青县陈庄西周遗址 [J]. 考古，2010（08）：27-34+115，104-105.

② 李学勤，刘庆柱，李伯谦，李零，朱凤瀚，张学海，王恩田，王树明，方辉，郑同修，魏成敏，王青，靳桂云．山东高青县陈庄西周遗址笔谈 [J]. 考古，2011（02）：22-32.

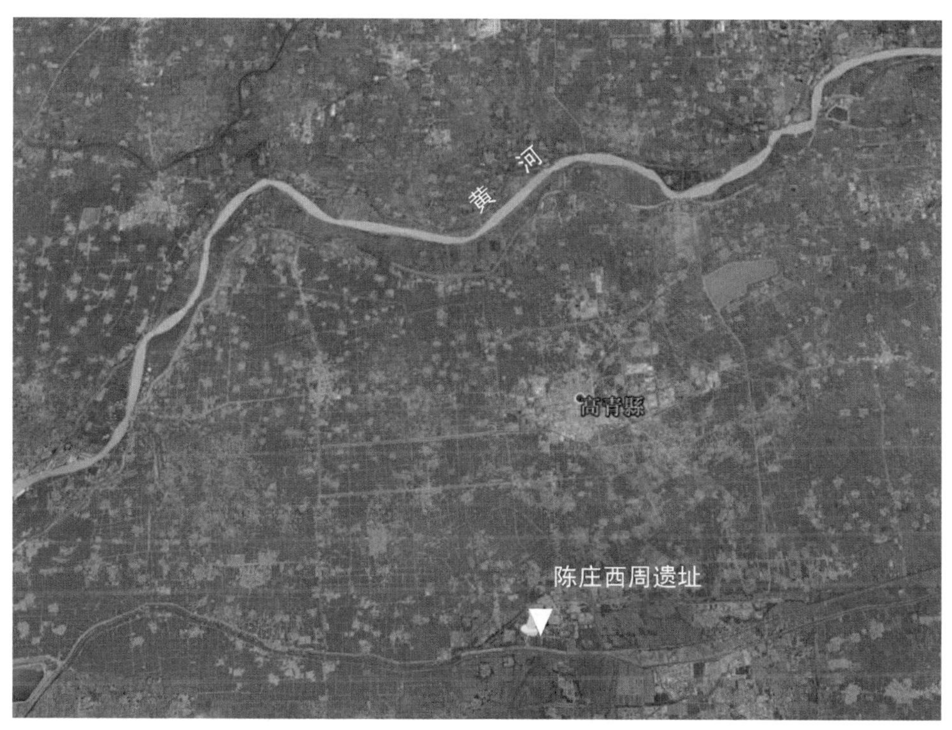

图 3-9　陈庄西周遗址位置示意图

资料来源：根据 Google 地图绘制

陈庄城址建于高地上，其墓葬和陪葬品的制式、造型，与宗周、成周的中原西周文化基本相同，说明其为中原文明的衍生派系。但此城面积不大，城内只有 4 万平方米，远远小于当时的诸侯国都，甚至小于殷商方国盘龙城（7.5 万平方米）。齐国是当时的大国，此城应该不是齐早期国都营丘，可能是齐的封邑或周公东征的军事据点。

第四章 变革之会的东周城市选址

东周上承三代体制，下开秦汉帝国，自平王东迁（前770年）到秦并天下（前221年）[①]，前后共549年。东周又分为上下两段，前一段是春秋时期，从前770年到前453年，后一段是战国时期，从前453年到前221年，即以韩赵魏三家分晋的历史事件为界。东周时代是华夏文明所经历的最纯粹的大变革和大发展的时代，变革涉及思想政治、文化宗教、科技、礼仪等社会经济生活的方方面面，影响之巨大和深远，至今未歇。明末清初思想家王夫之称之为"古今一大变革之会"，五千年华夏历史无出其右者，盖其最突出的特点是大发展，是发展中的转型与变革。

东周是生产技术大发展的时代。韧而坚的铁器开始取代脆而柔的铜器，极大提高了农业的生产效率；牛耕技术的推广将大量荒地转变为耕地，私田盛行带来粮食产量的增长；手工业获得大发展，《考工记》的出现也说明手工艺日益精细化、标准化、规范化；水利设施，尤其是跨区域的大型水利工程，从南到北均有分布。

① 严格意义上而言，东周作为一个王朝，亡于前256年（赧王死，秦夺九鼎），其后三十余年，秦才扫除诸侯，统一天下（前221年）。但诸侯均为周所分封，也可以认为东周的历史结束于前221年。

东周是意识形态大发展的时代。周王室出逃，天子威仪扫地，原有的天命观念开始动摇，逐渐为诸侯、大夫所否认；诸多学说开始滋生发芽，互相对立、互为补充，最后呈现百家争鸣的格局；原始宗教虽继续存在，但理性主义逐渐占据了上风；对“人”的尊重成为主流认识。

东周是政治形态大重组的时代。王室式微筑大争之世，即大国争霸和小国图存的大乱世；而农业的发展带了农业经济体的小型化，原有的采邑制度瓦解，以嫡长子为代表的贵族阶层消退了，世袭的官僚体系不存在了；血缘基础的分封制崩塌，被地缘基础的郡县制度所代替，国君的权力更加集中。

东周是城邑建设大跃进的时代。城市建设和发展是社会经济和政治制度发展的结果。农业发达促进人口的增加，导致城邑数量的急剧增加；政治形态重组的结果是城邑建制规制大幅突破了原有礼制束缚，在城市形态上、在人口规模上、在城邑面积上都是如此；城邑的性质也多元化了，商业、经济城邑与政治、军事城邑齐头并进发展。

东周这一切剧烈而深刻的社会经济、思想政治的变革，为“城市”注入了新的概念和定义，最能体现这一点的，便是城市选址的思想与技术的变化。

城市的设立方式，摆脱了西周及殷商以来王权或者神权刻板的规定。东周之后，经济、军事因素也能成为城市选址、建设的主导因素。回顾这一时期的城市选址历史，并没有所谓“主流”的、规律性的选址思想，呈现的都是在巨大的生存竞争中，各城因地制宜的图存与发展。《考工记》的规定与这一时期的各诸侯国城市建设事实基本不符。

东周时代是所谓的“第二次城邑建设的高峰期”，大规模的筑城运动，实践了一系列当时的生产技术成就，包括城市选址的测量技术、城址的土壤分析技术、城市防洪技术和流域治理技术以及建城节令的授时技术等。这些生产技术运用于选址实践，为华夏城市选址的技术传统奠定了实践理性的基本特质。

城市选址不仅仅是一项建设活动，它涉及人与人的关系、空间与时间的意义、人与自然的形态关系和生态关系，其中的哲学思辨，其相关的思想本源，由东周发端。东周时代是所谓的“轴心时代”，是思想文化的重要突破期。尤其是关于阴阳互动的宇宙运行规律、审美的主体与客体、有为或无为的人地关系，以儒、墨、道、法四家为代表，阴阳、农家、兵家、名家为补充的理性主义思想，在诸子百家的争鸣和融合中，奠定了华夏城市选址传统多元一体的思想传统基本特质。

一、东周的政治经济

（一）生产技术

东周时代被称之为“古代科学技术体系的奠定”[①]期，冶铁术、农耕术、土壤学、水利技术、地理学、天文学等一系列重要的科学技术门类取得了长足的进步，而且生产行业分类越来越精细化，学科之间相互分野，为技术形态进一步形成奠定了基础。技术发展推动了社会进步，社会进步反过来都推动了技术发展，东周处于这一技术与社会互动的良性时期，而其中，最重要的技术进步，便是冶铁术的成就。

1. 铁器的普及

东周是最后也是最辉煌的青铜时代。千余年的铜冶炼、铜器铸造工艺的积累，使得这一时期的青铜器具，在原有的陶铸法、分铸法的基础上，又发展出叠铸法、失蜡法、印模范铸法等，工艺日益精湛。而且不同的青铜器具，如礼器、兵器、农具等的金属配比逐渐规范稳定。

中国的铸铁技术发源于西周晚期。铁器较之铜器，有韧度高、硬度大的特点。发达的青铜工艺提供了选矿、助燃、筑炉、制胚、热处理、冷处理等诸多成熟的冶炼工艺，而冶铁鼓风设备的发明，将炉温大幅提高，是铸铁工艺大幅提升的阶段性因素。铸铁技术一经发明，便迅速传播开来，在东周时代后期全面成熟和普及化了，最终全面取代了铜器的地位，成为社会发展的利器。春秋时期，铸铁工业只分布在少数几个国家的中心城市，到战国时期，铸铁业已经蔓延到广大的城邑中，成为最重要的生产部门。冶铁业发展如此迅猛，与其所获厚利有关。《管子·轻重乙》说有一种治国敛财之道，便是“请以令断山木，鼓山铁”。

① 卢嘉锡，杜石然. 中国科学技术史：通史卷 [M]. 北京：科学出版社，2003：116.

从考古证据看，铁制农具也成为主要的农业生产工具。石家庄庄村赵国遗址出土的铁农具，占全部农具数量的 65%，抚顺莲花堡的燕国遗址出土农具中，铁农具占总量的 85%。① 所谓“一农之事必有一耜、一铫、一镰、一鎒、一椎、一铚，然后成为农”（《管子·轻重乙》），即“犁、大锄、镰、小锄、短棍、短镰”，基本上都是铁质农具。“到了战国中期，北起辽宁，南到广东，东自山东，西到四川、陕西，都已广泛使用铁器，铁农具已排斥木、石农具而取得主导地位。”②

2. 农业的发展

周本就是以农业立国，周的先祖都是夏商时期的农业专家型官员。从中央政府到诸侯国，官方都推崇农业是立国之本，都重视农业技术的发展。秦国更将农业生产和战争胜负相提并论，合称农战。《吕氏春秋》设立《任地》《上农》《辨土》等多个篇章，专门讨论深耕、畎田、慎种、易耘、审时等农业深耕细作的问题。

早期的原始农业，采用的是耒耜耕作手段，即以石、木为锹，挑拨土块方式进行耕种。殷商时代，先民已经掌握了牛耕技术，将点状的农田作业，整合为连续的线型运动，省力而效果佳，而到了东周时代，畜力与铁器的结合，产生了新的牛耕技术。V 形铁质犁头坚硬而韧，不易损坏，两侧破土能力很强，农业生产效率得到大幅提高。耕作技术的进步加上这一时期冬小麦的推广，使战国时期中原地区的农田一年两熟成为可能。《荀子·富国》批评墨子的担忧：“特墨子之私忧过计也。今是土之生五谷也，人善治之，则亩数盆，一岁而再获之。”春秋末年的墨子，担心粮食不够世间食用，而战国晚期的荀子，则认为前者完全是杞人忧天，究其原因，还是因为战国时期的两熟制普遍推行了，粮食年产量得到大幅提高。《吕氏春秋·上农篇》说：“上田夫食九人，下田夫食五人，……一人治之，十人食之。”这个比例虽有所夸张，但也说明供养人口数倍于耕作人口；有研究认为，西周时期亩产量是一石左右③，而到了战国

① 卢嘉锡，杜石然．中国科学技术史：通史卷 [M]. 北京：科学出版社，2003：124.

② 杨宽．战国史 [M]. 上海：上海人民出版社，2015：60.

③ 王德培．论周礼中“凝固化”的消费制度和周代民本思想的演变 [J]. 河北大学学报（哲学社会科学版），1990（01）：152-161，151.

时期，大体上亩产能达到两石的水平[①]。

技术的发展，导致原有多户人家组成的耕作协作组织的必要性逐渐消退，取而代之的是基层农业耕作单位小型化，具有独立生产能力的单户人家开始拥有私田，井田制成了“税田制”。农民在这种土地制度的变革中，脱离了对贵族领主的人身依附，转为向国家直接纳税，被国家直接管理，其半农奴的身份，转变为编户农民。

产量的提高，带来荒地的开垦。西周时期，大中原范围内尚有大量隙地、荒地，为所谓“夷人”居住之地，“华”与“夷”其实处于杂居状态。农耕技术的提高，可耕作土地的范畴扩大了，加上人口的增加，这些中原地区的隙地，逐渐成为农田。秦孝公时代就颁布了垦草令，《商君书·垦令》则列出二十条垦荒的法令，鼓励拓荒。郑国和宋国之间，在春秋时期还有隙地[②]，但在春秋后期，这些隙地陆续也成了城邑。

3. 人口增长

东周时代是我国人口增长的高峰期，有研究认为这一时期的全国人口从约1000万人增长到约3000万人，人口年增长率是2‰，是中国古代人口年增长率（0.51‰）的4倍左右。[③]《韩非子·五蠹》举了当时一户家庭人口增长的例子：“今人有五子不为多，子又有五子，大父未死而有二十五孙。”人口的增长一方面对环境造成了压力，促使更多的荒地被开垦，更多的城邑被建设；另一方面又增加了大国的实力，大国以人口夺土地，以土地产人口，由此愈强。

“一个国家的人口和领土扩展到一定规模（这里所谓的‘人口规模’，应当既考虑人口总数，也应当考虑人口密度），则是专制政治得以形成发展的最为基本的平台条件。”[④]人口意味着赋税和兵役，意味着农业生产和工业生产，人口数量决定着国家实力。小国寡民的理想国只是部分贤者的追求，各诸侯国无不以聚民、拓土为变法方向。孔子提出：“地有余而民不足，君子耻之”（《礼记·亲记下》），“得众则得国，失众则失国”（《礼记·大学》）。墨子将

① 董恺忱，范楚玉．中国科学技术史：农学卷[M]. 北京：科学出版社，2000年。

②《左传·哀公十二年》：“宋郑之间有隙地焉，曰弥作、顷丘、玉畅、岩、戈、锡。”

③ 焦培民．先秦人口研究[D]. 郑州大学，2007.

④ 易建平．部落联盟与酋邦[M]. 北京：社会科学文献出版社，2004：547.

当时的人口集聚思想总结为："今者王公大人为政于国家者，皆欲国家之富，人民之众，刑政之治。"（《墨子 · 尚贤》）战国时期，苏秦试图游说齐宣王合纵，极力描绘临淄的人口众多与经济繁荣："临淄之卒，固以二十一万矣。临淄甚富而实，……临淄之途，车辇击，人肩摩，连衽成帷，举袂成幕，挥汗成雨。"（《战国策 · 齐策》）

4. 水利设施

东周时期，时人已经试图对河渠水系既防护又利用，即一为防洪，二为灌溉，三为交通。各国重视水利设施的建设，将其放在国家强盛的层面来看待。

在基础理论层面，涉及水利科学的文献较多，如《周礼》《尚书 · 禹贡》《管子》（度地、地员等篇）等，这些文献不但记载了水利管理的官僚体系，还研究了水利学问题，如"水土资源规划、水流动力学、河流泥沙理论、水循环理论等方面"[①]。

在实践层面，各种类型的水利设施大量开始出现。其中比较著名的有春秋时期孙叔敖于淮河流域，利用天然湖泊修期思陂灌区，在寿县修芍陂水库；吴王夫差修邗沟，沟通长江与淮河水系；战国时期魏西门豹在漳河筑 12 道堤坝，灌溉漳河右侧土地；魏惠王开鸿沟，联系河、济、淮、泗，形成中原地区水路网络；秦巴蜀所修筑的都江堰水利工程，无坝引水，引岷江造天府之国两千年；秦关中北部修郑国渠，凿泾注洛三百余里，两侧肥田 4 万顷。

水利工程的修筑，需要大量的人力和严密的组织，只有社会发展到了农业文明的高级阶段，才能广泛实施这项工程。东周时期的水利工程，改善了区域生产条件，促进了农业发展，增加了粮食产量，促进了人口集聚和增长，也改变了各类城市选址的基础条件。

（二）意识形态

平王东迁之后，东周洛阳王室仰仗晋郑等大国庇护，不得不仰人鼻息。原来高高在上不可一世的天子王权，成为可平视、可借用、可觊觎的王位而已。王权地位转变，意味着西周意识形态基本破产，进入重构。重构分为三个方面：

① 周魁一 . 中国科学技术史：水利卷 [M]. 北京：科学技术出版社，2002：4

一是原来与生俱来、天经地义的法统和知识被质疑、被否定，新的伦理关系和天命观需要重新构建。二是原王室的学者官员，沦落诸侯国或民间[①]，造成所谓的“天子失学、官学在四夷”（《左传・昭公十七年》）。[②]私学盛行，庶人不议的观念被破除，地方上有创新意识形态的人才基础。三是学者获得平等的社会地位，思想大解放，百家争鸣和思辨成为常态，每一种学说都在质疑和被质疑，严密的理性思维成为百家思想的底色。

1. 天命观

天命，是统治者对政权合法性最短促有力的解释，是其为“合理性的终极依据寻求超验性基础和宗教性诠释”[③]，也是全社会的道德之源。天命观虽然起源于统治者，但在其传递和再表达的过程中，也经历着逐渐变化的过程，最终成为华夏文明的深层文化心理。三代时期天命观演变过程可以简单概括为：殷商时期的天命不易、西周时期的天命有德、春秋时期的自然天道、战国时期的五德始终。[④]

自然天道：西周后期，思想界研究便已经对山川河流、风雨雷电的发生脱离“人君失德”的范畴，开始独立思考自然现象，如周幽王时期，三川地震发生，太史伯阳父解释为：“周将亡矣！夫天地之气，不失其序，若过其序，民乱之也，阳伏而不能出，阴迫而不能，于是有地震，今三川实震，是阳失其所而镇阴也。”对于自然界异象的思考，已经开始摆脱鬼神论，有了唯物主义的意味。

进入东周的春秋时期，传统天命观动摇，但新的天命观尚未形成，时人依然崇拜上天，以自然事件为上天的反馈，将天象吉凶与政治得失联系起来，对自然天道进行吉凶判断，揣测天意。最典型的就是对星象的判断，所谓“天垂象，见吉凶”，“天事恒象”。《左传・僖公五年》记载，卜偃占星，为晋献公伐虢选择时机：“丙子旦，日在尾，月在策，鹑火中，必是时也。”《左传・文公十四年》记载，因为“星孛入于北斗”，叔服认为：“不出七年，宋、齐、

①《论语・微子》：“太师挚适齐，亚饭干适楚，三饭缭适蔡，四饭缺适秦，鼓方叔入于河，播鼗武入于汉，少师阳、击磬襄入于海。”

② 顾德融，朱顺龙．春秋史 [M]. 上海：上海人民出版社，2015.

③ 何平立．两汉天命论：皇权政治的双刃剑 [J]. 上海大学学报（社会科学版），2005（01）：88.

④ 李培健．天命与政权：先秦天命观演进的逻辑路径 [J]. 武汉理工大学学报（社会科学版），2016（02）：156-161.

晋之君皆将死乱。”

这种星占为主的自然天道观，有较为复杂的推算方法，即必须通过星象位置与大地诸侯国的意义对应关系来推测各区域的吉凶。虽有机械、教条、迷信色彩，但其中还蕴含着粗浅的天人感应、天人合一的哲学思想雏形。

五德始终：西周初年的“天命无常”解释了殷商失去天命眷顾的合理性，但也为自身执政权的覆灭和转移埋下了法理依据。既然殷商革夏之命，周革殷商之命，那就顺理成章，还会不断有新的族裔继续“革命”。那么，其中的规律是什么？即天命如何安排？

战国末期的齐人邹衍，赋予流行已久的五行说不同的德性，认为万物有灵、物有其官、官修其方，金木水火土五行具有互相制约、互相衍生的德性，并派位给五个不同的神灵（五帝）掌管，青帝、白帝、黄帝、炎帝、黑帝，分别统御。

以五德为代表的天命观，认为五德是更普遍和更规律的解释，五德代兴，循环往复，以此推动君权的更迭交接。其后秦立水德、西汉立土德、东汉立火德、唐立土德，以此承袭。五德说是帝王之术，解释天命归属轮回，而其所依附的五行学说，却为后世的风水标准空间范式提供了理论平台。

2. 轴心时代与理性主义

轴心时代：有学者认为，人类历史上存在这么一个时期，是东西方各文明的“元哲学”的形成期，即轴心时代。[①] 在这时代中，“凝聚着人类的核心价值与精神面貌，凝聚着人类最重要的宗教与哲学思想，是人类文明的‘内核’，是人类文明最深层、最根本的部分”[②]，这是人类自我觉醒，精神上开始反思、质疑、思辨的阶段。“在这一时期充满了不平常的事件，在中国诞生了孔子和老子，中国哲学的各派别兴起，这是墨子、庄子以及无数其他人的时代。在印度这是优波尼沙和佛陀的时代……，在伊朗，袄教提出它挑战式的论点……，在巴勒斯坦，先知们奋起，……希腊产生了荷马，哲学家如巴门尼德、赫拉克利特、柏拉图……”[③]。这个时期大概指公元前 800 年到公元前 200 年，也基本上涵盖

---

① 轴心时代由德国存在主义哲学家雅斯贝尔斯（Karl Jaspers）在 20 世纪 50 年代提出。

② 图尔敏，谢小庆，王丽．论证的使用 [M]. 北京：北京语言大学出版社，2016：1.

③ 田汝康，金重远．现代西方史学流派文选 [M]. 上海：上海人民出版社，1982：39.

春秋战国这个历史阶段。在中国，这个阶段诞生了众多纷繁复杂、各具特色的思想流派，称之为“百家”。

各家中重要的四家为儒、墨、道、法。儒家以孔子、曾子、孟子、荀子为代表，提倡仁爱，主张复古、守礼、民本主义，值得指出的是，荀子兼于儒法，如其制天命的天人观念与其他儒者敬天命的观念不尽相同；墨家以墨子为代表，提倡兼爱非攻，节用事鬼，重视科学技术的研究和运用；道家以老子、庄子、列子为代表，提倡清静无为，道法自然，在审美上，道家倾向清净高远、天地大美的审美意境；法家以管仲、商鞅、韩非为代表，提倡立法治国，主张去除分封制，推行郡县制，实现君主专制。

理性主义：“理性”本指一种认知、分析和判断世界既有和未来的思维方式特性。这种思维方式是概念、判断、推理等思维活动的组合，试图以“合理”的方式，客观而精确地对已知世界进行分析和刻画，其特点是它的概括性和间接性。理性与主观、模糊和建立在独立事实上的，直接的悟性与感性相对应。和古希腊一样，轴心时代的华夏文明，也孕育出朴素的理性主义。虽然百家的观点虽然各不相同，但有一个共同的基础，即“理性”。过去那些不言而言的真理、天命被质疑后，神话时代结束了，东周是华夏文明进入了思索和自觉的时代。只有分裂的、多元的、平等的时代中，人类才能放弃触手可及的幻想，运用人的理性，投入到痛苦而清醒的思辨中。

理性将中国哲学的基本道路从神鬼崇拜中摆脱出来，也规避了可能的宗教迷狂，从而更关注现实生活，更关注人伦日用。纵观东周六百余年历史，哪怕是占星、五德等超经验主义的学说，也要构建复杂的伦理关系和潜在的逻辑链条，谶语式的神鬼说日渐式微。迷信思想在主流政治话语中的地位逐渐降低，如筑城的时节，多依据天时判断，仅靠占卜筑城的例子少之又少。《左传·文公十三年》记载，邾文公迁都到绎地，进行了占卜，占卜的结果不太好，是“利民不利君”，邾文公却仍未“苟利于民，孤之利也……民苟利矣，迁也”，依然按计划迁都[①]。这也说明，春秋时期相土卜居的传统虽在，但对于具体占卜结

①《左传·文公十三年》：“邾文公卜迁于绎。史曰：‘利于民而不利于君。’邾子曰：‘苟利于民，孤之利也。天生民而树之君，以利之也。民既利矣，孤必与焉。’左右曰：‘命可长也，君何弗为？’邾子曰：‘命在养民。死之短长，时也。民苟利矣，迁也，吉莫如之！’遂迁于绎。”

果，还是要通过理性务实的态度来分析和执行，占卜的神秘主义实际上消退了。这当然是东周时代城市选址观念的进步。

《庄子·天下》中，将百家争鸣归结为“道术将为天下裂”，这里的“道术”，是指追求真理、探索源头的人的理性。正是这种具备“不侈于后世，不靡于万物，不晖于数度”特点的理性，打破了意识形态的混沌，形成了华夏文明人本主义的价值取向。这一时期的“理性”，是有定语的理性，小农经济和血缘传承的特点，铸造了这一“理性”的特质是“实用理性”。

3.“人”的认识

“人”在东周时期开始被意识、被善待、被尊重，这个变化，是建立在农业经济小型化，自耕农的大量初现，农民与领主脱钩而直接服从于国君的号令，“变法”对耕战的重视等诸多变革的基础上的。对“人”的重视，直到发展出的“民本”思想，都是周开国时所宣称的“德治”理念的深化和具体化。民本思想，百家多有涉及，如孔子提出体恤百姓，“节用而爱人，使民以时”（《论语·学而》），将君主德化—人心所向—人口增加—国家强盛组合成逻辑链，提出“君子先慎乎德，有德此有人，有人此有土，有土此有财，有财此有用。”（《礼记·大学》）《管子·霸言》直接提出“以人为本”：“夫霸王之所始也，以人为本。本治则国固，本乱则国危。”《孟子·尽心》则将“民”放于国家政权与君主之上：“民为贵，社稷次之，君为轻。”

在对“人”有了重新认识，对人口增长进行追求的大背景下，城邑的分级标准也产生了变化。原有根据领主的政治等级来划分城邑等级的做法，即所谓“公侯城方七里，侯伯方五里，子男方三里”（《周礼注疏》），变为按照人口数量确定城邑等级。如“万室之国”“千室之都”，都是人口视野下的等级城市。

（三）政治形态

政治形态，就是权力的结构形式。这一结构形式如此重要，因为先秦社会的重心和核心都是政治权力结构，社会经济等其他形态只是政治形态的映射和附庸。有研究认为，商周期间的权力结构最典型的特色，分别是殷商的“神权”、周的“卿权”以及战国时期的“相权”，即神职人员的特权、宗法卿大夫的参权，以及官僚的相权。[①]

东周时期的政治系统或者权力分配体制，处于由宗法体系向官僚体系转变，由血缘分封制向地缘郡县制的转变期。

1. 官僚体制

东周之前的华夏社会，掌握中层权力和通道的，前期是巫、祝等神职人员，后期是与王权血缘接近的贵族们。但平王东迁后，既有官职体系分崩离析了。介于贵族与平民之间的“士”，原本是只是默默无闻的小宗，但在这一时期崛起，形成了新的掌权者。这批掌权者，先是拥有了文化权力，如孔子、老子，传播自己的见解，批评当政者；后是拥有了政治权力，如商鞅、张仪、苏秦以及荀子的两个法家门徒，韩非子与李斯。[②] 这一时代，大概在战国时期来临。

官僚制度的形成，彻底改变了原有的权力私授的传统。国家各层级的权力，都将以中央政府，即君主的名义交授与收回。春秋时期，宗法制度下卿族逼君的事件不绝于书，战国策言“春秋记弑君者以百记”。基于这种潜在的危险，国境之内各封国、采邑的面积标准必须严格控制，否则容易成为卿族叛乱的武装据点。而战国时期官僚制度下，分层效忠变成了一元效忠，来自社会中下层的官僚毫无夺权的可能，君主权威前所未有地加强了。城市的规模和等级扩大，不再成为君主难以接受的现实，甚至在秦统一、建立高度集权的帝国时，华夏的城市是不需城墙防护的。

2. 郡县制

“县”的本意原是天子或诸侯的直接管辖区，“天子之县内，方百里之国九”（《礼记·王制》）。西周行封建制，采邑是行政单位的基本单元，这类单元的执政者是世袭的领主。春秋以降列国厮杀，大国逐渐吞并中小诸侯国，为控制权力，国家所获土地不再以传统分封，而是派遣官员接收管理。这种以官僚

① 晁福林. 先秦社会形态研究 [M]. 北京：北京师范大学出版社，2003.

② 有研究指出，战国时期 81 位相国，与王公室完全无关的有 47 人，占 58%，而春秋时期这一比例只有 8%。参见何怀宏. 世袭社会及其解体——中国历史上的春秋时代 [M]. 上海：上海三联书店，1996：164.

制度为基础的地域管理形式在战国时期发育成郡县制，各国普遍开始采用这一制度，为秦统一后将之定为全国性制度奠定了基础。

郡县，是直属君主的行政区划单元，“这标志着西周春秋以来的血缘宗法组织解体了，地缘性的行政区划组织建立了，表明政治组织结构发生了根本性的变革”[①]。郡县制不但反过来为以平民为主的官僚制提供了施展的舞台，而且终结了封建制，改变了国家政权构成基础，为大一统国家提供了制度支撑。

这一时期的城市在郡县制下具有行政职能，成为地域性的管理节点，并处于全国城市网络中，其选址建设不再依托当地的宗族的判断，而根据中央和上级行政首长的决定。

（四）城邑建设

东周时代的城邑大量涌现，城邑规模扩大，城邑内涵多元，这源于农业发展带来的人口增长以及周王室失权带来的地方诸侯之间的生存竞争。

1. 城址数量

文献方面，有研究以《史记》为主，参考《古本竹书纪年》等先秦文献，确定西周城邑为 91 个（大部分是封国国都），但根据《左传》的材料，春秋时期城邑有 466 个，比西周多出 375 个[②]；还有学者统计《春秋》《左传》《国语》出现的城邑地名为 1016 个，“国” 190 余。如果每国十城，春秋时代的城邑总数超过 2000 是可信的。以山东地区为例，根据《左传》记载，春秋时期仅以鲁国一国的筑城事件，达 52 次。

考古方面，西周及以前的城址数量约 40 座，而春秋时期的城址数量是 221 座，加上战国时代，新增城址为 207 座（图 4–1）。地域上，以河南省为例，西周及以前城址总计不足 30 座，而东周时代的城邑数量则攀升至 130 座。[③]

东周时代的城邑，不论是数量还是规模都远远超过了西周时代。究其政治原因，周王室落魄于中原，东周时代尤其是战国时期，军事实力和政治影响力微乎其微，城邑的等级制度在观念上基本被废除了。孔子控诉的“礼乐崩坏”

① 谢伟峰 . 从血缘到地缘：春秋战国制度大变革研究 [D]. 陕西师范大学，2013：39.

② 李鑫 . 商周城市形态的演变 [M]. 北京：中国社会科学出版社，2012：77.

③ 许宏 . 先秦城市考古学研究 [M]. 北京：燕山出版社，2000：127.

的堕三都式的僭制事件，在各诸侯国都愈演愈烈。而经济上，铁器农业时代来临，拓荒能力和单位产量的提升，都刺激人口数量增长和地域分布扩大，也客观上推动了城邑数量增长。

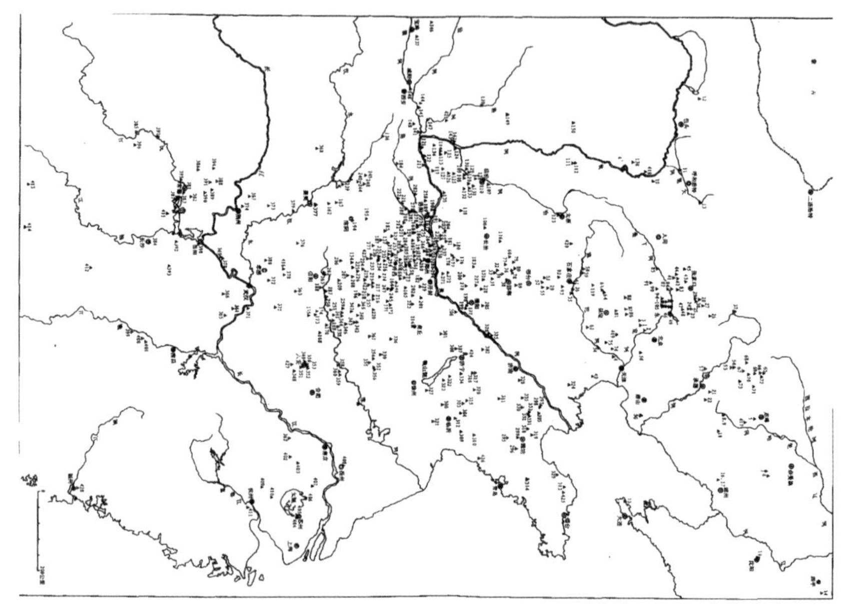

图 4–1　东周时期城址分布图

许宏．先秦城市考古学研究[M].北京：燕山出版社，2000：85

2. 城址分布

东周时代的前半期，即春秋时期，城址主要分布在中原地区，即河南、山西和山东（161 座）；河南的伊洛河流域及外围区域城址尤其密集，约占城址总数的一半，且城址面积很大，“9 座面积超过 10 平方千米的城址中，有 7 座也在这一范围内”①。这与黄河中游地区的农耕发展水平、夏商文化传统沉积有密切关系，也和这一时期的周王室东迁洛邑所带来的国家中心转移有关。

东周时代的后半期，即战国时期，城址的分布范围扩大了，黄河以北地区、长江流域的安徽、湖北、浙江城址数量都大幅增加了。考古发现，河北地区的城邑，战国时期由 10 座增加到 88 座，湖南地区的城邑，由 14 座增加到 22 座。②《史

① 李鑫．商周城市形态的演变 [M]. 北京：中国社会科学出版社，2012：79.

② 李鑫．商周城市形态的演变 [M]. 北京：中国社会科学出版社，2012.

记·魏世家》记载，魏昭王七年（即前289年），“秦拔我城大小六十一”，这六十一座城邑，分布在魏国河东地方四百里区域，可见战国华北地区城邑密集。甚至被认为是蛮夷的义渠，在战国时期，也有数量众多的城邑。《史记·匈奴列传》：“至于惠王，遂拔义渠二十五城。”作为游牧民族，大量筑城，说明华夏化的风潮影响之巨，也说明农耕发达是时代趋势，原来不适宜耕作的部分牧区也改作农耕了。

值得指出的是，南方地区增加的城址，多围绕主要河流中下游两侧选址，如淮河流域增设了寿春（楚后期都城）、巨阳、西阳等城邑。说明这一时期的华夏文明拓展主要还是依据河流展开，并未深入地形复杂的南方腹地地区。

3. 城址规模

伴随城址数量增长和分布拓展的，是单个城址规模的增大。规模的增加，首先来自城址格局的变化。三代时期，沿着偃师商城、郑州商城、洹北商城、黄陂盘龙城等城邑的营建脉络，积淀而形成了传统的“回”字形城市格局，宫城居中，郭城环绕；但到了东周时代，城址格局已经突破了传统的制度规定①，呈现出回字形（鲁曲阜、楚郢都）、并列形（燕下都、齐临淄）、品字形（赵邯郸）、散布形（秦雍城、秦咸阳）等多种形态。

城邑的规模，原本是城主的身份标识，不同等级的贵族享用不同规模的城址，如果僭制，将引起极大的非议，甚至国君的处罚。春秋初年，郑庄公的弟弟共叔段，受封“京”，扩大城市规模，引起庄公臣子祭仲的非议，“都，城过百雉，国之害也。先王之制：大都，不过参国之一；中，五之一；小，九之一。今京不度，非制也，君将不堪”，显然共叔段是在僭越既有规定。但诸侯国的国都规模也在僭越规定，晋都故绛面积约10平方千米，楚国郢都面积约16平方千米，齐都临淄面积约15平方千米，就连尊礼的模范鲁都曲阜都有10平方千米。到了战国，各国国都面积拓展的都很迅猛，大国的都城普遍超过了20平方千米，如赵都邯郸、楚都寿春、秦都咸阳、燕下都等，城邑尺度都发生了很大的增长，所谓“千丈之城，万家之邑相望也”（《战国策·赵策》）。

① 《考工记》的来历较《周礼》更为清晰，是齐国官营手工业的文献，所载城邑制式格局规定，应该是与周王室对应的约束规定相合的。

二、东周城址的违制

虽仍有中央确定的体制规矩，东周城市选址与城市规制违反规定的案例是普遍现象。这是面上的违制，是违制的常态化。周天子的中央传统权威丧失后，诸侯国、诸大夫在城市营建上有着违制的强烈冲动。

如前文所述，先秦时期是政权逐渐体制化、系统化的时期，君权天授的意识形态最晚从殷商开始就为政权的合法性服务。《周礼》的出现，从国家制度上奠定了城市选址、营建的基本的政治准则和行为规范。都城居中，意味着天子的地位如恒星般崇高而不可动摇，也意味着整个国家都城政治管理的均质化；由此建立分封制度下的分形结构，国家—王国—采邑的三级疆域内，城址“居中”，城市数量和布局都有严格规定，另外城之规模也受到分封爵位尊卑的约束，不容僭越。[①]

春秋后列国诸侯互相攻伐，周天子式微，传统意义上的礼法约束力越来越弱。首先遭到破坏的就是宗法制的核心——嫡长子继承制度。统计显示，宋国从开国至春秋末年，经历 20 国君，兄终弟及 5 位，楚国共历经 27 位国君，兄终弟及 8 位。[②] 且杀嫡立庶的现象层出不穷，就连道德楷模、周礼模范的鲁国，也连续发生此类事件。此外，作为小宗的大夫，不断发动对大宗国君的挑战。还是以鲁国为例，从礼乐破坏可以看出这种违制的严重性。孔子对于鲁国大夫季氏家宴安排了八佾舞蹈痛心疾首[③]，言：“八佾舞于庭，是可忍也，孰不可忍也！”

而所谓“弑君三十六”，大部分是国内的小宗大夫杀掉国君自立或者立傀儡的事件，其中最著名的事例是晋国的“曲沃代翼”。分封到曲沃的小宗成师一族，不断向晋国翼都的国君（嫡长子的大宗）发动挑战，经历了长达 67 年的斗争，经历了五次战争，共弑五个国君（昭侯、孝侯、哀侯、小子侯、晋侯缗）、驱逐一个国君（鄂侯），终于获得大宗地位，迁晋国国都于曲沃，故史称曲沃代翼，以都城的转换暗示政权的转移。更令人难以置信的是，在这场长期的小宗夺位的斗争里，周天子居然接受了贿赂，支持曲沃的小宗。

① 贺业钜．中国古代城市规划史 [M]. 北京：中国建筑工业出版社，1996：239.

② 赵晓斌．春秋官制研究 —— 以宗法礼制社会为背景 [D]. 浙江大学，2009.

③ 依周礼，天子才能用八佾，诸侯用六佾，卿大夫用四佾，士用二佾。季氏是正卿，只能用四佾，却用八佾，用天子之礼，僭礼。

一方面是《周礼》中言之凿凿的礼乐规定、等级制度，另一方面小国弱邦（甚至还有周天子）朝不保夕、间于齐楚，而大国强邦扩疆建城，肆无忌惮[①]。这是被称为“大争之世”的时代，各诸侯国救亡图存，不断谋求生存空间，城市建设领域充斥着各种“违制”的尝试。

这种尝试从体制层面到技术层面，包括体制性的“违制”、规划格局性的“违制”、营建措施的“违制”[②]，从宏观到微观，涉及了营国制度的全部方面。城市选址层面的违制，是宏观加中观层面的违制，是体制性的违制和规划格局的违制，包括擅自建城、扩大规模和改变形态三方面的问题。

（一）擅自建城

按照营国制度，城市数量和规模是有严格规定的，但进入春秋后，擅自建城的问题越来越突出，发展到战国，已经是“地方千里，百二十城”的局面了。这种情况出现的大背景是社会经济的发展，农业生产效率的提高，城市人口的增加[③]。原有的体制约束与生产力之间冲突尖锐，王权与诸侯权的冲突尖锐，大宗与小宗的冲突尖锐，这些冲突在城市建设领域的反应非常典型化。当然，各新城的建设，均有其特殊原因，具体而言，有以下几种情况：

筑城为平内乱：楚公子围，派人于靠近郑国的犨、栎、郏等地筑城（前541 年），随后发动叛乱，成为楚灵王。

筑城为灭强族：前 669 年，晋士蔿为剿灭游氏，新筑城“聚”，派遣王室的所有公子前往聚参战，获胜后，晋侯又在聚城屠灭所有的公子。[④]

筑城为拓展势力：为攻伐秦地，魏国向黄河以西长期实施筑城计划。魏文侯六年（前 440 年），筑城少梁（今陕西省韩城），惠成王五年（前 367 年），筑城武都（今陕西华县），二十二年，筑城雒阴（今陕西大荔）、合阳（陕西合阳），三十一年，魏吴起伐秦，并筑城临晋（今陕西大荔）、元里（今陕西澄城）。

---

① 如鲁公子遂杀太子恶，季氏立襄公庶子为王。

② 贺业钜 . 中国古代城市规划史 [M]. 北京：中国建筑工业出版社，1996.

③ 根据焦培民《先秦人口研究》研究，西周人口数量约为 1000 万人，至战国后期，人口已经在 3000 万人左右。参见焦培民 . 先秦人口研究 [D] 郑州大学，2007.

④ 见《左传 · 庄公二十五年》晋士蔿使群公子尽杀游氏之族，乃城聚而处之。冬，晋侯围聚，尽杀群公子。晋国在西周末年的一系列的残酷内战与屠戮，不但违背了“天子不灭国，诸侯不绝祀”的礼制，而且开创了晋无公族，三家分晋的基础。

这些城市，均在黄河西岸，毗邻秦国，如支点一般，组成防御体系，成为魏国的西部屏障和西进秦地的基地。

同时，秦国也在积极向东拓土建城。西周中叶，秦国开国，被分封于秦邑[①]，秦邑是唯一有法理依据的秦国都城。但在其后秦频繁向东方迁都，历五百余年，都雍城、汧、汧渭之汇、平阳、栎阳后，最后选址于渭水北岸，都咸阳。秦迁都的主要原因是国家实力增强，政治野心逐渐增大，尤其在以栎阳为都城以前，王国的都城选址不断向东，主要的政治谋划是夺回河西之地，觊觎河东之地。选址栎阳建都之后，战略已经调整为东进灭魏，但栎阳只作为都城三十四年，国际局势就发生了变化，秦国的政治野心调整为吞并天下，横扫六合。针对这一战略目标，渭水北侧的咸阳，无疑有更优越的地理条件和政治区位。

城市本是宗法分封制下贵族的据点，但在大规模违制建城的背景下，这些新城并不归属于分封的贵族，即没有采邑化，而是国君直辖的县，类似周天子的公邑[②]，具有官僚化和体系化的特点。这也是秦汉全面郡县制的滥觞所在。

（二）扩大规模

由于社会生产力落后，政治等级控制意识不发达两方面的原因，夏商时期，没有证据表明城邑规模受到约束，但西周开国之后，与所有器物一样，城市的规模大小有了严格的等级控制要求。《周礼》明确规定了王城方九里，公侯城方七里，侯伯方五里，子男方三里（贾公彦《周礼注疏》），还规定了不同等级城市内部道路宽度："经涂九轨，环涂七轨，野涂五轨。宫隅之制，以为诸侯之城制。环涂以为诸侯经涂，野涂以为都经涂。"

这些具体细致的礼制规定，东周时期形同虚设。与新城的大量涌现相匹配的是已有城市规模的普遍扩大，城市功能日益多元化是主要原因。

多元化之一，是市场的社会化，即"工商食官"制度逐渐解体。周礼中虽有"前

① 《史记·秦本纪》记载："周孝王：昔伯益为舜主畜，畜多息，故有土，赐姓嬴，今其后世亦为联息马，联其分土为附庸，邑之秦，使复续嬴氏祀，号曰秦嬴。"

② 陈剑．先秦时期县制的起源与转变 [D]. 吉林大学，2009.

朝后市，市朝一夫”之说，但这里的“市”，乃王室专用的市集，商人是依附于官府存在的，从业人员均为官定，世代为之[①]。工商食官制度起源于西周开国时期大分封背景，原来的殷族被按照小族分配给各诸侯，多从事手工生产和商品流通。[②]工商食官是特殊的官办手工业和官办商业的管理制度，带有明显的奴隶制人身依附的痕迹。进入东周之后，生产力水平大幅提高了，代表性事件包括：农业中铁器的普及、牛耕的出现、劳役地租向实物地租转变及由此造成的井田制的破坏与解体。随之而来的是城市内手工业与商业的性质也发生了变化——由政府专营转变为官私合营。城市的经济职能日益凸显，市场不再独供王室，而转为主要为市民服务，市场用地规模也扩大了，位置与城门而非宫门的关系更密切了。[③]

多元化之二，是城市防卫要求的提升。春秋战国阶段，基本上就是国与国战斗不息的阶段。战争是证明国家实力最好的手段，据推测，这一阶段有上千起国家之间的战争爆发，现有文献能够查阅到762次战争。[④]西周的170余个国家，在这一过程中相继湮灭。当然，在《周礼》的理想国中，诸侯之间是互敬互爱的兄弟邻邦，产生摩擦也是可以通过周天子协调解决的，城市内部实在不需要考虑过多的军队用地。但现实的生存挑战如此严峻，各国重要城市尤其是都城，纷纷扩大城市规模，加筑防御设施，增设军事用地，增强城市防卫能力。如燕下都，西城基本上就是军营，面积与东城相差不大。原有西周初的城市功能，只有“政治”这一项，即宫室是核心，再加上相应的祭祀等礼制场所，但至东周，城市的经济、军事功能被补充了进来，这增添了城市职能，改变了城市的定义。正是“复合化、多元化”，导致先秦后期城市规模大量突破制度约束，特别是诸侯国国都，基本上担负上述三种职能，城市规模违制程度较大。如齐都临淄面积超标2.4倍，楚郢都面积超标7倍，凡此种种，不一而足，（表4-1）。

① 《国语·晋语四》：“公食贡，大夫食邑，士食田，庶人食力，工商食官。”即王公依靠进贡物生活，大夫依靠自己封地生活，士依靠自己的田地生活，庶人依靠出卖劳力生活，百工和商人依靠官府生活。

② 朱家桢在《西周的井田制和工商食官制》里考证，西周初年，在授土授民的同时，殷民中部分从事手工业的族氏也一起被封赐给诸侯，如分鲁公以条氏、徐氏等六族；分康叔以陶氏、施氏、繁氏等七族。

③ 可参考汉长安的九市位置。

④ 王日华，漆海霞．春秋战国时期国家间战争相关性统计分析 [J]. 国际政治研究，2013，34（01）：103-120，1.

表 4-1　东周诸侯城市规模违制情况统计

城市名称	城市等级	应该规模	实际规模	城址大小	超制倍数
齐故城	侯国城	25 平方华里 *	60 平方华里	周五十里	2.4 倍
楚郢都	子男城	9 平方华里	64 平方华里	东西长 4.45 千米 南北宽 3.59 千米	7 倍
郑韩故城	侯国城	25 平方华里	90 平方华里	东西长 5 千米 南北宽 4.5 千米	3.6 倍
燕下都（东城）	侯国城	25 平方华里	72 平方华里	北垣 4.6 千米 东垣 3.9 千米	2.9 倍
赵邯郸（大北城）	侯国城	25 平方华里	62 平方华里	东西长 3.2 千米 南北宽 4.8 千米	2.4 倍

资料来源：根据各遗址考古简报资料自绘。

* 华里为周制

大争之世，救亡图存是时代主旋律，城市是最能体现时代特征的经济基础。虽也有捍卫既有秩序，充满理想化的人物，如鲁国当时的执政者孔子，反对大夫采邑城市面积过大（过百雉，超过国都），为了拆掉多余的部分，不惜发动一场内战来坚持自己的原则。① 但总体而言，这样的道德卫士毕竟不是主流。

（三）改变形态

城市选址违制的第三个方面，即改变城市形态。

原有的营国制度约束下，城市是以宫室为中心的回字形格局。周人以“中”为最尊，因“周”处四方之中，即为四方供奉及拱卫的核心，也是控制四方之原点，依这个方位宜于建国、置宫。② 周礼所云，惟王建国，辨方正位。首先要辨别的，就是“中”的位置。

营国制度始于洛邑成周的规划营建。在这之前的丰镐，作为西周第一个都城，城市跨沣水而形成双城格局。由于汉武帝时期昆明湖的挖掘，目前为止，考古资料并未厘清沣水两岸的东西双城的城市性质与分工，但丰镐东西双城的城址形态是可以肯定的。自营国制度形成之后，诸侯都城、大夫采邑城址都只能形成单中

① 史称堕三都事件，即孔子试图堕毁三桓（鲁国公族季孙氏、叔孙氏、孟孙氏）的私邑事件，最后孔子落败，开始流亡周游列国。

② 贺业钜 . 中国古代城市规划史 [M]. 北京：中国建筑工业出版社，1996：257.

心的形态。原因无外乎营国制度对城市职能的理解单一，以政治等级划分的城市等级，如王城、都城、采邑。“城者，所以自守也。”（《墨子·七患》）城就是城，是防卫据点，是统治核心，是地位象征。但到了东周，城市的等级划分标准不再只有政治等级一种了。法家先驱管子提出新的城市等级概念：上地方八十里，万室之国一，千室之都四（《管子·乘马》）。人口多寡，是界定城市大小的标准。

如前文所述，由于经济职能的出现，城不再只是城，“城外有廓”成了常态，尤其是在东周，血腥的庄园奴隶制向相对温和的地主封建制过渡，认识人的价值，尊重人的地位是东周进步之处，典型的例子便是在各种祭祀活动中，以活人殉葬的方式基本绝迹，如孔子言“始作俑者，其无后乎”（《孟子·梁惠王上》）。这一阶段也是古代社会民本思想的萌芽期。《孟子·尽心下》言：“民为贵，社稷次之，君为轻。”《尚书·五子之歌》亦言：“民惟邦本，本固邦宁。”民本思想在城市选址上的表现在于，城址的主流形态不再是单一中心格局，而是城＋廓的双重格局了。《吴越春秋》言“筑城以卫君，造廓以守民”；民众百姓所依所处，也是城市功能所在。

各国都城城址形态如下：

齐临淄，双城，小城为王城，西南方位，大城为廓，东北方位，半包围小城；

赵邯郸，四城，王城三城为品字形，另东北方有大城，各自有独立城墙；

燕下都，双城，西城为军营，东城为王城；

中山灵寿，双城，东城为王城，西城为廓；

鲁曲阜，单城，中心为王城；

楚郢都（纪南城），单城，中心为王城。

三、诸侯国国都选址

周的前半期（西周），以气魄与恒心，草创华夏文明的诸多制度，周的后半期（东周）国家陷入诸侯纷争、天子孤处的境地，前后两期势如炭冰。就城邑选址建设而言，前期确定了有理想主义色彩的建城思想，后期则广泛开展了实事求是的筑城实践，前后二者有大量契合与冲突。贺业钜认为，东周时代的城邑建设是第二次建设高潮，而且“第一次高潮中所指定的都邑建设制度，以及由此而形成的都邑规模、规划格局，乃至都邑建置数量和分布布局等，都成为第二次高潮的冲击目标”[①]。这种冲突，尤其体现在各诸侯国都城上，各诸侯国都城大致分为两个类型，尊制型与僭越型。前者以楚都纪南、鲁都曲阜为代表，是少数派，后者以齐都临淄、燕下都、赵都邯郸、韩都郑等为代表，是多数派，下文分述之。

（一）楚都纪南

楚始于周初分封，但楚王熊绎仅在成王手中得到“子”爵（第四等爵位），封地20平方千米，是微乎其微的小国，严格意义上并不能与各诸侯国对等。加之地处南域，与所谓“蛮夷”接壤，长期未被接纳入中原文化圈。但春秋之后，楚一度致力南进东拓，发展为南方大国，吞吴并越，横扫长江流域，是战国时期仅次于秦的强国。

楚早期活动区域在河南、湖北交界处，国都最早为丹阳，具体位置可能在河南淅川。纪南城是楚中期都城[②]，也是时间最长的都城，见证了楚文化南征的历程。从宏观上看（图4–2），纪南远离中原城镇群，军事上立于安全之地；位于江汉平原核心地区，楚国势力范围中心，是楚南征的据点。城址水运交通发达，南临长江，溯江可达巴蜀，顺江可达吴越，东南靠古云梦泽，北有荆襄驿道与中原连通，西临鄂西三区。城址所在大区域水网纵横，气候温和，适宜以水稻为主的农业生产的展开。这一地区后世被称为荆州，三国时期诸葛亮在《隆中对》曾评价道：“荆州北据汉、沔，利尽南海，东连吴会，西通巴、蜀，此用武之国。”

从微观上看（图4–3），纪南城位于纪山以南的平原，横跨在十字形的古河道上，周长15506米，东西长4450米，南北宽3588米，面积约16平方千米。诸侯国中，这个面积是较大的。当时郢都容纳人口也较多，汉桓谭在《新论》中略微夸张地描绘了郢都的繁华：“楚之郢都，车毂击，民肩摩，市路相排突，号为朝衣鲜而暮衣弊。”纪南城水陆交通便捷，朱河、新桥河在城内汇成龙桥河。城中共设城门七个，其中南北垣各一水门[③]。纪南城址格局遵奉礼制，外形方正，

① 贺业钜．中国古代城市规划史[M]．北京：中国建筑工业出版社，1996：241.

② 北魏·郦道元《水经注·沔水注》：“江陵西北有纪南城，楚文王自丹阳徙此。”

③ 陶肃平．楚郢都纪南城的地理环境及其发展、布局初探[C]//中国古都学会．中国古都研究（第七辑）——中国古都学会第七届年会论文集．中国古都学会，1989：8.

但宫殿区设于东南部，并不居中。

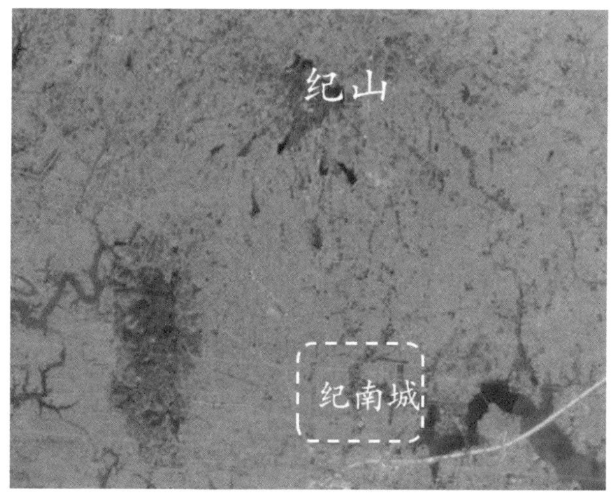

图 4-2　楚纪南城位置

资料来源：根据 Google 地图绘制

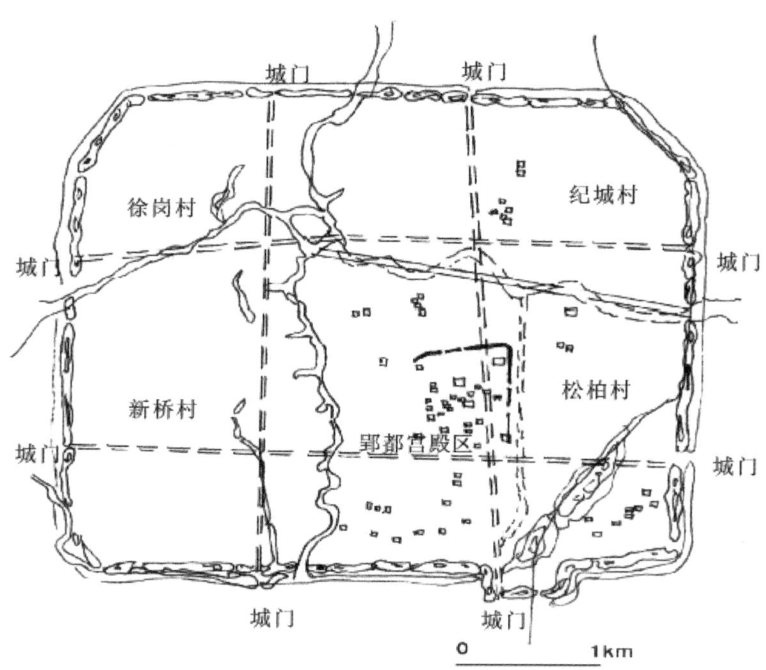

图 4-3　楚纪南城（郢都）总平面图

资料来源：窦建奇，王扬．楚“郢都（纪南城）”古城规划与宫殿布局研究 [J]．古建园林技术，2009（1）：18-20.

纪南城城址规则，四角均折角处理，可能是因护城河过宽，直角转弯的城垣，不利于水流动。城址在东南方向突出一角，将凤凰山括入，建烽火台以瞰全城。

纪南城作为都城，其城址的宏观地理位置上，有楚试图南拓疆土的必然性，但在微观位置上，也有一定的偶然性。楚君熊渠封其长子熊康于纪南附近的江陵地区，这一地区经济建设加速发展，为其后承接楚都做前期准备。①

另外，纪南城的选址，也促成了以都城为中心、楚县为枢纽的楚国疆域内水路相辅的交通网路形成②，都城成为实际意义上的全国性交通枢纽。纪南城是先有城市选址，后有交通网络形成的典型案例。

（二）鲁都曲阜

鲁国受封于西周立国之后，是周公长子伯禽的封地。曲阜所在之地，在商末周初政治形势复杂，其靠近旧商的故都，且不远处还有东夷、徐戎等沿海部落。作为周王族的重要嫡系，伯禽此行应是负有重要的拓土安邦使命。同行的还有殷民六族，这也是周室减轻中原压力，对后者进行监视、利用、镇压的手段。

鲁是周公后祀所在，血缘尊贵，周公立国时所建功勋，荫庇鲁国八百余年，所谓“（周室）褒周公之德”，鲁以周室的东方代言人自居，在诸侯国中较为超然，地位特殊，凡周一代，鲁有非常多的特权，如“鲁公世世祀周公以天子之礼乐，……夏礿、秋尝、冬烝，春社、秋省而遂大蜡，天子之祭也”（《礼记·明堂位》）；“践土之盟”中鲁君坐席仅次于盟主晋君；春秋末年，晋国韩宣子于曲阜观书（《易》《象》《鲁春秋》）后，仍然叹道“周礼尽在鲁矣，吾乃今知周公之德与周之所以王也”（《左传·昭公二年》）。

虽礼乐与诗书在鲁国保存得最为完好，但在现实政治生活中，鲁国并不是“无瑕美玉”，恰恰相反，鲁国的违制事件在诸侯中算比较多的。《左传》所记载的鲁国君臣 514 次活动中，有 104 次违礼③，春秋时期，鲁国弑君事件发生

① 董灏智 . 楚国郢都兴衰史考略 [D]. 东北师范大学，2008：38.

② 根据 1957 年出土的“鄂君启节”中铭文解读，此商人的行商路线以水路为主，出发地均为郢都。有研究认为，以郢都为中心的全国性通道有四条，分别是北上中原的路线，南达两广的路线，西上巴蜀的路线，以及东去吴越的路线。参见董灏智 . 楚国郢都兴衰史考略 [D]. 东北师范大学，2008.

③ 毕经纬 . 论“周礼在鲁”的二元界定 [J]. 殷都学刊，2011，（04）：18-22.

5 次，并不少于一般的诸侯国（郑国 4 次、晋国 5 次、楚国 3 次），失“礼”的鲁国，成为这个混乱时代的缩影。

曲阜位于泰山南麓，《诗经 · 鲁颂》记载：“泰山岩岩，鲁邦所詹。”鲁国国境大致是汶河和泗河流域的中上游地区的中南部，洙河、沂河之间的微丘地带（图 4–4）。城址呈不规则长方形，东南约长 3.7 千米，南北约宽 2.7 千米，总面积约 10 平方千米，洙河绕城西北，沂河经城南而过。城址东南是曲折蜿蜒的矮丘，西北、西南则是冲积平原，沃野开阔，适宜农耕生产展开。“鲁城东面有阜，逶曲长七、八里，故名曲阜。”（《史记 · 周本纪集解》）由此看来曲阜得名，可能与城外地形有关。

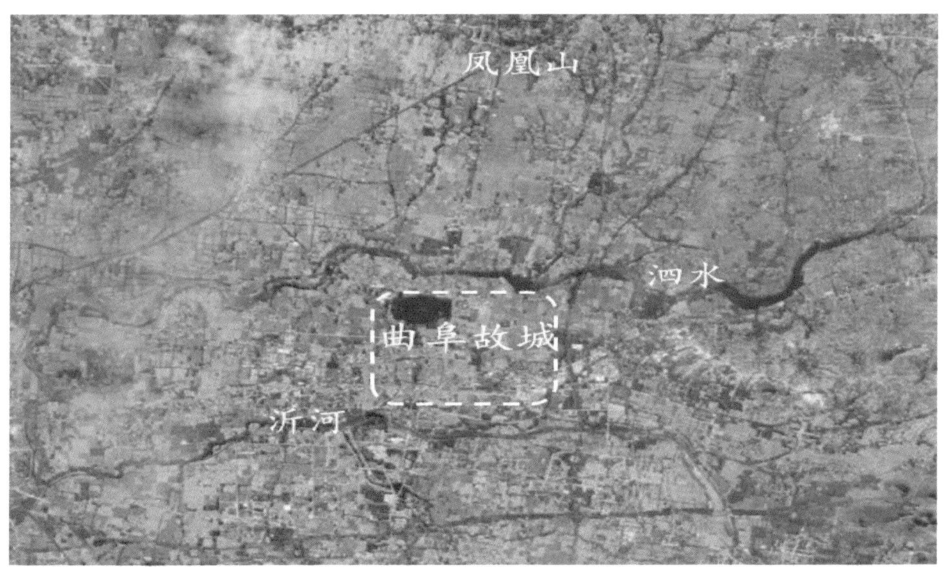

图 4–4　曲阜古城位置示意图

资料来源：根据 google 地图绘制

曲阜四面城垣，南垣较直，东、北、西有曲折弧度，且城墙四转角处，均采用圆角转折，这种处理与城壕设置有关，也是古城建设时的一种务实做法。曲阜城垣外均有城壕，宽 30 米左右，深 4 至 5 米，且利用了自然河流水系，其北、西两面的城壕即洙河河道[①]。城址开城门 12 处，东南西北均开三门（图 4–5）。

城内布局严谨，城中央的周公庙附近，为大型宗庙建筑集中区、宫城所在，

① 黄海 . 曲阜鲁国故城与临淄齐国故城的比较研究 [J]. 四川文物，1999（05）：34-38.

官署在宫城南侧，宫市在北侧。由正南门（稷门）向北发端，形成的城址中轴线（9号道路），依次串起城门、官署、宫城、宫市等重要节点和功能区，“呈现出明显的序列性布局特征”[①]。

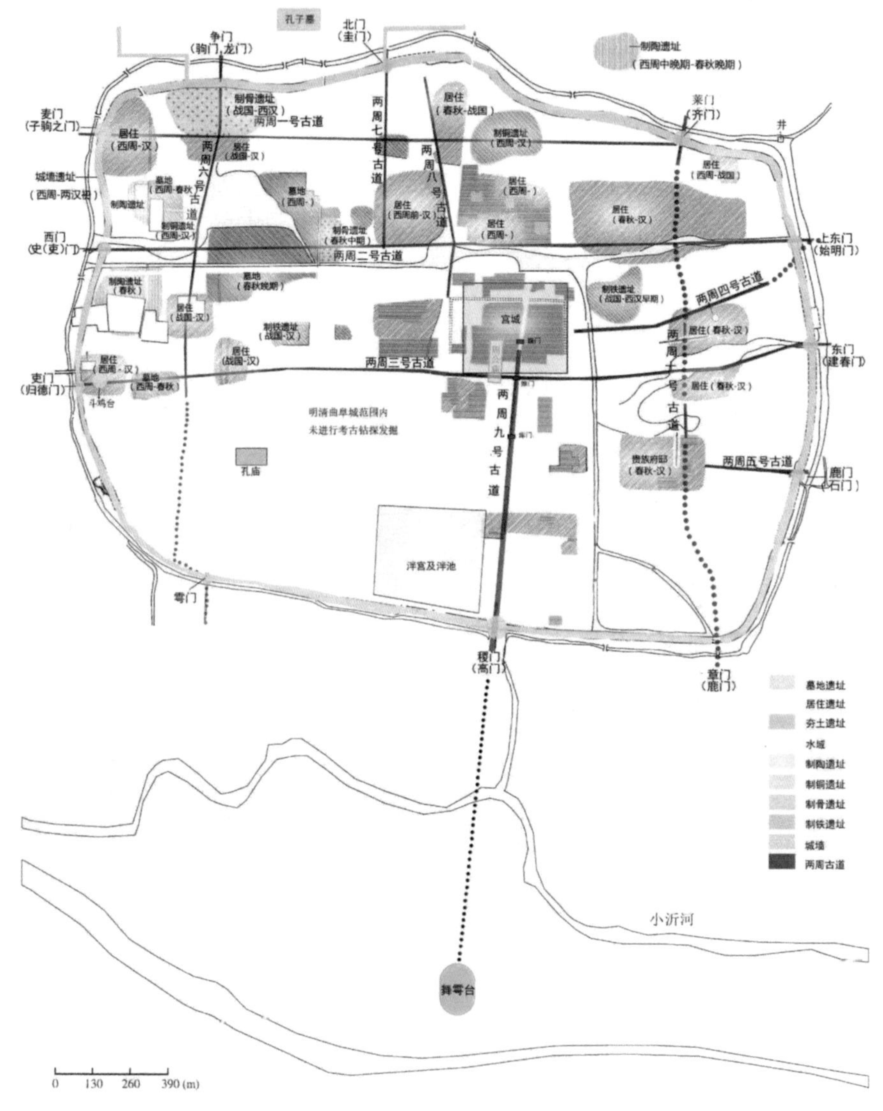

图4-5 曲阜古城

资料来源：谷健辉．曲阜古城营建形态演变研究[D]. 山东大学，2013：33.

① 谷健辉．曲阜古城营建形态演变研究[D]. 山东大学，2013：33.

方正、回字形格局，旁三门，前朝后市，曲阜古城在形制上都体现了《考工记》中的营国制度。学界对于《考工记》形成的时间众说不一，但基本上“集中在春秋到西汉之间，不会早于春秋”这一点是共识。曲阜建于周初，既然周礼在鲁，作为齐国官书的《考工记》，其描绘的礼制思想下的营国制度，以曲阜古城的城市形态为蓝本的可能性较大。但曲阜城址建设又有自身地域性特点：结合水系，不求方正。有学者推断，战国时期，城内东南部的汉曲阜城附近可能另外修筑了新的宫城，所谓宫城居中的格局被舍弃了。从这个角度说，作为周礼实施典范的鲁国曲阜，实际上也不拘泥于具体的礼制限定。

其实曲阜在选址之初就不缺乏理性实践精神。文献记载，与洛邑一样，曲阜的选址也是周公所为：“周公卜居曲阜，其命龟曰：作邑乎山（泰山）之阳，贤则茂昌，不贤则速王。”（《说苑·至公》）周公似乎并不完全相信吉祥的卜辞，反而指出，吉凶与否，全靠君王的“贤能”与否。这是一种理性主义的态度，虽然寄生于占卜这类神秘主义的行为外壳中。

楚之纪南、鲁之曲阜均是尊制型城市，前者是化外之地对中原礼仪的尊崇，后者是对中原礼仪的自觉维护。两城均选址于山南水北小平原上，城郭形制严谨而不拘谨，采用棋盘式路网体系、回字形城市形态，宫城居中。

大争之世，各国都有巨大的生存压力，尊制的城市只是少数，多数主要诸侯国的都城因需而建，各有特色。

（三）齐都临淄

齐国是东方大国，煮盐垦田，富甲一方，是诸侯国中最早的中原霸主[①]，曾与秦共称“帝”[②]。齐也是唯一断祀易姓，改国君血统与姓氏（由姜氏变为田氏）的大国。

齐国是西周初年姜尚的长子封国，最早的国都是营丘（营丘所在有多种说法，本书采营丘即临淄一说），后胡公迁都薄姑，但献公旋即迁都回营丘，并改名临淄。此后临淄作为齐国都城长达六百余年，富庶繁华海内闻名。

---

① 齐桓公时代，齐国竖起“尊王攘夷”，北击山戎，南伐楚国，组织“葵丘会盟”，“九合诸侯，一匡天下”，并得到周室确认，是春秋五霸的首位霸主。

② 前 288 年，秦昭王和齐湣王相约共同称帝，秦王为西帝，齐王为东帝。

临淄位于淄水与系水之间，山东中部山地与华北平原接壤处，北依平原而南靠稷山（图 4–6）。明代城址四门悬挂“淄流斜抱”（东门）、“愚岭遥盘”（西门）、“牛峰翠蔼”（南门）、“渑池衿带”（北门）四块牌匾。

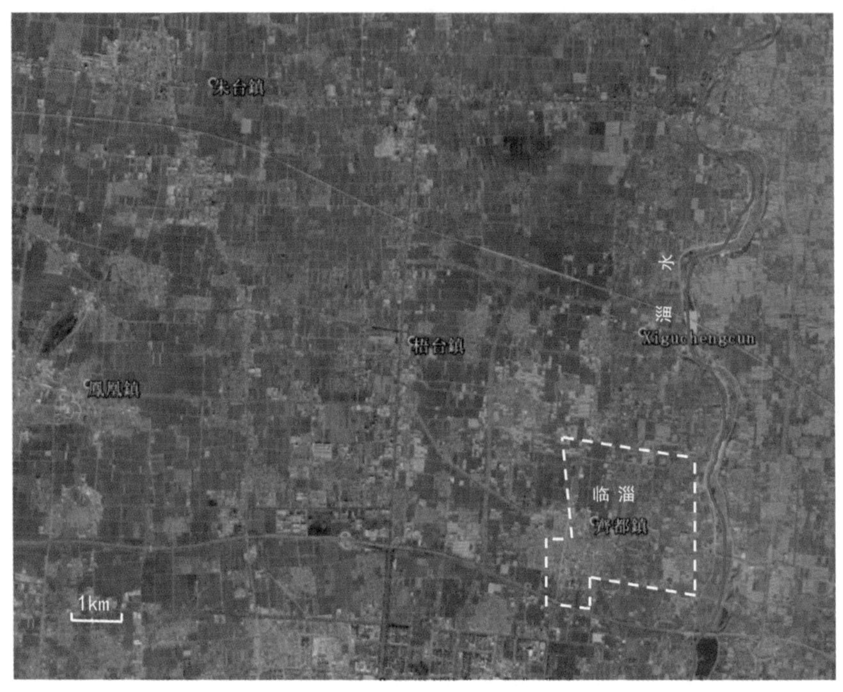

图 4–6　齐临淄位置示意图

资料来源：根据 Google 地图绘制

临淄城址充分利用自然水系资源，将天然河流、城市防护壕沟和城内排水系统作为一体处理，其大城城址东临淄水西岸，城垣结合河流走势而曲折凹凸（城垣拐角 14 处），且利用西岸高而陡峭的岸壁使之成为城东垣一部分；城址垣外都挖有城壕，宽 25 至 30 米，深 3 米以上；大城小城内均有排水系统，与城外水系相连通。[①] 城址分有大小两城，小城（宫城）位于大城西南角。大城南北长约 4.5 千米，东西宽 3.5 千米，小城南北长 2 千米，东西宽 1 千米，两城毗邻，共用城垣，合计面积约 16 平方千米。[②] 大城内干道纵横，呈现“井”字形路网格局，主要道路有 17 米至 23 米宽，其中两条东西向的大道，分别为“庄”和“岳”，之间的

① 群力．临淄齐国故城勘探纪要 [J]. 文物，1972（05）：45-54.

② 韩欣宇．两周时期齐临淄城址演变与山水格局研究 [D]. 山东建筑大学，2014.

区域，便是《孟子·滕文公下》所言的齐国最繁华的“庄岳之间”①（图 4–7）。

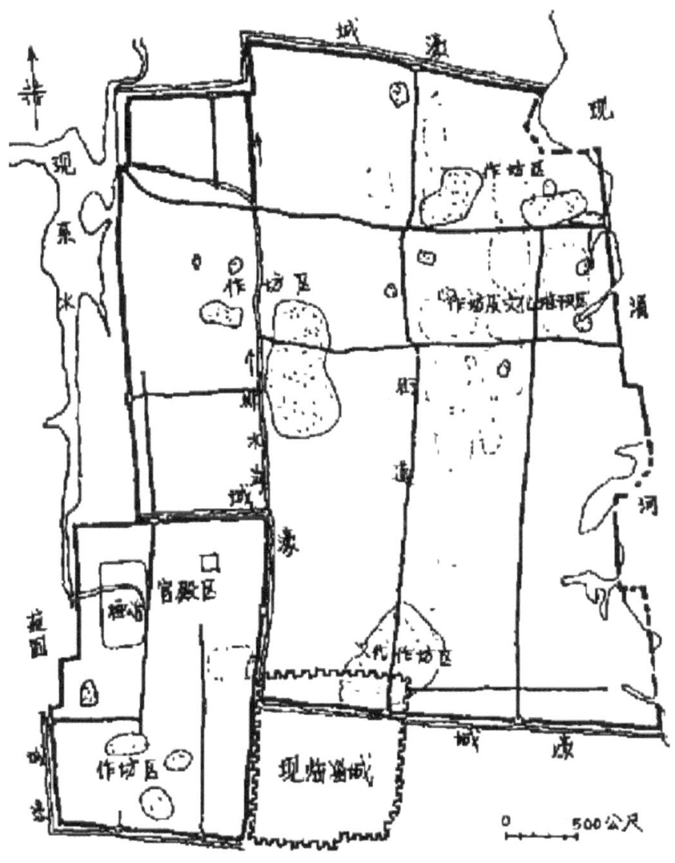

图 4–7　齐临淄城

资料来源：吴庆洲．中国古城选址与建设的历史经验与借鉴（下）[J].
城市规划，2000，24（10）：31-36

小城晚于大城建设。有研究考证，宫城原处于春秋期间所筑大城内，至战国初年，田氏代齐后，宫城才重新选址于大城西南角②，自成一隅，与大城共用部分城墙。大小两城址，彼此独立、相互依存，但值得注意的是，小城（宫城）对大城防御态势明显，在小城与大城交界处，是临淄城址防护最严密的地区：小城与大城共用的城墙，即北墙东段和东墙北段，墙基宽度达到 55 ~ 67 米，是其他地点城墙墙基的两到三倍；小城北门、东门门道较长，两侧城墙外凸，

① 苏畅，周玄星．《管子》营国思想于齐都临淄之体现 [J]. 华南理工大学学报（社会科学版），2005，（01）：47-52.

② 曲英杰．先秦都城复原研究 [M]. 哈尔滨：黑龙江人民出版社，1991.

类似于瓮城格局，城壕设计成弯曲形，军事防御的意图很明显。另外，小城内北部偏西“桓公台”，台高14米，是全城制高点，为宫殿建筑群所在，除南部为缓坡外，台东、西、北三面均筑成陡坡，呈易守难攻姿态。

春秋时代，礼乐崩坏，臣弑君现象层出不穷，“弑君三十六，亡国五十二，诸侯奔走，不得保其社稷者，不可胜数”（《史记·太史公自述》）。田氏本身便是篡位夺国的获利者，对于篡权之事防范更严，小城（宫城）重新选址后，脱离了复杂而充满危险的大城，平时独处，难时可遁(小城开城门五处)，增强了宫城的防御系数。田氏的齐国，只发生了一次弑君事件。①

(四)赵都邯郸

在列国国都中，始于战国中早期的邯郸，作为都城的历史并不长。邯郸的选址，其实仍是三家分晋事件的后续。公元前386年，赵敬侯将都城选于邯郸，不但有利于赵国北进战略，成为北方的桥头堡，而且独特的地理位置，也有利于都城对南部中原地区的控制与影响。

宏观上看，邯郸位于现邯郸城西南，渚河与沁河之间的冲击小平原上（图4-8）。这个位置处于太行山东麓，是华北平原的交通要道。太行山东麓有一系列的山前台地，串联南北，自古便是南来北往的理想通道。台地再往东便是纵

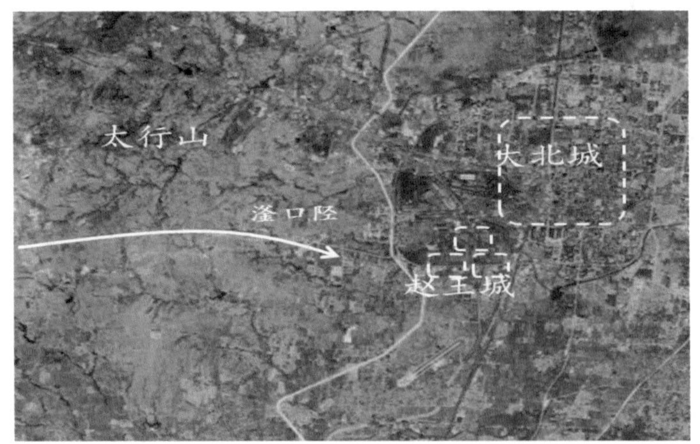

图4-8　赵邯郸城址位置图

资料来源：根据google地图自绘

① 田齐国君7位，只田剡被弟田午所弑，而姜齐国君32位，弑君11次。

横交错的湖泊沼泽，不利于交通。现代京九铁路选线，也是在这一台地带上。太行山脉的东西方向，沿山谷河道，有八条狭窄的通路穿越太行山，即所谓的“太行八陉”，这些东西陉道与南北大道交汇处，便是城市理想选址点。赵都邯郸便位于八陉之一“滏口陉”东出口处。①

邯郸城址形态是一种多层次的多城制②，由两部分组成：宫城与郭城。宫城分为东、西、北三个小城，呈品字形格局，总面积约 5 平方千米。小西城是宫殿区所在，基本为正方形，东西宽 1354 米，南北长 1390 米，城中偏南位置筑有全城规模最大夯土建筑台基——龙台③，台高 19 米，鸟瞰全城。城内还有 2 号夯土台基，俗称“茶棚”，3 号夯土台基，俗称“龟盖”。三个主要宫殿建筑，组成了西城南北向的中轴线（图 4–9、4–10）。

宫城北部与大北城相互独立，并不相连（约间隔 100 米），大北城“平面呈不规则的长方形，南北最长处 4880 米、东西最宽处 3240 米，面积约为 1382.9 万平方米”④，城西垣北端呈曲折状，应是利用了水系走向砌筑城壕的结果。城内手工作坊、居住区等生活遗址远比宫城丰富。大北城建设时间早于宫城，大北城的存在，是邯郸被选址作为都城的重要基础。

邯郸的选址应该有两个阶段。一是大北城阶段，这一时期早于前 386 年，可能是邢国或卫国统治时期建成的，其后为晋所得（赵氏直接控制），加以扩大；第二是都城阶段，公元前 386 年，敬侯都邯郸，利用原有大北城，新建品字形宫城。这又一次说明，城市选址并不只是建城之初的静态行为，而是动态持续的过程，既包括城市最初选址建设举措，也包括后期更改城市性质和更改城市形态等重大建设事件。

邯郸的城市选址，包含两个过程，一是作为一般城邑的初始选址，这一过程可能在西周中前期，但春秋之前文献甚少提及邯郸城；二是作为国都的后期选址，赵国都城选址邯郸，在宏观上把守山原交通要道，攻守合宜，微观上依托已有的大北城西南、渚河两岸建设独立的宫城。

① 李晓聪 . 历史城市地理 [M]. 济南：山东教育出版社，2007：84.

② 严文明 . 赵都邯郸城研究的新成果 [N]. 中国文物报，2009-07-08（004）.

③ 梁建波 . 赵都邯郸和郑韩故城比较研究 [D]. 河北师范大学，2016：7.

④ 河北省文物管理处，邯郸市文物保管所 . 赵都邯郸故城调查报告 [C]//《考古》编辑部 . 考古学集刊 [J]. 中国社会科学出版社，1984：176.

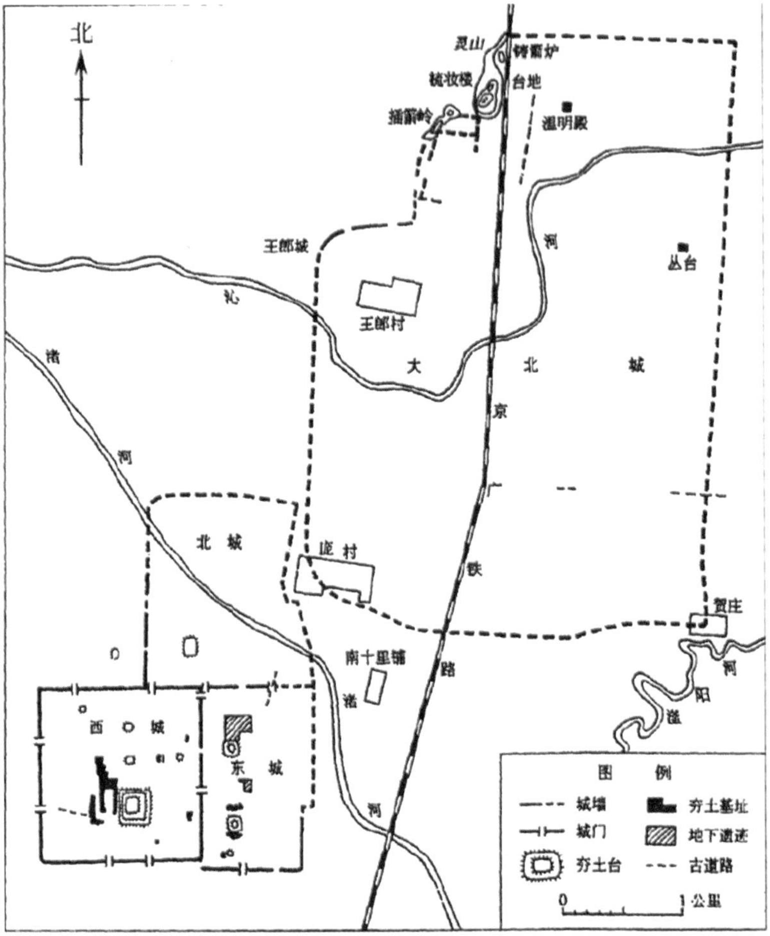

图 4-9　赵邯郸城址平面图

资料来源：河北邯郸市区古遗址调查报告[J]. 考古，1980（02）.

图 4-10　赵邯郸城址遗址

资料来源：自摄

（五）新郑郑韩故城

新郑原为郑国都城，建于平王东迁洛邑之时，即东周开始的年代。三家分晋后，公元前 375 年韩哀侯灭郑后迁国都于此。至前 230 年秦灭韩，郑作为郑国、韩国国都约 545 年，时间长度仅次于齐国都城临淄。

同赵邯郸一样，新郑郑韩故城城址，有明显的兼顾性，位于太行山脉和秦岭山脉相交结束处，西靠山脉，东控豫东平原（图 4–11）。城址具体落于双洎河与黄河古道交汇处，分为东西二城，总面积约 17 平方千米，西城为宫城，是韩迁都后加设，东城为郭城，面积为西城两倍，韩都新郑后进行了增修，设置了宗庙和社稷。受城外两条水系的走向影响，新郑城址极为不规则，为北宽南尖的三角形，有所谓“四十五里牛角城”之说。

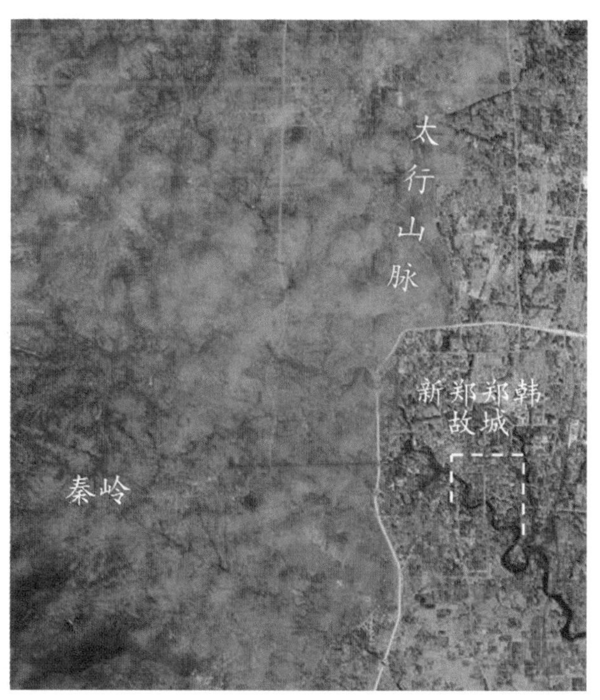

图 4–11　新郑郑韩故城位置示意图

资料来源：根据 Google 地图绘制

西城为略长方形，北墙长 2400 米，东墙（分隔两城的隔墙）长 4300 米，城内有小城一座，东西约 650 米，南北约 750 米，筑有高台，小城城内宫殿建筑基础遗址分布密集;东城平面呈不规则四边形,北墙约1800米,东墙长5850米,城内居住遗址较多,也出土了陪葬或祭祀的大量青铜礼器。原郑都的宫庙建筑在东城的“梳妆台”,且构图严谨,呈轴线排列。有研究认为新郑郑国宫城的“太庙、宫殿、社稷、仓廪、邦墓的近直线布局可能开了后代城市中轴线对称布局的先河”[①],但韩迁都后,毁“梳妆台”,改其为铸铁作坊。

新郑重视城市防御,其城墙底宽40至60米,城外无河流水系处均挖有城壕,宽度为20至50米,垣、壕均为诸侯国国都中较宽大者。现勘探的东城北城门,城外50米处发现有夯土墙基,与城墙缺口两侧凸出的墙体合围成瓮城[②],这与《诗经》中的记载相符[③]。西城尤为防御重点,城墙增设马面,为目前战国诸国国都考古之仅见,宫城另筑垣、壕,垣厚15至20米(图4-12)。

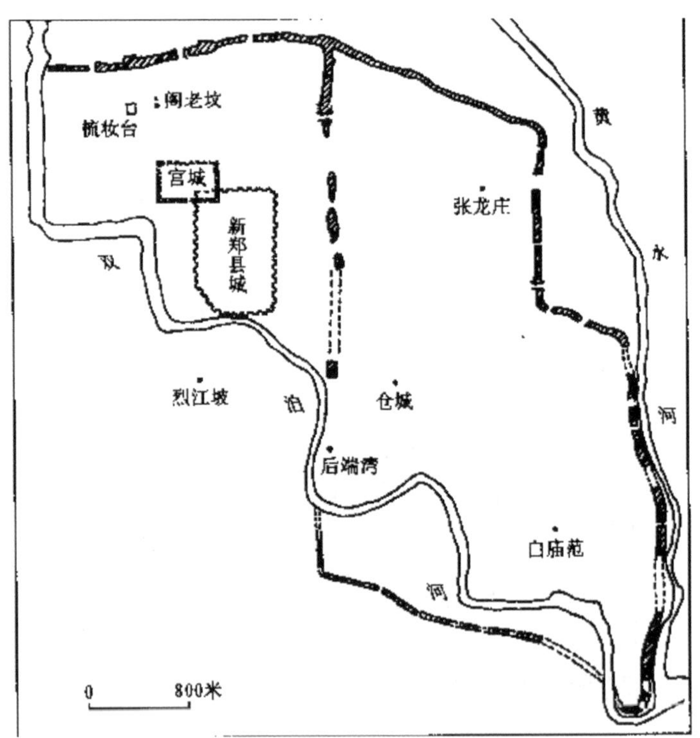

图4-12　新郑郑韩故城平面图

资料来源:许宏.先秦城市考古学研究[M].北京:燕山出版社,2000:92.

① 马俊才.郑、韩两都平面布局初论[J].中国历史地理论丛,1999(02):121.

② 温小娟.郑韩故城发现战国时期瓮城[N].河南日报,2017-03-14(010).

③《诗经·郑风》:“出其东门,有女如云。出其闉阇,有女如荼。”闉阇即城门外瓮城的重门。

新郑郑韩故城的选址，应分为两次，一是郑国南进，取虢、郐，定都新郑；二是韩国开国，南下取郑国，拓其都城为韩都。西周时期，郑国封地在陕西华县，宗周附近，郑桓公因西周的周王室现亡国之象（周幽王时期），举国迁往中原地区的济、洛、河、颍之间，建都新郑①，并灭附近的虢国和郐国。新郑靠近东周王室的洛邑，是中原腹心地区。韩哀侯在分晋之后，意图南下过黄河发展，不能进攻周王所在的洛邑地区，只能取郑国而代之②，将都城由原来的平阳，迁往新郑③。

新郑的选址优劣并存。好的方面，新郑地理位置较好。新郑位于华夏文明腹心地区，东接宋国，西连成周，北与卫国隔河相望，南邻许、陈等国，交通条件较好。新郑处中原要津，所谓“天下之枢”，陆路交通四通八达，水系也很发达，东门之外便是码头，熙来攘往，“出其东门，有女如云”。依托交通优势，加上郑人重商，新郑成为全国著名的商业都会，“东贾齐、鲁，南贾梁、楚”（《史记·货殖列传》）。新郑矿产资源较丰富。南渡黄河后，韩获取了新郑西侧的宜阳铁矿，极大增强了自身兵器工业的生产水平，苏秦曾称赞“天下之强弓劲弩，皆自韩出，……皆陆断马牛，水击鹄雁，当敌即斩坚”（《战国策·韩策》）。新郑军事防御有优势。绕城的两河河道，不但能节约新郑城建成本和周期，而且给新郑构筑了自然的防御工事，且新郑城外，西南三十里有陉山要塞，西北有成皋关口，东北则是圃田沼泽和马陵险道④，处于易守难攻的军事区位，战国末年韩非子说“今伐韩，未可一年而灭”，是有道理的。

但同时，新郑的选址有两个主要问题。一是农耕条件不好。郑国和韩国整体上土地都比较贫瘠。建都新郑的郑国多山地，可耕种土地有限，土地不肥沃，《汉书·地理志》说郑国“土陋而险，山居谷汲”，不利于农耕。作为国都，

---

①《汉书·地理志》：“郑桓公问于史伯曰：‘王室多故，何所可以逃死？’史伯曰：‘四方之国，非王母弟甥舅则夷狄，不可入也。其济、洛、河、颍之间乎！子男之国，虢、会为大，恃势与险，崇侈贪冒，君若寄帑与贿，周乱而敝，必将背君；君以成周之众，奉辞伐罪，亡不克矣。’”

② 南下第一步，便是取成皋（虎牢关）。《战国策·韩策》：“三晋已破智氏，将分其地。段规谓韩王曰：‘分地必取成皋。’韩王曰：‘成皋，石溜之地也，寡人无所用之。’段规曰：‘不然。臣闻一里之厚，而动千里之权者，地利也。万人之众，而破三军者，不意也。王用臣言，则韩必取郑矣。’王曰：‘善。’果取成皋，至韩之取郑也，果从成皋始。”

③《史记·韩世家》：“哀侯元年，与赵、魏分晋国。二年，灭郑，因徙都郑。”

④ 马俊才．郑、韩两都平面布局初论 [J]. 中国历史地理论丛，1999（02）：117.

新郑仅仅处于郑国国内相对农耕条件较好的豫东平原而已。韩国的面积虽比郑国扩大很多，但依然农业基础不好，“韩地险恶，山居，五谷所生，非麦而豆；民之所食，大抵豆饭藿羹；一岁不收，民不厌糟糠；地方不满九百里，无二岁之所食”（《战国策·韩策》）。郑韩二国的都城选择，都未能打开农耕的新局面。二是军事环境不好。新郑处于四战之地，郑国（韩国）几乎年年都要应对各种战争，有所谓“春秋战争之多者莫如郑，战国战争之多者莫如韩”（《玉海·诗地理考》）的说法。究其原因，还是国都新郑的地理位置决定的。新郑位于南北交通中心，毗邻周室，处于四战之地。周围大国的所有军事图谋都会与郑或韩冲突，“不管是齐的西征、秦的东扩、还是晋的南攻、楚的北进，兵锋无不直指郑国”[①]。相比之下，楚国的郢都、秦国的栎阳、赵国的邯郸、齐国的临淄，都处于相对安全的军事环境中，最多一面受敌之迫。

新郑选址的优与劣，也从一个方面说明城市选址的复杂性、多维性。

（六）燕下都

燕国是西周初年召公奭的长子燕侯克所封之国，其最早的都城位于今北京房山的琉璃河附近，其具体情况前章已述。终姬燕国八百年历史，都城迁徙频繁，目前可以查到的有五次之多。究其原因，还是严酷的外部生存环境所迫：“外迫蛮貉，内措齐晋”而已（《史记·燕召公世家》）。燕下都是姬燕第四个都城，建于春秋晚期，《水经注·易水》记载：“易水又东经易县故城南，昔燕文公徙易，即此城也。”当时燕有二都，上都为蓟城，城址位于现在的北京，两都互为犄角，唇齿相依，其中下都面对中原腹地，军事责任重于上都。

在北方戎狄部落频繁南侵压力下，燕文公被迫向南迁都一百多千米，选址筑城于易水北岸的“易”，即燕下都。燕下都与赵邯郸一样，虽地处平原，但西靠太行山脉，位于太行八陉的“蒲阴陉”出口处（图 4–13），且也占据南北向岗地链形成的要道，其西北有紫荆关扼守，其东为华北平原，利于农耕展开，南控齐鲁通道。城址又介于中易水和北易水之间，取水方便，利于防守。战国末年（前 227 年），秦王翦拔下都后，上都次年即陷。

① 李慧芬．子产治郑的策略研究 [D]. 陕西师范大学，2006：2.

图 4–13 燕下都

资料来源：根据 Google 地图绘制

燕下都规模较大，东西长 8 千米，南北宽 4 千米，总面积约 35 平方千米，城址中间有南北向的 1 号古河道（运粮河）及沿河而设的城垣，将下都分为东西城。东城为主城，东西 4500 米，南北 4000 米，文化遗产较多，呈方形，城内东部位置为宫城，并筑有城垣。宫城内有数个带有陶质下水道的大型夯土台基（武阳台），应为宫殿遗址的基础，且这些台基坐落在一条直线上①，有明显的序列和对称性。东城城外都设有城壕，南北利用中易水、北易水为壕沟，东西壕沟则是 1 号河道（运粮河）和 2 号河道，另有三条人工运河，由北易水引入城内。西城也呈方形，东西 3500 米，南北 3700 米，城内基本无居民点的生活遗存，只发现兵器等文物，可能为驻屯士兵的堡垒（图 4–14）。

① 李晓东．河北易县燕下都故城勘察和试掘 [J]. 考古学报，1965（01）：83-106，176-181，216.

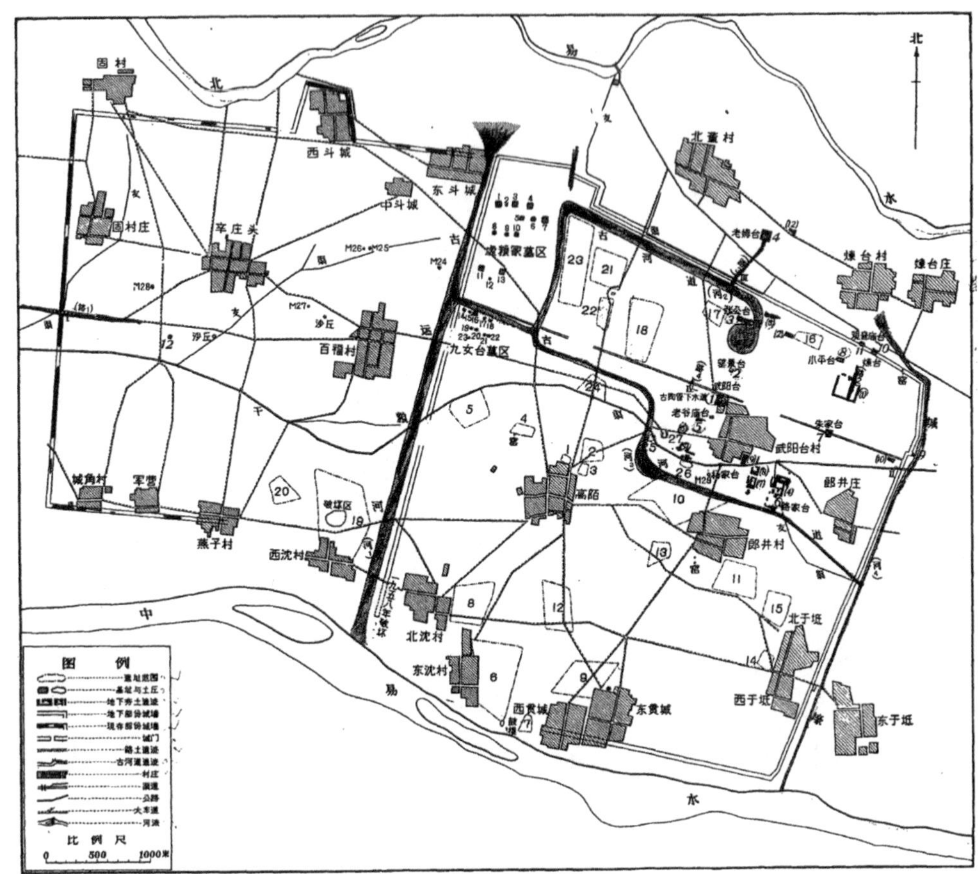

图 4–14　燕下都遗址平面图

资料来源：李晓东．河北易县燕下都故城勘察和试掘 [J]. 考古学报，1965，（01）.

燕下都城址特点在于城防规模大，城址面积在诸侯国国都中是比较大的①；分割双城的 1 号古河道，北侧宽度 40 米，南侧宽度 90 米，比一般的河流都宽阔；城垣基础宽 40 米左右，城壕深 4–5 米；城内高台林立，宫殿区的“武阳台”目前仍高出地面 11 米。②庞大的城防体系，带有强烈的北地燕国地域特色，加之考古发现的大量人骨，说明当时燕下都所处的尖锐而激烈的战争环境。③

与其他双城格局的东周城市不同，燕下都的西城并不具有经济政治活动职

① 目前资料显示，除了秦咸阳外，燕下都面积最大，而秦咸阳为散点式城市，不好比较。

② 康文远．新中国对燕下都的勘探 [J]. 文史精华，2009（S2）：61-63.

③ 在历次考古发掘中，燕下都发现人头丛葬 14 处，人头 2 到 3 万颗。

能，不是“郭”城，可能仅是卫戍部队的驻防地而已。[①]

（七）灵岩古城

灵岩古城位于今苏州西部山区，太湖与木渎镇相夹的山间盆地中。古城城址形态不规则，规模巨大，东西最长6820米，南北最长6728米，周长45华里[②]（鲁都曲阜周长28华里，齐都临淄周长35华里），总面积约24.79平方千米，分为大城、小城、郭城三重。郭城包括大城、小城和部分山峦；南城为大城，城址利用自然山丘，形成“由灵岩山、大焦山、五峰山、砚台山、穹窿山、香山、胥山、尧峰山、七子山、姑苏山等山脉所围成的区间”[③]，呈东西向不规则长方形；北城靠五峰山，为小城；城内另有合丰小城、千年寺小城、惠家场古城等独立城堡，似为了防御而设置（图4–15）。

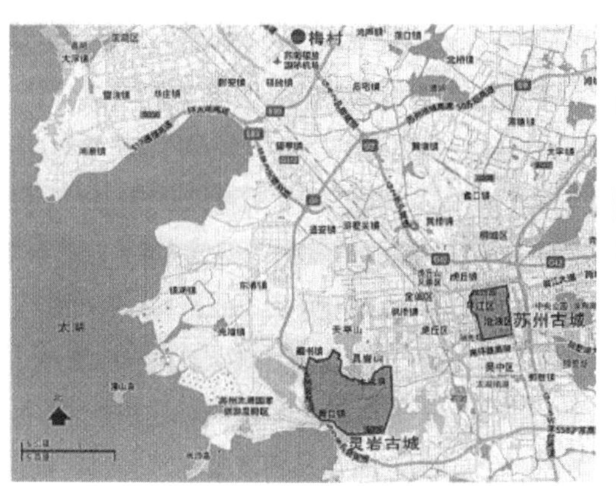

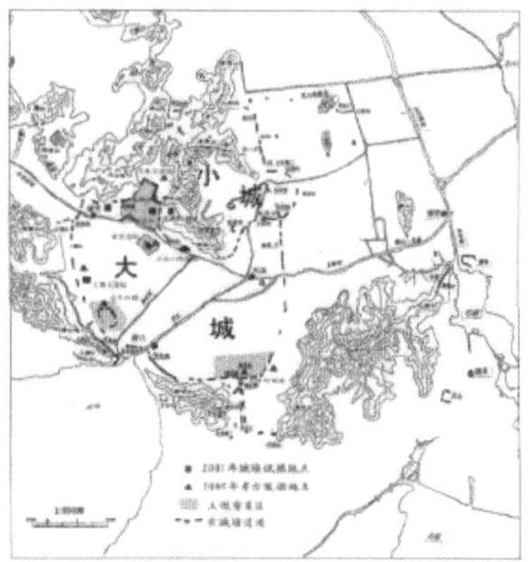

图4–15　灵岩古城位置图

资料来源：乌再荣．春秋晚期吴国都城的选址及功能布局试探[J]. 建筑师，2012（4）：59–65.

从目前考古工作看，灵岩古城的城内格局还不清晰，尚未出土重要的文物，尤其未见能证明城址名称的器物，但从城址规模宏大、垣壕并设、城垣筑造考究、城内手工作坊性质、墓葬等级等方面分析，灵岩城是“春秋晚期具有都邑性质的城址”[④]。

① 贺业钜．中国古代城市规划史[M]. 北京：中国建筑工业出版社，1996：286.

② 此“华里”为周制，下同。

③ 张照根．苏州春秋大型城址的调查与发掘[J]. 苏州科技学院学报（社会科学版），2002（04）：93-96.

④ 徐良高，张照根，唐锦琼，孙明利，付仲杨，宋江宁．江苏苏州市木渎春秋城址[J]. 考古，2011（07）：26.

东周时期吴国曾筑有都城（阖闾元年，前514年），文献称为“阖闾城”“吴大城”，历史上长期将苏州城作为东周的吴都所在，但一直未有直接的考古学证据支持。20世纪80年代末期，学界始有质疑之声[①]，认为苏州始建于汉代[②]，并非吴王阖闾所建之国都。灵岩古城的多次考古所发现，支持了这一观点。

传说中吴越两国，是商末周族庶子太伯、仲雍为让位姬昌，奔荆蛮，文身断发所建的边国。春秋中期，吴王寿梦（阖闾祖父）积极融入中原华夏文化圈，“朝周，适楚，观诸侯礼乐”（《吴越春秋·吴王寿梦传》），与中原各诸侯频繁结盟[③]，试图以华夏嫡系的身份，介入中原权力分配格局。到阖闾当政时，吴国已是春秋大国，在南方压制越国，与楚国抗衡，向北进击陈国、蔡国。阖闾的政治目标是“安君治民，兴霸成王，从近制远”，提出的方案是：筑城郭，立仓库，因地制宜（《吴越春秋·阖闾内传》），灵岩古城就是在这一背景下修筑的。

吴都建设完全摒弃中原通行的礼制规定，城址规模极大，城址形态依山就势；一切从实用和理性出发，与《管子·乘马》的基本观点比较接近。

具体而言，吴都灵岩古城选址与营建，具有以下几个特点：

一是重视区域生态条件，即“相土与尝水”。这是通过草木的茂盛程度判断土地的肥沃，测量城址的方位，调查水源的质量，建城立国。[④]灵岩古城建设的目的，就是成为大国之雄都，古城选址的经济性、安全性尤为重要。《吴越春秋·阖闾内传》记载：“子胥乃使相土尝水，象天法地，造筑大城。”

二是重视都城代表的秩序与权威。《吴越春秋·阖闾内传》记载：“陆门八，以象天八风，水门八，以法地八聪。”同样是传递王权的威严与王朝的秩序，规划师（伍子胥）并没有使用中原诸都城的几何居中布局手段，而是以天庭的布局来规范人间的场景，以人间的秩序来映射天庭的秩序，这是中国王朝寻求

① 钱公麟．春秋时代吴大城位置新考 [J]. 东南文化，1989（Z1）：137-142.

② 钱公麟．论苏州城最早建于汉代 [J]. 东南文化，1990（04）：67-70.

③《左传·襄公五年》：“公会晋侯、宋公、陈侯、卫侯、郑伯、曹伯、莒子、邾子、滕子、薛伯、齐世子光、吴人、鄫人于戚。”《左传·襄公十年》：“十年春，公会晋侯、宋公、卫侯、曹伯、莒子、邾子、滕子、薛伯、杞伯、小邾子、齐世子光会吴于柤。”

④ 据《汉书·晁错传》解释，相土尝水即“相其阴阳之和，尝其水泉之味，审其土地之宜，观其草木之饶，然后营邑立城，制里割宅”。

政权合法性，在都城选址上的另一种表达的开端，具有开拓意义。此外，三重城垣、居高立宫、宫城居中的城市格局，也是象天思想的表达。

三是数术的使用。数术是“查象推数基础上的吉凶占卜之术”[①]，本质上是中国巫术的后期发展形态。殷商时代，包括姬周早期，城市选址都大量使用占卜手段，确保城址符合神意。灵岩古城的建设，尤其是在城门的开设上，则大量使用了巫术中的厌胜与八卦方法。阖闾欲出兵破楚，楚在吴国西北，建城时故立阊门，名之破楚门；欲东并越，越在东南，故立蛇门以制。吴在辰，其位龙也，故小城南门上反羽为两鲵鱙以象龙角，又因越在巳地，其位蛇也，故南大门上有木蛇，北向首内，示越属于吴也。这是将吴国的军事抱负与城门设计结合起来。另外，为防止越人攻入，专门不开东门，“不开东面者，欲以绝越明也”（《吴越春秋·阖闾内传》）。

吴都灵岩古城的建城者把宏观层面的理性务实与微观层面的神秘务虚结合了起来，前者与吴一方面介入中原文化圈，引入华夏价值观的国策有关；后者则与吴地处偏远，“断发文身”，巫术传统强大的地域特色有关。这种结合，体现了“实践理性”的某些基本特点，即“重经验、重传承、重实效”。

四、地方城市选址

除了都城，各诸侯国还有大量的别都、大邑、一般性的城邑和军事城堡，面积一般不大于10平方千米。这些城邑，目前进行了考古发掘的，大概有三百余处[②]，兹以晋国晋阳城、秦国成都两城为例介绍其选址特点。值得注意的是，地方城邑的选址，首先是政治行为，与其城主或君主的政权发展状况密切相关，故而选址特点首先反映的是现实政治、军事情况。

（一）晋国晋阳城

晋国原名“唐”国，是周初武王之子、成王之弟叔虞的封国，在黄河与汾

① 邵鸿，耿雪敏. 战国数术发展初探 [J]. 山西大学学报（哲学社会科学版），2013，36（02）：92.

② 按照许宏的统计，1平方千米至10平方千米之间的，有100座，1平方千米以下的，有201座。许宏. 先秦城市考古学研究 [M]. 北京：燕山出版社，2000：109-116.

河东面，西周时期改名为“晋”。西周末年，晋文侯在周王室东迁洛邑时起到了很大的作用[①]，尤其是在二王并立的局面中，坚定地站在平王阵营，文侯亲自袭杀了周携王，迎立周平王于少鄂，得再造周室的首功，晋国因此崛起，向东、北方向极力拓展，从原来的百里之国，一跃成为春秋时期的第一大国。

图 4–16　晋阳古城位置图

资料来源：根据 Google 地图绘制

文侯之弟恒叔封于曲沃，僭制拓展城邑面积，甚至超过了当时晋都翼城。接踵而来的是曲沃以大都而谋国的历程，这一历程经历了近 70 年，弑 5 君，逐 1 君，最终，恒叔（姬成）一支战胜文侯（姬仇）一支，曲沃代翼成功，小宗取代大宗，来自曲沃的晋武王入主宗庙。出于对内战的警惕，晋武王之后，历代晋君对于同姓宗族都异常严苛，甚至发生过筑城“聚”（今绛县南城车厢城），

①《国语·郑语》：“晋文侯于是乎定天子。”

集公族子弟居住，然后屠城的血腥事件。公族被灭，异性的六卿[①]势力突起，春秋后期，晋国国君乏力，六卿相互倾轧，智氏、赵氏、魏氏、韩氏参与最后角逐，最终在晋阳的战场上，后三者联合消灭最强大的智氏，三分晋国为魏、韩、赵。

晋阳城为这一时期的赵氏之赵简子所建。适逢乱世，不仅国际上诸侯间互相攻伐，晋国国内政出多门，众卿以生死相搏（赵氏曾于春秋中期的下宫之难中险遭灭门）。晋阳城作为赵氏的根据地，自然将军事防御因素放在首位。

晋阳所在的太原平原，是山西黄土高原上最大的一块平地[②]，是由太行、太岳、吕梁山脉围合而成的平坦地带，包括了现临汾、运城地区，“太原”二字本就与地形相关。太原平原占据黄土高原北侧突出部，扼守多个关口，且土地肥沃，大河众多，是足以立国之地。“其东，则太行为之屏障，其西，则大河为之襟带，于北，则大漠、阴山为之外蔽，而勾注、雁门为之内险。”（《读史方舆纪要》）又因位于农牧分界线的要冲，太原地区也是民族融合和冲突的前线。赵简子正是因此选址于太原地区筑城，以此作为赵氏的宗邑，即基本根据地。《国语·晋语》载，赵简子派属下尹铎建设晋阳，并明确晋阳是赵氏保障，不是粮赋之地，“无以晋阳为远，必以为归”[③]。

晋阳城址的选择和建设，突出反映了“宗邑”的这一性质。城址坐落于吕梁山东麓与汾河西岸之间高亢的平坝地区。城址由于历代叠建以及北宋太平兴国七年（982）的人为毁坏，所存之痕迹已难寻；20 世纪 60 年代的考古工作显示，其城墙夯土坚实，目前遗存的西城墙长 2.7 千米，北城墙长 4.5 千米，墙宽 30 米，残高约 7 米，文献记载此城城墙较高[④]。晋阳城址偏东 18 度，前临台骀泽后倚悬瓮山，城内地形平坦，城外地形险要，相对封闭，且各类地形发育充分，易守难攻；位于汾河的凸岸地，不受水直接冲击，防洪压力小（图 4-16）。

晋阳一直是北方军事、政治重镇，在建城的 1500 余年间，历经赵营晋阳、

---

① 六卿，是晋文公为确保权力设置的军事政治制度，晋平公之后，六卿长期被赵氏、韩氏、魏氏、智氏、范氏、中行氏六家把持。

② 任振河．太原·晋阳的来历与变迁 [J]. 太原理工大学学报（社会科学版），2009（01）：40-45，60.

③《国语·晋语》：“赵简子使尹铎为晋阳。请曰：‘以为茧丝乎？抑为保鄣乎？’简子曰：‘保鄣哉！’尹铎损其户数。简子戒襄子曰：‘晋国有难，而无以尹铎为少，无以晋阳为远，必以为归。’”

④《史记·赵世家》：“三国攻晋阳，岁余，引汾水灌其城，城不浸者三版。”

三家分晋、西汉边镇、前秦国都、东魏霸府、北齐别都、盛唐北京、北宋移城等多个重要阶段。每每在这些历史转折关头，晋阳城突出的防守能力，往往能起到影响历史进程的作用。三家分晋，便是因为围城三年而不克，水攻又不奏效，攻城方的魏、韩联合防守方的赵，消灭攻城方的智氏。北宋初年总结太祖攻晋阳的教训时，宋太宗哀叹："（晋阳）城壁坚完不可近乎。"（《续资治通鉴·卷九》）宋太宗率军围城五个月后终于破晋阳，旋即下旨决汾水、晋水毁城，理由还是晋阳的防守能力过高，"盖以山川险固，城垒高深，致奸臣贼子，违天拒命"（《宋会要辑稿·方域六》）。

（二）秦国成都城

成都地区的重要城址一直飘忽不定。早期的聚落选址于岷江上游河谷地区，如营盘山遗址、沙乌都遗址、波西遗址等，都位于河谷两侧高地之上。迁入成都平原后（公元前 2500 年左右），蜀地主要城址沿岷江中游两侧分布，即宝墩六城。[⑤] 公元前 1700 年左右，古蜀国都城向北迁徙，选址于岷江支流洛水附近，即三星堆。古蜀国后期，公元前 800 年左右，都城又南迁，历经金沙、郫邑[⑥]，最后开明五世[⑦]（春秋末年）定都于现成都北校场附近[⑧]。

这一系列的城市选址尝试，多以失败告终。以上城址除后期的郫邑和成都外，多因城与水的关系处理不好，均被废弃。虽多失败，但蜀人选址建城的过程是不断提升自身认识、不断优化城址性能的过程，也是从懵懂到畏惧、从避水到用水的转变过程。最终，都江堰—郫县—成都这一中脊的优越性凸显了出来，这一中脊地势相对较高，历次选址，都与这条中脊相关。"随着时间推移从南至北、再回归中脊线，并由西向东，向平原中心点接近，直到接近秦代成都城址，即今日成都市中心位置。"[⑨]（图 4–17）

---

⑤ 即新津宝墩古城、大邑高山古城、大邑盐店古城、崇州紫竹古城，崇州双河古城遗址、都江堰芒城古城。

⑥《华阳国志·蜀志》："（杜宇王）移治郫邑，或治瞿上。"

⑦ 扬雄《蜀王本纪》记载开明五世移都成都，《华阳国志．蜀志》则记载开明九世迁都成都。

⑧ You-Hai Tang，Xi Yang. Researches Based on the Inundation-Prevention Oriented Migrations of the Major city sites of Chengdu Plain in Pre-Qin Dynasty Period [J]. Journal of Disaster Mitigation for Historical Cities，Vol. 8

⑨ 张蓉．基于防灾的成都古城创建过程 [J]. 华中建筑，2010（07）：165.

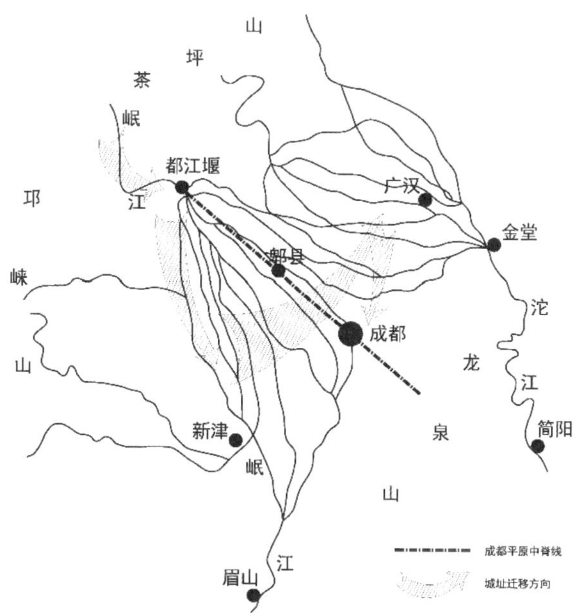

图 4–17　成都平原古城址与中脊线

资料来源：张蓉．基于防灾的成都古城创建过程[J]. 华中建筑，2010（07）：166.

秦于前 316 年入蜀后，前 314 年设蜀郡，前 311 年太守张若建三城①，成都、郫邑、临邛。成都城沿用了原古蜀开明王朝的旧址重新建设，由少城和大城组成，双城并列，共用一道城墙，“亚以少城，接乎其西”（左思《蜀都赋》），二城“周回二十里，高七丈”（《华阳国志·蜀志》）（图 4–18）。据说张若筑城时有诸多不易，如城墙屡筑屡塌②，后于城外十里取土才成功筑墙③，这可能与成都城址的土质不佳有关。

成都城址虽号称与“咸阳同制”，但只是内部格局和基本功能仿照咸阳城，“内城营广府舍，置盐铁市官并长、丞。修整里阓，市张列肆，与咸阳同制”（《华阳国志·蜀制》），其城址形态完整闭合，与咸阳散点布局不同，且城并不规则，非方非圆，曲缩如龟，故成都也被称为“龟城”④。其实东周时代，筑城时的城墙曲角处理是主流，如郢都、曲阜等城。

①《蜀王本纪》：“秦惠王遣张仪、司马错定蜀，因筑成都而县之。”

②《太平寰宇记》：“仪筑城，城屡坏不能立。”

③《水经注·卷三十三》：“张仪筑城，取土处去城十里，因以养鱼，今万顷池是也。”

④《搜神记·卷十三》：“秦惠王二十七年，使张仪筑成都城，屡颓。忽有大龟浮于江，至东子城东南隅而毙。仪以问巫。巫曰：‘依龟筑之。’便就。故名‘龟化城’。”

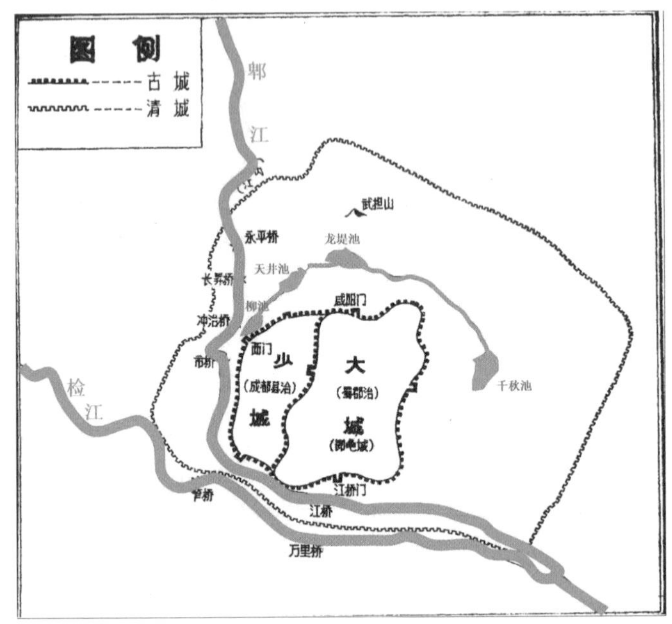

图 4–18　成都城郭图

资料来源：四川省文史研究馆．成都城坊古迹考 [M]. 成都时代出版社，2006.

成都城址沿用开明城址建设了新成都城，有两方面好处。

一是城址位于成都平原腹部中心的位置，所谓“居中”，有利于加强对周边地区的控制，并防止古蜀国的复辟。古蜀立国较久，与中原往来并不频繁，且蜀地地方势力盘根错节，新覆之后，暗潮涌动。事实上，秦入蜀后，立了数个傀儡政权，如陆续立通国、恽、绾等开明王朝后裔为蜀侯，但仍遭遇蜀人数次反叛①。

二是现有城址经过了蜀人千余年的长期选择，有一定的科学性。除了前文所述的都江堰—郫县—成都这一中脊与河流平行，其坚实而高亢的优越性在开明王朝时期被发现。蜀人选址城邑，已经初步完成了从懵懂到畏惧、从避水到用水的转变，能在选择佳址的同时对水系进行改造、减少水患。如金沙文化时期，在金沙遗址北部摸底河，发现众多竹笼模式制作的石埂子，推测其是用以疏导的小型水利设施遗迹②。这说明蜀人处理人地关系时开始由被动选择转为主动适

①《华阳国志·蜀志》记载：“六年，陈壮反，杀蜀侯通国。三十年，疑蜀侯绾反，王复诛之。”

② 段渝．成都通史 [M]. 成都：四川人民出版社，2011.

应、由消极转为积极。这为其后李冰改造成都平原水系提供了经验与示范。

成都城在城市形态与格局上因地制宜，基本不受礼制规定束缚。值得注意的是，蜀地地方城市，如郫邑和临邛，城市选址与水系关系密切。有学者认为，蜀地开水利建设之先河，集水利建设之大乘："吾国言水利，蜀为最先。蜀水之利，都江堰为最著。大禹蜀人也，开明蜀帝也，李冰蜀守也，俱有功于蜀，此后踵武前贤，功在生民者，项背相望。"[①]城市与周边环境是互动关系，正是都江堰等一系列水利工程的建设，改变了成都平原城邑的选址条件。李冰改造都江堰后，又改两江走向，"蜀守李冰凿离堆，避沫水之害，穿二江成都中。此渠皆可行舟，有余则用溉，百姓飨其利"（《史记·河渠书》），使得成都平原"水旱从人，不知饥馑。……时无荒年，天下谓之天府"（《华阳国志·蜀志》）。因有此城，斯有此水，因有此水，城乃永固。

五、秦咸阳选址

秦帝国（公元前 221 年）的建立，也就意味着"先秦"时代的结束。秦帝国时期的城市选址并不是本书的研究重点，但秦咸阳城市选址是较为特殊的例子，对其的梳理与分析，可为先秦城市选址研究提供补充。秦咸阳的特殊性来自其选址建设的周期长达 100 余年（公元前 350 年至公元前 210 年），时间上跨越了先秦和秦帝国两个时期。这 100 余年里，咸阳城屡屡增建离宫别苑，"咸阳"的概念不断扩张，空间形态不断变化，从"点状"的都城演变成"面状"的都城。了解秦咸阳的选址脉络，有助于对先秦城市选址的总体理解。

秦西周时期定都秦邑，其活动区域在今甘肃天水盆地一带[②]，春秋之际秦人东越陇坂，沿渭河北岸而下，进入关中平阳地区，揭开了秦人五百余年的迁都历程，历代都城包括雍城、汧、汧渭之汇、平阳、泾阳、栎阳，最终定都于渭水北岸的咸阳，并据此福地，开疆拓土，吞灭六国，实现了大一统的至高理想。

咸阳城时空跨度皆大，不但是东周时期秦国都城，也是秦帝国首都，其上承东周时期因地制宜的选址传统，不受方正、规矩、对称的周制约束；下启汉

① 郑肇经．中国水利史 [M]. 上海：上海书店，1984：258.

② 杜忠潮．试论秦咸阳都城建设发展和规划设计思想 [J]. 咸阳师专学报 1997（06）：31.

唐大国的国都气魄，将都城城址置于大地理格局中，轴线、对景、宫苑突破城郭限制，大尺度选址，法天之格局，手法写意恢宏，刻意营造帝都气势。

（一）宏观与微观选址

1. 宏观选址

咸阳所处的关中盆地中部，南临渭水，东望黄河，北有岐山、九嵕山、嵯峨山，西有陇山、岍山。军事格局上，被山带河，易守难攻。重山环绕的关中地区地势较高，与外界沟通只有四座关口，即东面函谷关、东南武关、西面大散关以及北面萧关，退可扼关自守，攻则出关顺江东进，即所谓“阻三面而守，独以一面东制诸侯”，亦即西汉初期娄敬所言的“四塞以为固”“扼天下之亢而拊其背也”（《史记·刘敬叔孙通列传第三十九》）。

关中平原还有土地肥沃的优势。在《尚书·禹贡》中，关中地区被称为“雍州”，土地性质是“厥土惟黄壤”，等级属于“惟上上”。在铁器农具未普及之前，松软肥沃的黄土层，利于木质或石质的农具作业，是农耕文明最好的立足发展地区。古关中河网密布，水系发达，司马相如的“荡荡乎八川分流，相背而异态”（《上林赋》），所言重点即水系众多，如今可考证的水系有泾、浐、灞、沣、镐、潏、涝、汧、雍、戏、洛等，梳状分布在渭水两侧。关中地区还有散布各处的湖泊沼泽，如“位于汧水上游的弦蒲薮，位于三原、泾阳两县之间的焦获泽、位于潼关西南的阳华薮以及滮池、镐池、兰池”①。

秦人虽原为以养马为业的游牧民族，但在天水盆地时期，就已经具备了“华戎交汇、农牧并举”②的特征；秦人脱离天陇山、定都雍城之后，农耕经济的比重进一步上升，③土地松沃、水系发达的关中地区无疑是上天赐予秦人的膏腴之地。“关中自汧雍以东至河华，膏壤沃野千里，自虞夏之贡，以为上田”（《史记·货殖列传》），纵观秦人的迁都足迹，从雍城到泾阳、从栎阳到咸阳，均围绕在关中平原的渭河北部，不舍不弃（图4–19）。

① 张慧．先秦生态文化及其建筑思想探析[D]．天津大学，2009：217.

② 雍际春．论天水秦文化的形成及其特点[J]．天水师范学院学报，2000（04）：54.

③ 通过随葬陶仓等储藏类明器的考证，可证明秦国在春秋中期就已经有了较为发达的粮食生产水平。详见：吴晓阳．秦汉墓葬中陶仓、囷现象浅析[J]．古今农业，2012（02）.

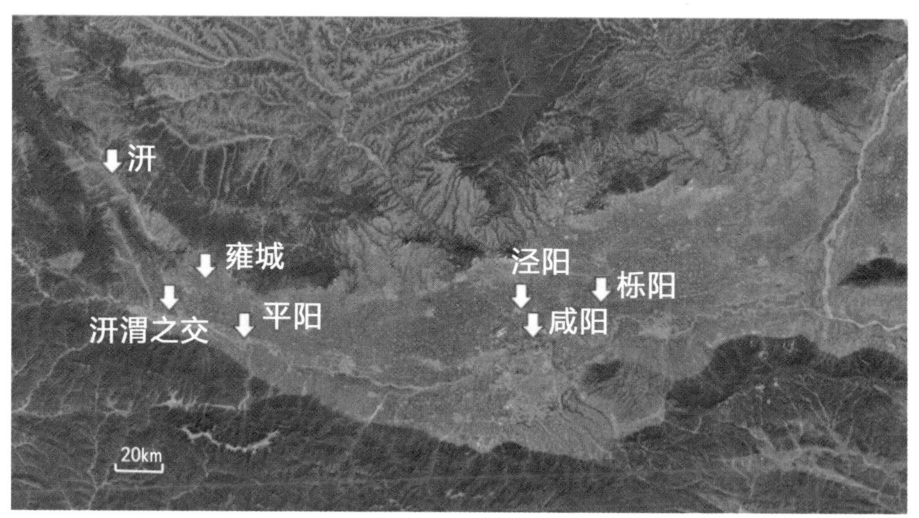

图 4–19　秦国都邑分布图

资料来源：根据 Google 地图绘制

2. 微观选址

历史上对秦都地区地理环境的赞美或羡慕，多是针对整个关中地区，从宏观层面做出的，主要的结论是土地肥沃、地势险要，如“山林川谷美，天材之利多”[①]“秦地被山带河，四塞以为固，……资甚美膏腴之地，此所谓天府者也”[②]“关中左殽函，右陇蜀，沃野千里，南有巴蜀之饶，北有胡苑之利，阻三面而守，独以一面东制诸侯。……此所谓金城千里，天府之国也”[③]“（关中）有鄠、杜竹林，南有檀柘，号称陆海，为九州膏腴”[④]“北有甘泉谷口之固，南有泾渭之沃，巴汉之饶，右陇蜀之山，左关峭之险”[⑤]。

其实这些土壤优势、地形优势、地缘政治优势，都是整个关中平原所具有的，即所谓“形神”。但“形神”所涵盖的是宏观层面、尺度较大的地域，并不能证明某一具体而微观的城址位置的优越性。秦迁都咸阳，还是应该主要考虑咸阳城址的具体微观地理环境。

①《荀子·强国篇》。
②《史记·刘敬叔孙通列传第三十九》。
③《史记·留侯世家第二十五》。
④《汉书·卷二十八·地理志》。
⑤《史记·荆轲列传》。

在迁都咸阳之前，栎阳作为秦都的时间只有 34 年（秦献公二年至秦孝公十二年）。栎阳地处石川河与清河汇夹之地，北依荆山，靠近河（黄河）西之地，也毗邻魏国。献公于前线地带筑城为都，主要目的是对魏国展开强硬的军事反击，收复河西失地。孝公时期任用商鞅，进行了两次变法，秦国日益强大，其主要目标不再是击败魏国，而是谋求统一。这是一个大的政治背景。

与栎阳相比，咸阳其实更靠西，这是秦人“九都八迁”[①]的过程中，第一次调转回头，朝西方而去。虽然栎阳与咸阳距离并不远（约 50 千米）。但咸阳的优势在于其不仅位于秦国传统的渭河北岸平原，而且其城址是当时少有的广域水路交通的节点地区。“咸阳位于函谷道和渭北道衔接的渭河渡口，此渡口以东，走渭河南岸可避开渭北的多条大川；由此渡口西行，渭北咸阳原地势平坦，又可避开渭河南岸从秦岭发育的数条大河，故唯此转渡最为关节。”[②]根据辛德勇《北京大学藏秦水陆里程简册初步研究》研究整理，以咸阳为出发点的陆路通道有：

渭北道——沿着渭水北岸西上，联系秦故地西垂、平阳、雍；

函谷道[③]——沿渭水南岸东下，联系成周、魏、韩等山东诸国；

北向大道——始皇时期秦直道的前身，沿子午岭北上，联系雕阴、定阳，直达匈奴；

南向大道——武关道，沿灞河河谷向东南延伸，联系蓝天、商州、江汉平原；

子午道——逆沣水而上，南向越秦岭，入汉中，穿大巴山，入蜀地（图 4–20）。

这只是咸阳城址直接联系的道路，还有一些重要通道，如前往蜀地的傥骆道、褒斜道，与渭北道交汇于咸阳西部。渭河渡口也在咸阳城址处，故而咸阳城地处南北通达，水路皆利，关中往四方的咽喉所在。秦之野心，东出函谷灭六国也好，北上击匈奴也好，南下吞巴蜀也好，咸阳是绝佳的定都之处。同时，从地形上看，咸阳城位于渭河北侧，地势高亢，东西两侧较之南岸，阻隔河道较少，利于都城布局的展开。

① 李自智．秦九都八迁的路线问题 [J]. 中国历史地理论丛，2002（02）：67.

② 李晓聪．历史城市地理 [M]. 北京：北京大学出版社，2004：91.

③ 后名潼关道，是连接长安、洛阳的主要干道。

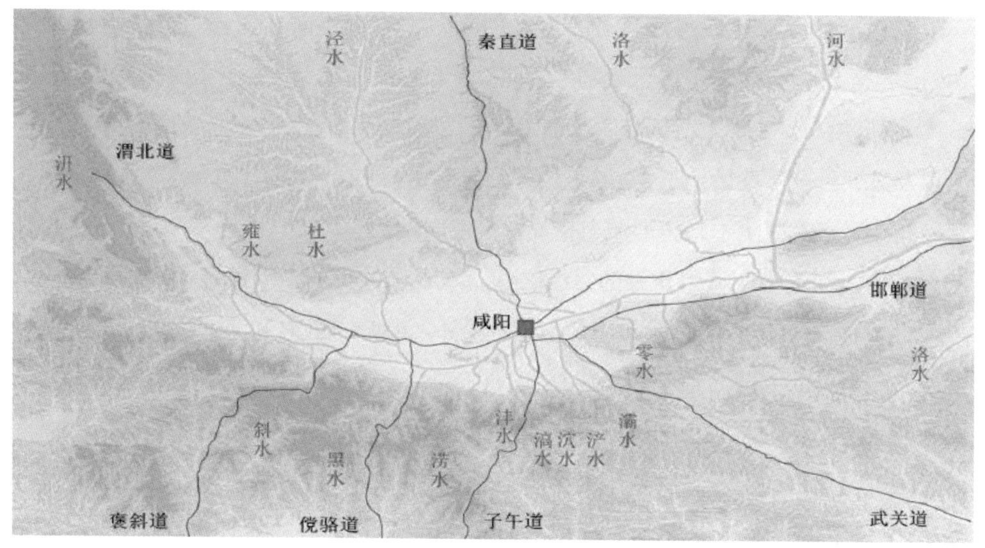

图 4-20　关中地区的历史环境

资料来源：徐斌．秦咸阳—汉长安象天法地规划思想与方法研究［D］．清华大学，2014：17.

（二）基本格局

秦孝公十二年（前 350 年）迁都咸阳，这只是咸阳筑城的开始。据许斌的研究，咸阳的城市营建与空间拓展，在秦王国时期，是以秦孝公奠定基础（筑冀阙）、秦惠文王营建渭北（建咸阳宫）、秦昭襄王经营渭南（筑诸庙、章台、兴乐宫）为主要变化节点。而进入秦帝国之后，秦始皇对都城的营建可以分为五个阶段：

第一阶段：即位之初，即秦王政元年至十六年（前 267 年至前 231 年），修骊山陵和设置丽邑。

第二阶段：灭六国期间，即秦王政十七年至二十六年（前 230 年至前 221 年），灭一国则仿一国宫室于咸阳北阪之上。

第三阶段：称帝之初，即秦始皇二十六年至二十七年（前 221 年至前 220 年），建极庙、甘泉前殿等，并以甬道、阁道相连。以极庙为中心，建辐射全国的驰道。

第四阶段：巡游、封禅和求仙时期，即秦始皇二十八年至三十四年（前 219 年至前 213 年），未开展新建设。

第五阶段：建设阿房宫和帝陵的时期，即秦始皇三十五至三十七年（前212年至210年），建帝陵及阿房宫（未完工）。

其中，第三阶段，秦始皇二十六年至二十七年（前221年至前220年），以及第五阶段，秦始皇三十五年至三十七年（前212年至前210年）[①]，是秦帝国在咸阳宫大兴土木，拓展城市格局的高潮时期。

作为先秦时期城市建设的总结之作，咸阳城的空间格局彻底颠覆了原有三代王城及各诸侯国逐渐形成的“营国制度”，都城的格局气势宏大，不再拘泥于城池之内的方寸之地，而是将目光投向广阔的京畿区域。咸阳的城市格局分为两个层面，一是城市区域，即以秦孝公的冀阙为核心展开的渭北城区，形成于秦王国后期；二是首都圈层面，即跨渭河南北，以诸多宫室（如阿房宫、兰池宫、甘泉宫、章台、兴乐宫）为组团中心，复道甬道为联系纽带的京畿（城郭）地区，主要形成于秦帝国时期。

1. 城市区域格局

选址筑咸阳的第一步，是秦孝公十二年（前350年），迁都咸阳筑“冀阙”：“十二年，作为咸阳，筑冀阙，秦徙都之。”（《史记·秦本纪》）“冀阙”是咸阳宫的重要礼制构筑物，类似于今故宫之午门，筑“冀阙”意味着筑大型宫室（咸阳宫）的开始。秦惠文王（前337至前311），“取岐雍巨材，新作宫室”，继续增设宫室，在“冀阙”的基础上建成“咸阳宫”。由于两千余年来，关中平原中部地区的水系变迁明显，咸阳城主要的城市节点或标志，如咸阳宫、冀阙、古渡口、毕陌陵区（即惠文王陵和武王陵）的位置较为模糊，一直存在各种学术争议。但可以明确的是，咸阳宫是秦国咸阳城的空间中心和政治核心。自秦孝公迁都咸阳后，都城中的宫庙便是分开的，先王陵寝不再置于城内，而是在城外另行选址，后来的惠文王、武王以及秦始皇等，皆是如此处理的。咸阳宫作为主要宫殿，成为秦国朝堂决策的中心和政治活动的中心。如《史记·秦始皇本纪》记载“群臣受决事，悉于咸阳宫”，《史记·刺客列传》载“秦王闻之，大喜，乃朝服，设九宾，见燕使者咸阳宫”。

① 许斌．秦咸阳—汉长安象天法地规划思想与方法研究[D]．清华大学，2014.

空间上，咸阳城秉持战国时期的都城营建传统之一，即宫室区域面积巨大。据陕西省考古研究所勘察，其宫城南墙长为902米，北墙残长843米，西墙长576米，东墙长426米，可被认为是东西长为900米，南北长为500米的方形。① 这当是咸阳宫的主殿，咸阳宫是若干宫殿组成的群落，如孝公时期，咸阳宫的建筑“有四皓祠、安陵城、杜鄠亭、窦氏泉、周文王祠”（《魏书·志·卷七》）。当时的咸阳城，可能是以咸阳宫为核心的区域，居民区和商业市场处于从属地位，甚至可能有城垣的区域就主要是咸阳宫了，咸阳宫可以代指咸阳城，城、宫一体。如《魏书》认为孝公所筑的渭城，便是咸阳宫，“秦孝公筑渭城，名咸阳宫”（《魏书·志·卷七》）。

在秦昭襄王时期（前306年至前251年）筑诸庙、章台、兴乐宫，经营渭南之前，城市形态布局于渭河北部形成了“以咸阳宫为中心，南对咸阳古渡口、北临泾水、西对毕陌陵区的空间结构”②（毕陌陵区是惠文王陵和武王陵所在）。

2. 首都圈区域格局

秦咸阳是带有特定人物和时代特征的独特之作。秦昭襄王引领咸阳跨渭河发展，拉开了咸阳有别于之前都城营建传统的宏大城市格局。这种革新主要来自对首都圈概念的认识。从各种选址、营建的记载来看，昭襄王之后的秦君，并不认为都城需要用城垣来圈定，或者，城郭需要城垣的只是“城”，“郭”是观念上的概念，没有精确的区域界线，整个国都所在的平原，约一百千米周长（25千米半径），都是咸阳之郭，“乃令咸阳之旁二百里内，宫观二百七十，复道甬道相连，帷帐钟鼓美人充之，各案署不移徙”（《史记·秦始皇本纪》）。都城不城（不修筑城墙），离不开秦国国力蓬勃向上发展的背景以及历代秦君对统一进程中战争形势的极大自信，咸阳在此背景下，其格局建制，自然非山东六国筑城卫君、造城守民、朝不保夕的国都所能想象的。

秦始皇登基之后，尤其是称帝后，以极大气魄，对渭水两岸的咸阳进行了大规模的增建。首先是渭南建信宫（前220年），后称为极庙，“作信宫渭南，已更命信宫为极庙，象天极”（《史记·秦始皇本纪》）。按秦始皇的设想，此“极”

① 详见陕西省考古研究所．秦都咸阳考古报告[M]．北京：科学出版社，2004.

② 许斌．秦咸阳——汉长安象天法地规划思想与方法研究[D]．清华大学，2014：59.

非咸阳一城之极，也非关中之极，实乃天极，万里华夏万世之极，意义特殊；于渭河北岸北阪地带（雍门与泾渭之间台地）仿建六国宫室，灭一国则建一国宫室，“秦每破诸侯，写放其宫室，作之咸阳北阪上，南临渭，自雍门以东至泾、渭，殿屋复道周阁相属。所得诸侯美人钟鼓，以充入之”（《史记·秦始皇本纪》）。

其次是咸阳各方向的增建。秦始皇视野辽阔，将咸阳国都的南北轴线都进一步延长了。如在城北泾水附近修筑望夷宫（后赵高杀胡亥处），章台以南修社稷，极庙以东建兴乐宫（汉初改为长乐宫），骊山旁修筑始皇陵，咸阳宫之东修筑兰池和兰池宫，跨丰镐之间，社稷之西建阿房宫，“吾闻周文王都丰，武王都镐，丰镐之间、帝王之都也”（《史记·秦始皇本纪》），筑复道与咸阳宫相连，最终形成“以渭南宫室为天极、渭河为银汉、横桥为阁道、渭北宫室为营室”①的都市圈空间格局（图 4–21）。

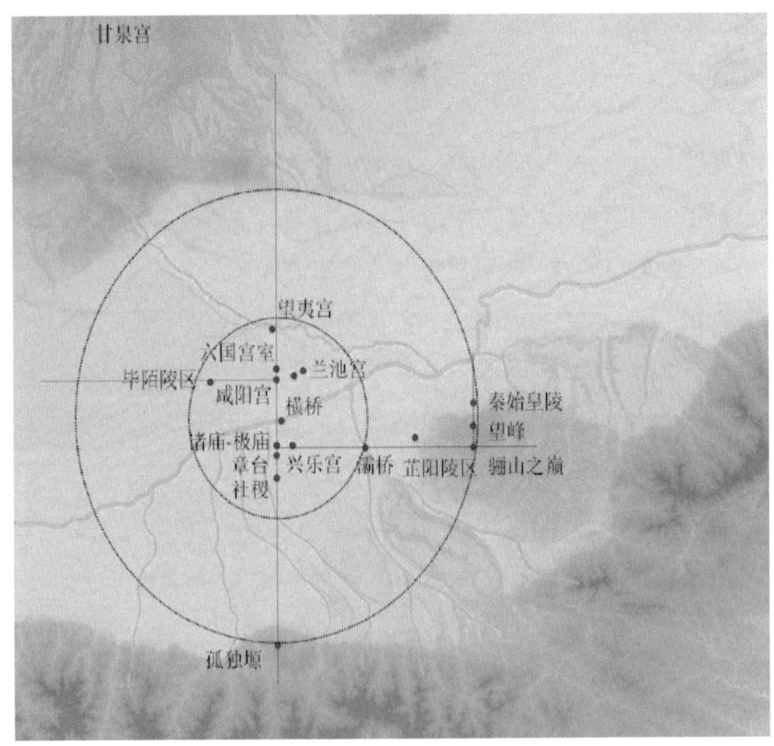

图 4–21　秦始皇二十七年咸阳主要格局图

资料来源：徐斌．秦咸阳—汉长安象天法地规划思想与方法研究 [D]. 清华大学，2014：85.

① 许斌．秦咸阳 — 汉长安象天法地规划思想与方法研究 [D]. 清华大学，2014：78.

六、小　结

从龙山时代晚期历夏商周三代至秦一统，先秦城市选址进程历时约2000年，总体呈现从“多源”到“一体”，再从“一体”到“多元”的特征。

（一）从多源到一体

从多源到一体，是选址进程的总体方向。

华夏城市选址的进程，始于位于长江流域、河套及内蒙古、黄河中下游流域的各文明策源地的中心型城邑的建设。这些不同地域的文明，在交往过程中相互影响、吸收、融合，形成以中原文明为核心的“华夏”文明，即费孝通先生提出的“多元一体”的格局，这一格局最晚在西周建立了起来。“多元”语意在于文明源头的不同类型，本书对于选址传统，使用“多源”一词，意在强调选址传统的区域性差别。差别来自不同的地形地貌，来自不同信仰体系，华南华北、山地平原、水乡草原，不同鬼神“领导”的，不同“源类型”的选址，是这一进程的起始。

而“一体”，则分为两个层面。

一是地域层面。是以中原为核心的融合，是不同区域的风俗禁忌、审美取向、精神信仰、意识形态、心理认同和语言文字的融合，是华夏化的“中国”的形成。梁启超曰，先秦史乃上世史，是“中国之中国”的历史阶段。这个阶段，由夏周之万国部落，变为周初之八百诸侯，再到春秋至五十余国，最后战国七雄争霸，至秦一统而结束。所谓“中国之中国”，意思是这个时候的“中国”，致力于自我塑造与形成，与外围如匈奴、印度等邻邦关系不大，交流与战争局限于“中国”各诸侯小国之间，逐渐合之融之，遂成“中国”。

国家形态的整合，带来不同地域的城市选址建城制度、思想的交流、融合和整合。远离中原的燕国下都、琉璃河城址，高墙深壕，成为中央势力挺近边塞的堡垒；长江上游的古蜀国，春秋时期归于秦，主要城市选址沿用开明王朝经验，城市建设则“依秦咸阳制”；原来良渚文明核心区的吴都大城，一方面向中原学习“象天法地”的选址方略，一方面保留吴越地区流行的巫法术思想，在城建中大量使用厌胜与暗示。在一体化的进程，中原地区起到融合、传播的核心作用。

二是信仰层面。原始的氏族社会中，权威分为两个派系，一个是人多而有力的酋长系统，占据社会生产的组织者和生产产品分配者的位置，另一个是能沟通天地、获得神降的巫祝系统，占据意识形态解释者的位置。

经过漫长的原始社会的崇拜体系演进，夏商周三代的早期，中国社会的思想体系发生了极大变革。氏族社会的公选、禅让的权威体制，被家天下的世袭制所取代；民神杂糅，人皆可成巫的传统，被“绝地天通”所改变（君权垄断了神权）；日月星辰、山川河流、风雨雷电等万物崇拜体系，被以“天帝”崇拜为核心、祖先崇拜为补充的信仰体系所取代。城市中“祖先”的位置至此确定，并与家庭和社会等级制度联系到一起，城市权威形态的营造都是围绕世俗权力展开，这是化“多源”为“一体”的进程。

（二）从一体到多元

一体中蕴含着多元，是选址传统雏形的特点。

这一“多元”，包含两种“多元”。

一是地域上的“多元”。“中国”不同地域有着各自独特的选址脉络，长江中游的城邑偏好选址于不同地貌交接处，长江上游的城邑偏好选址于两河交接处的平坝地，黄河下游的城邑则偏好选址于滨水台地。哪怕受到中原的华夏礼制的不断要求和影响，这些区域的城邑依然保存有明显的地域特色，如河北平原的赵邯郸筑城采用多层次的多城制，河网密布的楚都纪南城城墙折角并设水门，吴灵岩城依山就势，讲究实用，成都城用龟城格局适应水系。

二是哲学思想的“多元”。不同流派的哲学思想开始出现，先秦晚期形成的儒家、道家、墨家、法家等诸多哲学思想流派，在宇宙观、审美观、自然观等方面从唯物论或者唯心论、机械或者辩证、静态或者动态、主观或者客观等多方面、多视角，进行了哲学慎思、论证、表达和思辨，为华夏选址思想体系下一阶段的形成做了思想上的奠基。尤其是作为对立面的儒、道两家，厥功至伟。

第五章 实用理性的选址技术体系

一、先秦的科学技术

中国古代的科学技术是人类文明发展和进步的重要推动力量，是人类近现代社会科学技术成长的重要基础之一。李约瑟指出："人类历史上的一些很基本的技术正是从中国这块土地上生长起来的，只要深入发掘，还可能遇到更有价值的东西。……中国的全部科学技术史，应该是任何一部世界成就史中不可缺少的组成部分。"①

"科学技术"需要简单辨析一下，本书所讨论的"科学技术"，是基于广义的科技语境，而非当代西方文化语境下可重复、可证伪的"科学技术"。各个文明发达的国家或地区的文化氛围有着很大的差异，因而形成了各具特色的科学技术传统与体系。②中国古代的科学技术有着自己叙事风格，更重视技术的经验性和实用性，缺少思辨性和抽象性，或可称之为"前科学"时代的科学技术。中国哲学是一种实践理性的

① 李约瑟．中国科学技术史[M]．北京：科学出版社，1990：10.

② 卢嘉锡．中国科学技术史：通史卷[M]．北京：科学出版社，2003：前言。

哲学，“是一种肯定现实生活的世界观”（李泽厚），讲求具体实践反馈，重视经验积累。中国的科学技术既然成长于中国哲学体系这棵大树，就注定带有不同于西方哲学的经验论、方法论，这是中国科学技术的传统与传承的基本前提。

每一个城市城址位置选择，都是当时社会经济背景下利用原始生产技术的具体实践结果。自新石器晚期的龙山时代以来，近两千年长期而大量的选址实践活动，促使先秦时期华夏城市积累了丰富的选址技术经验，尤其是选址技术，在测量、授时、国土规划、城市防洪、水利、总体规划等诸多方面取得了突出的成就，达到了相当高的发达水平。

（一）“数术”

城市选址建立在多方面的传统“科学技术”[①]实践基础上，如测量技术、定位技术、工程技术、流域治理技术以及历法技术、象天技术等，这种“科学技术”的实践，在中国古代社会语境中，可称之为“用术”。“术”便是先秦时期的“数术”。在中国古代知识体系的语境中，“科学技术”就是“数术”，是“数”与“术”的结合。“数”，可作数目、数理和规律、必然性以及天命、天运等解释，“术”则可作方法、手段、技艺、道路以及思想学说等解释。[②]

“数”，不只是抽象的数字和计量符号，而是万物之间的联系以及天地运行的规律总结。中国哲学中的“数”，既不是西方哲学抽象的数学关系，也不是逻辑推导的几何证明。中国的“数”是由自然界和社会中呈现的“形象、现象”抽象出来的，用于概括、模拟这些形象、现象的符号，它的目的在于比附关系，推测“象”的变化。所谓“参伍之变，错综其数，通其变，遂成天地之文；极其数，遂定天下之象”（《周易》）。故可以认为，中国的“数”是“象数”，《左传》言：“龟，象也；筮，数也；物生而后有象，象而后有滋，滋而后有数。”（《左传·僖公十五年》）不管是五行还是八卦抑或河图洛书，“数”

① 值得注意的是，“科技”是两个词语的组合，科学与技术；“科学”是追求与探寻世界的真理与奥秘，试图用简洁而抽象的语言解释这个世界，而技术则是科学的具体化运用，是用具象的方法解决实际中的问题。科学是认识，技术是实践，两者的认识维度不同，目标与评价标准不同。

② 谭伟．中国数术的演变——从科学到迷信 [J]. 中国俗文化研究，2007：64.

都试图探寻宇宙运行的真相与规律，“天地初形，人物既著，则算数之事生矣”（《后汉书·志·律历上》）。

“术”，本意为“邑中道也”，即城市中的道路，后引申为方法、技艺。“术”是原理运用与经验总结，是科学运用于具体实践的方式、方法。“术”还包括“推往知来，预测一些既定的或将要发生的事情，并利用自然规律对自然进行操纵、利用和改造的实践手段，即技术”①。

中国古人凭借“数”，运用“术”，理解、安排整个世界的运行；数术是一种以知天命为基础，以制天命为手段，以顺天命（“顺”应该包括改变、延迟、规避、迎合等诸多主动语义）为目的的方法之术，其势必要建立精确而巧妙的义理结构和数字模型，高度抽象地概括整个世界的结构与规律（如卦象演绎），再还原成易于认知的具象工具与符号，达到实践改变命运和世界的目的（如土圭相地）。正如芮沃寿认为：“人们就是借着数字，才找到一套适用的方法，来表现那些构成宇宙的逻辑部分与具体范畴的。在为它们挑选能容其表现彼此间相互作用的各种配置方式时，人们相信自己已经做到把宇宙安排得既易理解又易支配了。”②

（二）先秦的科学技术

东汉的《汉书·艺文志》，是现存最早的图书目录，将皇家收藏图书分为“六艺、诸子、兵书、诗歌、数术、方技”六大类，共 13 000 余卷；言 “数术者，皆明堂羲和史卜之职也”；而收藏的“数术”类书籍，包括“天文、历谱、五行、杂占、蓍龟、形法”六个小类，共 2500 余卷图书，大概占全部图书的三分之一。有学者还认为，数术还应包括“阴阳、占卜、五行、堪舆、建除、丛辰、天人、太乙、风角、遁甲、七政、六气、六爻、六壬、望气、须臾”③等。如果说术数是中国的“科学”，那其与西方“科学”的共同之处就在于，同样以积极的态度解释自然。“术数的本身是以迷信为基础的，但其也往往是科学的起源。……

① 杨柳，风水思想与古代山水城市营建 [D]. 重庆大学 .2005：40.

② 施坚雅 . 中华帝国晚期的城市 [M]. 叶光庭，等，译 . 北京：中华书局，2000：52.

③ 杨柳，风水思想与古代山水城市营建 [D]. 重庆大学，2005：40.

（术数）以积极的态度解释自然，通过征服自然使之为人类服务。术数在放弃了对于超自然力的信仰并且试图只用自然力解释宇宙的时候，就变成了科学。这些自然力是什么，其概念在最初可能很简单、很粗糙，可是在这些概念中却有科学的开端。”①

与先秦时期与城市选址有关的“数”包括“阴阳”学说和“五行”学说；“术”，则包括“相地术”“占星术”“占时术”。“阴阳”学说详见本书第六章“天人合一的整体观”阐述。

先秦时期是中国科学技术从无到有的体制初创时期，是科学技术的各个专业（数学、医学、地学、水利、机械、天文、气象、化学、冶金、纺织、计量学等）形成和分化的时期，也是各学派学说科技思想争鸣的时期。在《中国科学技术史》一书中，中国科学技术的分期断代是以科学技术本身的发展阶段性为依据，有着“萌芽、积累、奠基、体系形成、提高、高峰、缓滞”七个阶段。而先秦时期则占据了三个阶段，分别是“原始技术和科学知识的萌芽（三代之前）”“技术和科学知识的积累（夏至西周）”“古代科学技术体系的奠基（东周）”②。

先秦时期大量的选址实践，促使城市选址的理论、方法专门化了，形成了深远的历史传承的同时，孕育了以“实用理性”为主要特点的华夏文明城市选址技术传统。这一传统依赖经验积累和历史传承，重视现实的实效性和反馈效应，以城市的生存发展为最终目的，不产生抽象思辨的选址数理系统，早期的巫术、神秘主义及潜在的宗教崇拜成分逐渐淡化。在此基础上，随着历史的演进，华夏文明的城市选址理论与实践不断成长、拓展、完善。

具体而言，先秦时期的城市选址技术体系，由辨方正位的测量之术、城地相称的制邑之术、因地制宜的御水之术、流域治理的兴城之术、观星授时的节令之术、星象崇拜的象天之术六方面构成（图 5–1）。

① 冯友兰，中国哲学简史 [M]. 北京：北京大学出版社，1996：157.

② 参见卢嘉锡总主编《中国科学技术史・通史卷》前言部分 . 北京：科学出版社，2003.

图 5-1 先秦时期城市选址技术体系示意图

图片来源：自绘

二、辨方正位的测量之术

据《史记》记载，大禹治水时，已广泛运用了准、绳、规、矩等测量工具，确定高山大川的地理位置①，《墨子》则解释了这些工具的用途："百工为方以矩，为圆以规，直以绳，正以县。"矩是直角尺，规是圆规，绳是木工弹直线的墨绳，县通悬，即垂球。②

《周礼》各官开篇皆言："惟王建国，辨方正位，体国经野，设官分职，以为民极。"《周礼》想表明，明确国都的具体位置，是建立国家的第一步，然后再是划分城与乡，分设各部官职。周初武王覆灭商朝后，夜不能寐，周公奇之，武王告周公其所思"定天保，依天室，……自洛汭延于伊汭，居易毋固，其有夏之居。我南望三涂，北望岳鄙，顾詹有河，粤詹雒、伊，毋远天室。"（《史记·周本纪》）武王认为，要得到上天的保护，须将国都依靠于天室山（即太室山，嵩山），武王心目中的洛邑，是北有太行、黄河，南有嵩山（天

① "禹乃遂与益、后稷奉帝命，命诸侯百姓兴人徒以傅土，行山表木，定高山大川，……陆行乘车，水行乘船，泥行乘橇，山行乘𣄴。左准绳，右规矩，载四时，以开九州，通九道，陂九泽，度九山。"见《史记·夏本纪》。

② 周魁一. 中国科学技术史：水利卷 [M]. 北京：科学技术出版社，2002：102.

室），是居天下之中的绝佳好地。武王的观点是一种意识形态，即国都的位置是否堂正，决定了国家政权是否堂正，是否能得天佑，故而《周礼》将“辨方正位”——明确城址的地理位置，上升到国家机器建立的层面，具有了超越技术本身的意义。

早期氏族部落的房屋聚落已经有了轴线和方位感，平粮台城址、新密古城寨均有重合南北、东西的轴线，据推测应是采用了太阳测向的方法。[①] 而商朝早期，黄河中游可能已掌握水平面测量城墙基座的技术。偃师商城遗址中，考古发现其城墙基槽底部的两侧或一侧有一条小沟，宽约 0.5 米，深约 0.2 至 0.4 米，可能是用来测量墙体基槽的水平差的（所谓“水地以县”），郑州商城也曾有相似发现[②]。这是早期的定向技术。

周初，人们仍根据太阳出没的轨迹来测量城市东西方向，并辅以北极星定位。南北方向的测定最为重要，方法是“在一块用水取平的平地上，立以表杆，并以表杆为中心，在地上画一半径较大的圆圈。标识出日出和日入时标杆之日影同圆圈的交点，此两交点的连线则为正东西方向，通过标杆作该连线的垂直线，即为正南北方向”[③]。所谓“匠人建国，水地以县，置槷以县，视以景，为规，识日出之景与日入之景，昼参诸日中之景，夜考之极星，以正朝夕”（《考工记·匠人》）。这里的用水取平方法，则须用带垂线的原始水平仪器（图 5-2）。

这种测量日影的方法称为“土圭之法”，不但能定向，而且能够大体测定城市的维度值，当时已比较成熟。竺可桢认为在公元前七世纪，已采用土圭之法[④]，实际上此法应该更早，甲骨文有一字，即表示持槷于太阳下，测量日影之态[⑤]，殷人应该已熟练掌握了土圭之术。《尚书·召诰》也记载，周之陪都洛邑在营建之时，曾让商之遗民参与定位，即“乃以庶殷攻位洛汭”。

① 唐锡仁，杨文衡. 中国科学技术史：地学卷 [M]，北京：科学出版社，2003.
② 详见 杜石然. 中国科学技术史 [M]. 北京：科学技术出版社，2003：79.
③ 杜石然. 中国科学技术史 [M]. 北京：科学技术出版社，2003：146.
④ 竺可桢. 中国古代在天文学上的伟大贡献 [J]. 科学通报，1951（03）：215-219.
⑤ 唐锡仁，杨文衡. 中国科学技术史：地学卷 [M]，北京：科学出版社，2003：101.

图 5–2　中国古代的圭表测量法

资料来源：陈春红．古代建筑与天文[D]．天津大学，2012：115.

《周礼》重视测量技术，设置的“天、地、春、夏、秋、冬”六官职体系中，关于测量的官职是“夏官”管辖下的“土方氏”，“夏官”主管军事，可见“土方氏”地位较高。“土方氏掌土圭之法，以致日景，以土地相宅，而建邦国都鄙，以辨土宜土化之法，而授任地者。”（《周礼·夏官·土方氏》），土方氏不只是一个官员，而是一个测量队伍，“上士五人，下士十人、府二人、史五人、胥五人、徒五十人”（《周礼·夏官·土方氏》）共 77 人，在《周礼》的官职队伍中，是算中等规模的。

测量定位，是微观层面的技术，而以相土为基础的度地量民的制邑之术，则偏向宏观，体现了基于土地承载力的整体性选址思维。

三、城地相称的制邑之术

土地作为农耕文明的本底符号，所谓“地，载万物而养之”[①]。哪怕是在万物有灵的整体氛围里，中国古人心目中土地仍然超越一般的自然物，是华夏原始宗教的崇拜对象之一，带有独特的神性与母性[②]，“坤，地也，故称乎母”[③]。

由于农耕文明对土地的依赖，华夏文明中土地地位超越一般的自然物。古人对土壤的研究较为精细，甲骨文中有对于土地分级的记录：“弜犬延土田”，“土田”便是了解土地，划分优劣等级，测量面积，分类管理与分配的意思。先秦时期的交通设施和工具并不发达，众多河流分隔不同区域，是不易逾越的地理障碍[④]。至战国时期，各国无日不战，农作物的互通虽有但难成为常态，一城一地的补给均需就地解决。此背景下，土地的质量、面积，成为判断城址的位置、人口规模的前提条件。

（一）相土九州

最早分析研究土壤的著作，是周初的《尚书·禹贡》（关于成书时间，采王国维《古史新证》观点）。此书以统一天下后的大禹之口吻，将九州之地的性质、等级、适宜种植的作物分类列出，以此作为各地纳贡的依据。《尚书·禹贡》已经开始注意到，不同区域间不同的土壤肥力差异，如黄土高原的雍州，土壤性质“厥土惟黄壤”，等级是“惟上上”；而位于江南的扬州，土壤性质“厥土惟涂泥”，等级是“厥田惟下下”[⑤]。

① 《管子·形势解》：“天，覆万物而制之；地，载万物而养之；四时，生长万物而收藏之。”

② 中国的创世神话女娲造人，用的原料就是大地上的黄土和水。

③ 《太平预览·地部》：“地，底也，言其底下载万物也，……地，底也，言其底下载万物也。亦言谛也，五土所生，莫不审谛也。亦谓之坤，坤，顺乾也。”

④ 钱穆认为，中国文明的特点，源自中国水系特点。中国水系特点在于大河拥有极大且极其复杂的、多等级的水系，其他文明（古印度、古巴比伦、古埃及）虽有大河，但流量不大，水系简单，没有许多支流。中国的农业文明，由小水系，逐渐蔓延扩大到整个大河流域，最终形成国家。见钱穆．中国文化史导论 [M]. 北京：商务印书馆，1994。

⑤ 值得深思的是，后者却成为后来中国极为重要的农业区，鱼米之乡，可见先民改良土壤的能力与艰辛。

《周礼》则对“土地”“土壤”的论述较为具体，包括其分类、特点，还确定了分管的官员的名称、等级、下属数量。其中掌管土地分类的官员是“夏官”管辖的“职方氏”，其职责是“掌天下之图，以掌天下之地，辨其邦国、都鄙、四夷、八蛮、七闽、九貉、五戎、六狄之人民，与其财用九谷、六畜之数要，周知其利害，乃辨九州之国，使同贯利”（《周礼·夏官》）。值得一提的是，在《周礼》的官职设置中，“天官”负责六典，主祭祀，夏官负责军事，主杀伐，“国之大事，在祀与戎”（《左传·成公十三年》），夏官的“职方氏”虽负责土地分类，但不归入“地官”，因其还掌握天下地图，熟悉天下地理形势，是军事战略部门负责人。《周礼》还确立了管理土壤的官员，即“地官”管辖的“草人”，职责是“掌土化之法，以物地；相其宜而为之种”，草人的职责便是划分、归类土壤，根据不同性质的土壤，安排不同的农作物种植；采用“土化之法”，将土壤依据不同性质分为“骍刚、赤缇、坟壤、渴泽、咸潟、勃壤、埴垆、疆槛、轻爂”九种；再采用“土宜之法”，用不同的动物骨汁浸泡作物种子，提高土地产量。如“骍刚”是赤色而坚硬的土地，种子需要浸泡在牛的骨汁之中，“坟壤”是细腻而疏松的土地，种子需要浸泡在麋的骨汁之中，“凡粪种，骍刚用牛，赤缇用羊，坟壤用麋”①（《周礼·地官》）。这其实有前代巫术的影子，如同一种法术或者咒语，通过不同的骨汁赋予种子适应不同土壤的能力，从现代科学的角度看，这些骨汁并没有区别。

先秦诸子学说中，对土壤研究最为精细的，当属《管子》，其将九州大地的土壤分为上土、中土、下土三等级，每个等级又分有十八大类，每大类有五小类，共九十小类；上土中，以粟土、沃土、位土三土为最好，“文中对三土叙述最细，不但描述了土壤的颜色、粒度、黏度、含沙量等特征，而且还记述了其适宜的谷类以及不同土壤在不同地形区所宜种植的植物”②。《管子·地员》提出，上土中的粟土，湿而不黏，干燥而肥沃，不阻车轮，也不

① 关于粪种，蔡美彪、范文澜认为《周礼》分土壤为九类，用九种动物骨煮汁拌谷物种子，种在一定的土壤上，称为“粪种”。见蔡美彪，范文澜，等. 中国通史：第 10 册 [M]. 北京：人民出版社，1978.

② 唐锡仁，杨文衡. 中国科学技术史：地学卷 [M]. 北京：科学出版社，2003：135.

污手脚。粟土宜种植谷物，“大重与细重，白茎白秀”[①]；而下土中的桀土，乃最差的土壤，味咸而苦，适宜种植米粒细长的白稻谷物，土地的产出，比前几类土壤差十分之七。[②]

西汉晁错提出过城市选址的若干原则：“相其阴阳之和，尝其水泉之味，审其土地之宜，观其草木之饶，然后营邑立城，制里割宅。”（《汉书·爰盎晁错传》）。“审其土地之宜，观其草木之饶”，土地肥沃，草木自然丰饶，将来的农田作物丰收可待。由此可见，至少至西汉之前，土地肥沃程度就是城市选址的重大要素之一。

（二）度地量民

关注土壤的性质、分类，其实是因其关系到农作物产量，良田劣土自不可同日而语。先秦交通设施和工具并不发达，且华夏文明主区域内，河流众多，分隔不同区域，是不易逾越的地理障碍[③]，加之战争频发，物资沟通并不方便。秦统一前的各国文字不同、语言发音不同、货币不同、度量衡均不同，便是这种分隔的、自给自足的区域经济的反映。故而农作物难以互通，城市的补给均需就地解决。在此背景下，土地的产量（肥沃程度、面积），便成为判断城址的位置、人口规模的前提条件。

先秦时期是我国城乡关系开始出现的阶段。体国经野，国野分治，城乡分治，是这个时期城乡关系的特点。城乡分治，意味着城市与乡村、国人与农人的身份、职责、任务完全不同。一方地域，是否可以建城，此城规模多大，其实就是农业人口与非农人口的比例问题，取决于乡村土地的肥沃程度和广袤程度。“度地量民”的目的，即判断土地产出，再推断其可供给的人口、可支撑的城市规模。

① 《管子·地员》：“群土之长，是唯五粟。五粟之物，或赤或青或白或黑或黄，五粟五章。五粟之状，淖而不肕，刚而不觳，不泞车轮，不污手足。其种，大重细重，白茎白秀，无不宜也。”

② 《管子·地员》：“凫土之次曰五桀，五桀之状甚咸以苦，其物为下。……蓄殖果木不如三土以十分之七。”

③ 钱穆认为，中国文明的特点，源自中国水系特点。即在于大河拥有极大极其复杂的、多等级的水系，其他文明（古印度、古巴比伦、古埃及）虽有大河，但流量不大，水系简单，没有许多支流。中国的农业文明，由小水系，逐渐蔓延扩大到整个大河流域，最终形成国家。见钱穆．中国文化史导论 [M]. 北京：商务印书馆，1994.

这种建立在经济学的关系上的“度地量民”与简单僵化的居（地域之）中建城相较，显然是理性而现实的。

这种新出现的建城观点，是一种革新。《周礼》提出的“惟王建国，辨方正位”的观点，影响国都建设，但地方城市（都邑），还是遵循“度地量民”经济理性思路，量地而城。事实上《周礼》也关注地方都邑建设，专设一官（县师），掌管“邦国、都鄙、稍甸、郊里之地域”，测量土地、安排适宜的作物、建设都邑，以治理整个地区，“凡造都邑，量其地，辨其物，而制其域”（《周礼·地官·司徒》）。但周初的体制规定，各封地的都邑规模，是依据诸侯或大夫的等级确定的，列国国都规模不超过周王城的三分之一，大夫采邑不超过五分之一或九分之一①，这种规定一方面将城市与政治等级、待遇挂钩，另一方面也明确了城市的军事防守属性，城市是“建城以卫君”的，城过大，超过了防卫必需，则挑战权威，暗伏引发国乱的危机②。

西周结束之后，政治体制对城市规模的桎梏事实上土崩瓦解了，春秋战国时期城市的宗法、政治寓意基本丧失。一方面是因为采邑的大量消失，诸侯国的郡县不断扩大；另一方面是“人”的作用逐渐被认识，人口的数量意味着国家的经济实力，也意味着在大争之世的生存能力。人口的迁徙，不再受到国家制度的强力束缚，孟子提出“域民不以封疆之界，固国不以山溪之险”，各国“造郭以盛民”的观念盛行，城市规模自然不再依据宗法等级，而是根据人口数量而定。所谓“万室之国”“千室之都”“万家之县”“万家之邑”的概念频繁出现在《管子》《战国策》等文献中。“千室之都却抓住了城市人口这个中心环节，科学地具体说明了城市经济发展水平和其相应的建设规模。从此例即可概括，根据新的城市概念说提出的城市分级标准的优越性。”③

列国诸侯，均务实地提出相似的度地建城的观点，魏国兵书《尉缭子·兵谈》云：“量土地肥饶而立邑建城。以城称地，以城称人，以人称粟。”《管子·八观》言：“夫国城大而田野浅狭者，其野不足以养其民。城域大而人民寡者，

① “先王之制：大都不过参国之一，中五之一，小九之一”，见《左传·隐公元年》。

② “都城过百雉，国之害也”，见《左传·隐公元年》。

③ 贺业钜．中国古代城市规划史 [M]. 北京：中国建筑工业出版社，1996：245.

其民不足以守其城。”尉缭子的观点，完全出于城市防守的军事目的，提出粮食安全关系城市安全；《管子》的观点，则说明乡村地区面积小的，无法支撑大城，城市人口数量不高的，无法防守大城。即城市规模与乡村规模匹配、与城市人口匹配。两者观点的核心均是粮食产量。《管子》的研究更为精确细致，提出了量化的“国”“野”匹配标准：“上地方八十里，万室之国一，千室之都四；中地方百里，万室之国一，千室之都四；下地方百二十里，万室之国一，千室之都四。”（《管子·乘马》）不过，《管子》的这个标准，应该是基于山东半岛的良好的土壤和地理条件，针对平原地区的城乡关系的经验。山区或重丘的百二十里之地，是无论如何都不能支撑四座千室之都的。

西汉戴圣将体国经野的制邑之术总结为：“凡居民，量地以制邑，度地以居民。地、邑、民、居，必参相得也。”（《礼记·王制》）。戴圣的观点是出于政权稳定、社会和谐、文化繁荣的目的，土地、城市、居民平衡，才能实现儒家德治天下、止于至善的政治抱负，即“无旷土，无游民，食节事时，民咸安其居，乐事劝功，尊君亲上，然后兴学”。

四、因地制宜的御水之术

华夏文明是长期使用河流水系的农业文明，华夏城市传统上非常重视城市用水安全与洪涝灾害防治，“尤其重视对江河水文条件及临江地形地貌的谨慎考察，选择可避江河水患，且易借地理之险的临水高地布局城市主体空间”[①]。先秦华夏城市即多有临水偏好，对这一问题已有比较全面的认识。农业灌溉、生活用水和交通便利等需求，促使城址需要临水岸线。水之利与水之害并存，如何得利避害，体现着城市选址的中庸之道。

（一）“防水”与“得水”

史前时期，水患是最尖锐的人地矛盾。洪水肆虐，农耕难以为继。“当尧之时，天下犹未平，洪水横流，泛滥于天下，草木畅茂，禽兽繁殖，五谷不登，禽兽逼人，

① 李小龙，王树声，朱玲，等.控引襟带：一种凭依江河的整体营城模式[J].城市规划，2018，42（11）：79.

兽蹄鸟迹之道，交于中国。”（《孟子·滕文公上》）鲧治水失败后，大禹以疏为主，解决水患问题，华夏大地方才有农业生产的条件：“疏九河，瀹济漯，而注诸海；决汝汉，排淮泗，而注之江，然后中国可得而食也。”（《孟子·滕文公上》）因为治水，大禹携功而受禅创夏王朝。“防水患”是史前文明处理城址与水关系的主要考虑，目前看来，史前城址外所设的垣、壕，大部分都与防洪有关。

古蜀文明宝墩文化时期（公元前 2500 年左右）的六座城市（新津宝墩古城、大邑高山古城、大邑盐店古城、崇州紫竹古城，崇州双河古城、都江堰芒城古城）（图 5-3），于岷江主道附近选址。对于这些城市，防洪是城市的首要要务，城墙便是为防洪而设。“城墙的长边与河流走向一致，横剖面呈梯形……并未采用此时已存在的修筑直立城墙的工艺。从夯土面测量，斜度约为 30—40 度，外侧斜坡较内侧缓和，这种城墙难以起到军事防御的作用，而由此可推断出此时期的城墙主要功能是防洪。”① 这与良渚遗址群的中心遗址情况很相似。

良渚遗址北侧发现长达 4.5 千米的长墙，墙底宽 30 多米，顶部宽仅 5 米，墙体坡度很大。如此长度的城墙，并不围绕遗址，而是一直向北，据推测只是防御山洪，并不具备军事防御功能②。后来的三星堆城址（公元前 1700 年左右），是古蜀较大的城市，可容纳 3 至 4 万人，是当时的古蜀中心城市，文明程度相当发达，曾考古发掘出众多古蜀文明的代表性文物。三星堆城址的壕沟与城外水系相连相通（鸭子河），防洪与航运功能共用。考古发现城墙内侧底层堆积大量陶片，是人类文化活动的痕迹，而城墙外淤沙堆积约一米余深，反映洪水的多次冲击。③

前文提到的淮阳平粮台龙山文化城址（公元前 2000 年左右），考古发现其有陶质管道，位于城门门路之下 0.3 米，内高外低，利于将城内积水向城外排放。④ 而其后的郑州商城遗址、湖北盘龙城遗址、安阳殷墟均发现了可能被

① 杨茜．成都平原水系与城镇选址历史研究 [D]. 西南交通大学，2015：40.

② 严文明．中华文明史 [M]. 北京：北京大学出版社，2006：42.

③ 王毅．从考古发现看川西平原治水的起源与发展 [C]// 罗开玉等．华西考古研究（一）. 成都：成都出版社，1991：146-171.

④ 曹桂岑，马全．河南淮阳平粮台龙山文化城址试掘简报 [J]. 文物，1983（03）：21-36.

用于泄洪的壕沟，吴庆洲认为，“商代后期的都城已出现了规划完备的沟渠系统”[①]。

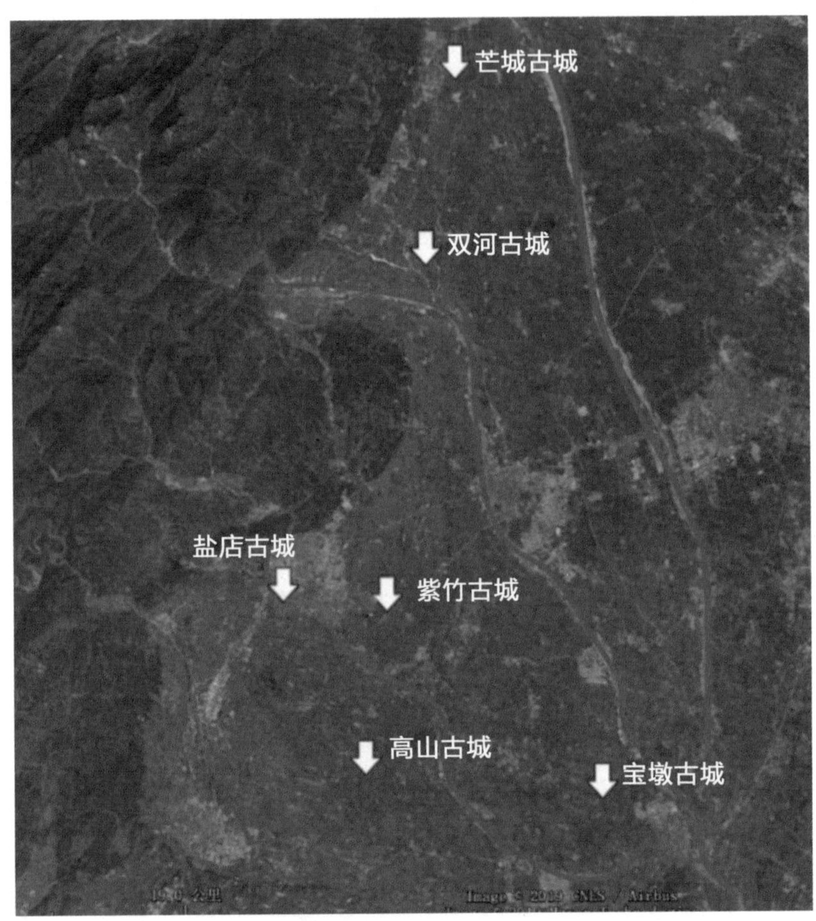

图 5–3 宝墩文化六城位置示意图

资料来源：根据 Google 地图绘制

水之害，乃先秦城市所共患。上文所述的宝墩文化遗址、三星堆城址，虽都认识到水患猛烈，修筑了大型堤防，做足了防洪功夫，但仍毫无例外地毁于洪水冲击，文明进程一度受阻。诚如《管子·度地》所言“五害之属，水最为大”，防洪是城址的第一等大事，如商王朝迁都殷之后，商人还是担心洹水会冲毁国

① 吴庆洲 . 中国古城防洪的历史经验与借鉴 [J]. 城市规划，2002（26），4：84.

都，于是在七月进行了大型占卜，“辛卯卜，大负：洹引，弗敦邑，七月”（《甲骨文合》23717）。

水之利，乃先秦城市所共图。防水之患，总的目的还是图水之利。江河对于城市的益处是巨大而充满诱惑的。水系，尤其是大江大河所具备的航运交通功能、灌溉生产功能、军事防御功能、防灾减灾功能、生态调节功能、景观塑造功能，即便是对于今天的城市，也是不可或缺的。

得水历来为中国城市选址所重。后世的风水格局将城址的选择归于三要素的判断：山脉、平地、水量；山脉走势越长则城址越优越，平地越开阔则城址越优越，水量越充沛则城址越优越。有风水学者认为，水量因素超过“平地”因素。“在一些山水大聚，但堂局并不宽广的风水位上，依然形成了大都会，究其原因，就是水量大……，由于水量充足，特别是大水带来的交通便利，使其成为一方都会。……风水曰：未看山、先看水，看山无水休寻地，有水无山亦可裁。城市只要水好便可立城。”①

西周初年，都城丰镐的选址，便围绕沣水展开：先于沣水西岸选址丰京，再于东岸选址镐京。随之其后的洛邑营建，是目前有明确详细史料记载的我国第一次城市选址实践，选址过程中，规划师（周公）奔走于拟定城址的四周河流周边地区（黄河、黎水、涧水东岸、瀍水东西两岸），虽是以占卜的名义判断城址吉凶，其实是考察周边水系，确定洛邑城址合宜程度：“予惟乙卯，朝至于洛师。我卜河朔黎水，我乃卜涧水东，瀍水西，惟洛食；我又卜瀍水东，亦惟洛食。伻来以图及献卜。”（《尚书·洛诰》）

进入东周，各诸侯国的都城大多毗邻江河选址。如楚纪南城址临云梦泽，鲁曲阜城址临洙水、小沂河，齐临淄城址临淄水，燕下都城址临易水，韩魏新郑城址临黄河、双洎河，吴灵岩城址临太湖以及秦之栎阳临沮水，秦咸阳临渭水等，不胜枚举。

得水之利与防水之害，是城、水关系问题的两个方面。《管子》提到城市选址与水的关系时，辩证地论述：“凡立国都，非于大山之下，必于广川之上；高毋近旱，而水用足；下毋近水，而沟防省；因天材，就地利。”（《管子·乘马》）

① 杨柳．风水思想与古代山水城市营建 [D]. 重庆大学，2005：236.

如何实现城市选址中的"水用足、沟防省"的目的，总结而言，有两个维度的思路：主动的选址偏好、被动的临水设防。

（二）城址位置与形态

1. 高处筑城

对于城址的具体位置，《管子》的观点最为鲜明，城址要满足的首要条件是防洪，其次才是土地的肥沃程度："故圣人之处国者，必于不倾之地，而择地形之肥饶者。乡山，左右经水若泽。内为落渠之写，因大川而注焉。"（《管子·度地》）"不倾之地"，是一个总的要求，即稳定、可靠、安全的地域。《管子·乘马》中进一步阐述了城市选址与水系的高差关系："凡立国都，非于大山之下，必于广川之上；高毋近旱，而水用足；下毋近水，而沟防省。"结合先秦各城的地势特点，《管子》的观点并不是一种指导理论，而更多是一种经验总结，是对既有城址考察归纳的结论。

史前诸多城址，多呈现出高处筑城的选址思路，即位于河流的二级台地上，取水方便，距河不远（大约 20 至 50 米）。古蜀营盘山遗址、沙乌都遗址，都位于岷江河谷黄土台地，土地较为肥沃，虽临岷江河道，但高差较大（如图 5-4）；湖北盘龙城遗址位于黄陂叶店府河北岸高地上；山东城之崖遗址位于章丘龙山镇武源河畔的台地上；河南后冈遗址位于安阳西北洹水南岸舌形的河湾高地上；内蒙古赤峰市东八家城址群的考古调查显示，英金河及其上游阴河两岸，有石城城址四十三座，均位于河流两岸的山岗上，以河北岸为多。[①]

安阳殷墟，以小屯村为中心，位于洹河南岸。小屯村遗址的宫室宗庙区[②]，地势较周围稍高。殷墟至今未见城垣遗迹，但考古发现其有通向洹河的人工沟渠，如小屯村东北有长约 650 米，宽 7 至 21 米，深 5 至 10 米的灰沟一条，灰沟北端连接洹河南岸。[③]殷墟为商都始自盘庚迁都，存续二百七十余年之久，直至商

① 见徐光翼．赤峰英金河、阴河流域的石城遗址 [C]// 中国考古学研究——夏鼐先生考古五十年纪念论文集．北京：文物出版社，1986.

② 详见 张康．先秦时期黄河中下游地区地方问题研究 [D]. 河北师范大学，2013：31.

③ 曲英杰．古代城市 [M]. 北京：文物出版社，2003：45.

亡。殷墟虽无城墙防水，但地势高亢，城址自然条件优越，加之排水设施完备，城址使用年代较长便在情理之中了。

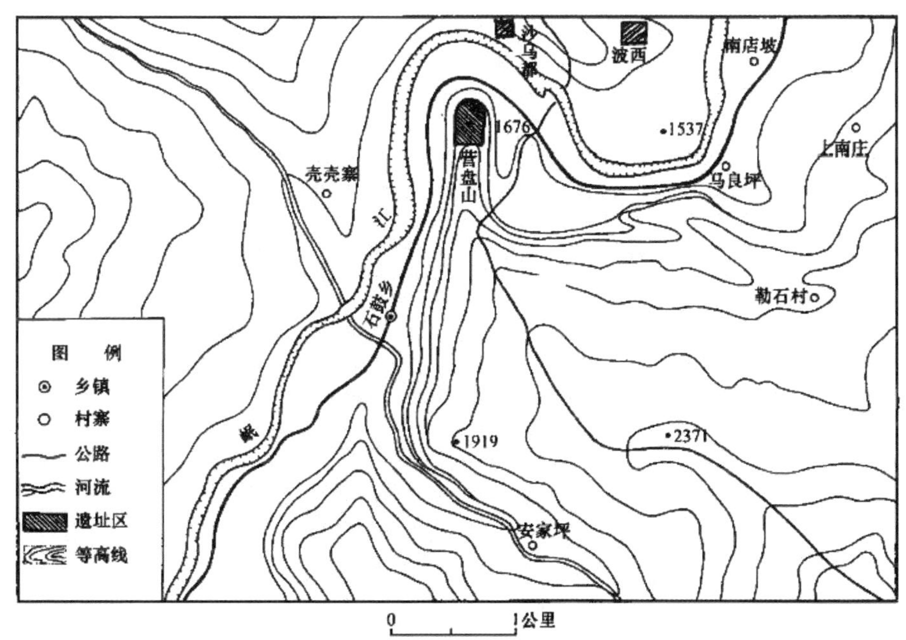

图 5-4 营盘山城址示意图

资料来源：蒋成等．四川茂县沙乌都遗址调查简报[J]. 成都考古发现，2004（00）.

赵之晋阳城。晋阳由晋国卿大夫赵鞅建于前 497 年。此城城址位于黄河以东，汾河以西，中条山以南，地势高亢，东城高出汾河 17 米，西城高出 7 米。[①]较高的地势不但保障了晋阳汛期安全，而且在战争中起到了关键作用。春秋末年（前 455 年），智氏、韩氏、魏氏（皆为晋卿大夫），联合起来攻赵氏于晋阳，并引汾水灌晋阳，因晋阳地势较高，水面离城头不过两米左右，未果[②]。后赵氏反间成功，与韩魏形成三家分晋。防水成功的晋阳城，促成了春秋时期大国晋国的解体，也揭开了战国时代的序幕。

① 侯秀娟．华夏文明看山西论从：文明衍流卷 [M]. 太原：山西出版集团山西春秋电子音像出版社，2007：45.

②《史记·赵世家》："三国攻晋阳岁余，引汾水灌其城，城不浸者三版。""版"为古代计量城墙的度量单位。宋末胡三省注《资治通鉴·周威烈王二十三年》，言："二尺为一版。"三版即六尺。周之六尺约合现在两米。

齐都临淄城。临淄原名营丘，齐献公扩营丘，并改城名为临淄，乃是春秋战国时期的东方大城，其城作为周代齐国都城长达638年（前859年至前221年，共历经姜齐26代君主、田齐8代君主），人口众多，所谓“临淄之中七万户”（《战国策·齐策》）并非虚言。城址东紧贴淄河，南靠系水，地势北高南低，顺淄水走向，利于城市排水。据吴庆洲考证，城址地坪海拔40至50米，比北边原野（海拔35米以下），高出5至15米，不易受洪水威胁。[①]据《晏子春秋》记载，管仲也曾参与临淄城经营，包括建设了临淄水的东门和广门（疑位于东门以南）。广门较东门高6尺（约合2米），未筑堤防，而“东门防全也”，这是选址带来部分的“沟防省”。[②]

这些城市的选址时间，均早于管仲从政的年代。《管子》“高毋近旱、下毋近水”的选址地形理论，说到底，并不是一种复杂深邃的理论，只是古人经验与常识的精练形象总结，也是“得水”与“避水”两个方面的结合点。

2. 凸岸处筑城

城市与河流水系的关系十分密切，滨水城市数量众多，而在城址的微观位置选择方面，凹岸与凸岸具有不同的意义。河流中的凹岸，总是进一步被掏空，这是由河流的水流特点决定的。河流中央水速最快，“当河流不沿直线发育时，最强的水动力会冲击正前方的河岸。这种水流会使凹岸的局部水压变大，形成的螺旋状环流进而进一步剥蚀凹岸，而把剥蚀的沙石堆积到凸岸。这种环流被称作横向环流”[③]（图5–5）。凸岸一直向前发展，淤大于消，土地得到拓展，而凹岸不断受到河水侵袭，土地不断减少。较之凹岸，凸岸选址建城的条件优越得多。[④]

由于地球自西向东自转，北半球的河流对南岸冲刷大于北岸，北岸作为河流凸岸的概率较南岸为高，古人发现这一特点，将北岸喻为“阳”，南岸寓为“阴”，

① 详见吴庆洲．中国古代城市防洪研究 [M]. 北京：中国建筑工业出版社，1995：245.

② 齐景公欲去东门防洪堤，晏子以东门、广门的高差与洪水的关系，阻止了他。见《晏子春秋·内篇杂上》：“昔者吾先君桓公，明君也，而管仲贤相也。夫以贤相佐明君，而东门防全也，古者不为，殆有为也。蚤岁淄水至，入广门，即下六尺耳，乡者防下六尺，则无齐矣。”

③ 引自知乎 .https：//www.zhihu.com/question/27696813?rf=20146559.

④ 与之相反的是，码头的选址，一般情况下须选择凹岸，凹岸边滩不宽且不会不断发展，岸线较为稳定，能保障码头前沿有足够的水深。

趋阳避阴，城市也好、住宅也好，都宜于在阳处选址。全国县级行政区 2831 个（2005 年数据），市（县）名称中有“阳”字的，180 个，而有“阴”字的，只有 8 个。

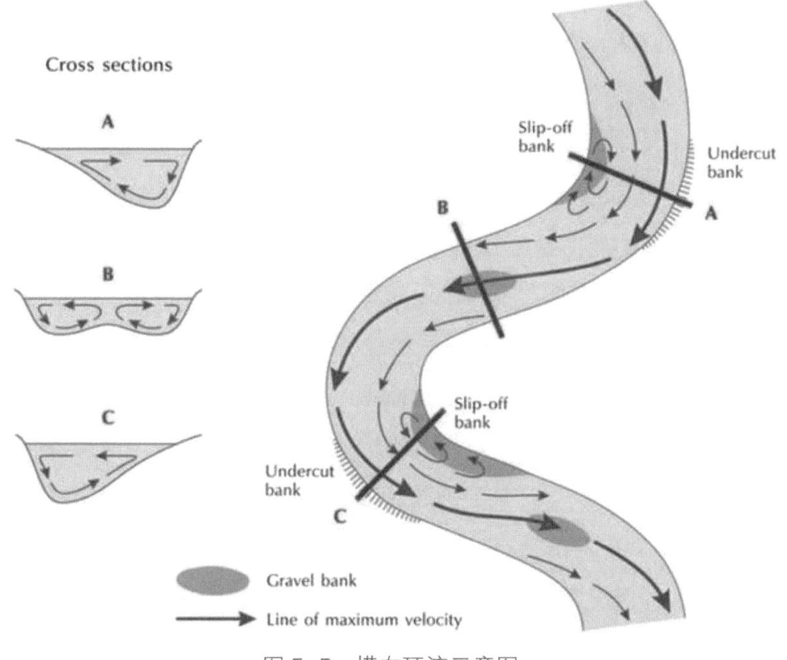

图 5-5　横向环流示意图

资料来源：引自 https: //www.zhihu.com/question/27696813?rf=20146559

周初选址营建洛邑，即体现了凸岸筑城的思想。洛邑位于洛河之北，具体位置在河流北侧的凸岸所在，《尚书 · 召诰》记载，召公得到了占卜的结果后，便于洛水南弯的北岸具体选址营建洛邑：“厥既得卜，则经营。……太保乃以庶殷攻位于洛汭。越五日甲寅，位成。”（《周书 · 召诰》）“汭”是两水交汇处或弯曲处，水内乃汭，即河流的凸岸所在，这是选址建城的佳处。史籍记载，周武王当时很中意“洛汭”这块区域，不仅因为这里是夏朝政权的传统统御中心，且“洛汭”是平坦、向南的，而非险峻的场所，“自洛汭延于伊汭，居易毋固，其有夏之居”（《史记 · 周本纪》），“自洛汭延于伊汭，居阳无固，其有夏之居”（《逸周书 · 卷五 · 度邑解》），北魏郦道

元解释了“洛汭”含义：“阳虚之山，临于玄扈之水，是为洛汭也。”（《水经注·卷十五》）

前文所述的晋阳城，初建时（前497年）位于汾河西岸的凸岸地带，土地肥沃，山环水饶，地势高亢，地形十分有利。隋唐之交，太原已经发展成为“北方最重要的政治、军事重镇以及著名的经济都会”，并一直繁荣至北宋时期，时间跨度近15个世纪。宋太平兴国四年（979年）毁晋阳城，三年后（982年）潘美于汾河东岸的凹岸处筑城，成为后太原城的基础城址。新筑之太原城，不仅地势较低，而且“位于河流凹岸且处于山谷峡口，河流主线对河岸的侵蚀、汛期的山洪等势必对城市生存发展造成威胁”[①]。洪水灾害因此成为太原的顽疾，仅1884年至1949年的65年间，太原城就发生较大洪水15次。

太原城城址由河西凸岸迁至河东凹城，具有一定积极的经济地理（河东城镇较多）和军事意义（抵近前线），但由于城址位于凹岸，汾河河道拐弯处，对汾河的防洪问题考虑不周，加之地势较低，洪水时难以幸免。如道光年间的《阳曲县志》所分析：“汾河由烈石口迤逦而至会城之西，其地北高南低，势如建瓴，一遇夏秋雨潦，冲激之害时所不免。”[②]总体而言宋代所建河东之城太原城址，是劣于春秋所建河西城址的。

3. 城址形态修整

前文所述“违制”问题时，列举了诸多双城格局、品字格局的城址形态以作证明，这些是城址形态格局的较大突破，还有一些城市，城址虽大致方正，但形态有所修整，主要是城墙非直线型，城角转角为折角或弧线。这种情况属于城址格局小的调整，多是为了用水与防水。

楚郢都纪南城，自公元前689年楚文王迁都于此，至公元前278年（楚襄王二十一年）秦白起拔城，共历411年20代国君。纪南城址位于江汉平原河网地带，水系发达，屈原在《哀郢》中哀叹离开郢都流亡，便是摇桨行舟，“发郢都而去闾兮，……楫齐杨以容与兮，哀见君而不再得”，说明郢都河

① 马正林．中国城市历史地理[M]．济南：山东教育出版社，1999：93.

② 转引自马正林．中国城市历史地理[M]．济南：山东教育出版社，1999：82.

网发达。郢都城址方正，回字格局，但城墙四角中有三角（东北、西北、西南）均折角处理。原因在于郢都护城河较为宽阔（40至100米），折角形态的城角，能加大护城河的河道曲率，引导水流顺畅过弯，城墙转角不至于在洪涝季节垮塌。另外，折为钝角的城墙，也能在守城战中扩大防御面，增加攻方突破城角的难度。

城墙转角设为折线形的这一传统，可追溯至史前文明的龙山文化时期。如山东城子崖城址拐角均呈弧形，景阳岗城址呈圆角长方形，湖南城头山城址近圆形，湖北石家河遗址为圆角长方形，阴湘城城址为圆角方形，走马岭城址为圆角四边形。这些史前遗址均有城垣，城垣转角多采用弧形转角（图5-6）。在周朝都城形制方正居中之规定下，这一传统依然延续。

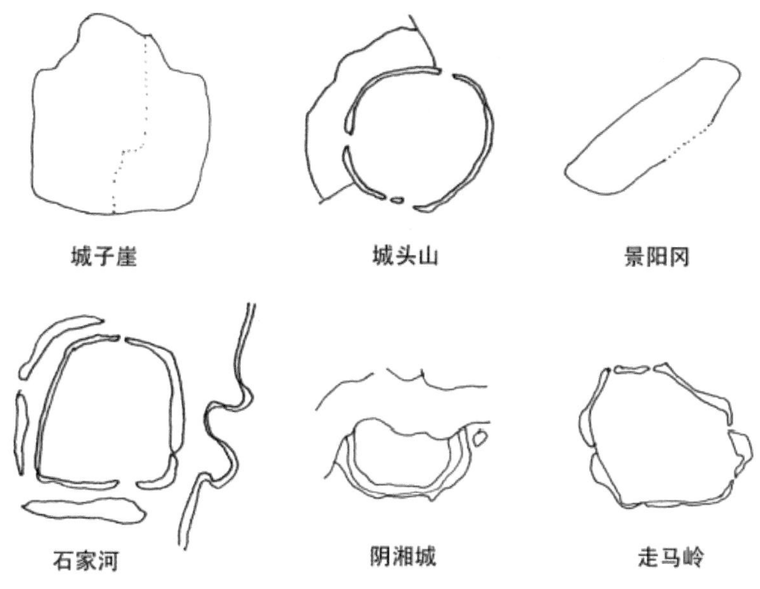

图5-6　史前城址形态示意图

资料来源：自绘

中山国国都灵寿城位于今河北石家庄平山县，建于战国中期（前380年左右），城址为不规则倒三角形，东西宽4千米，南北最长4.5千米。城址中央有南北向隔墙，将城分为东城（王城）、西城（廓城）两部分。灵寿城墙走向呈弯曲状，依自然地势而建，东城墙沿京御河而建、西城垣沿源自陵山的自然河沟而建、南城垣沿淳沱河而建、北城垣沿东陵山而建，城垣拐角基本上呈圆角形[①]（图 5–7）。

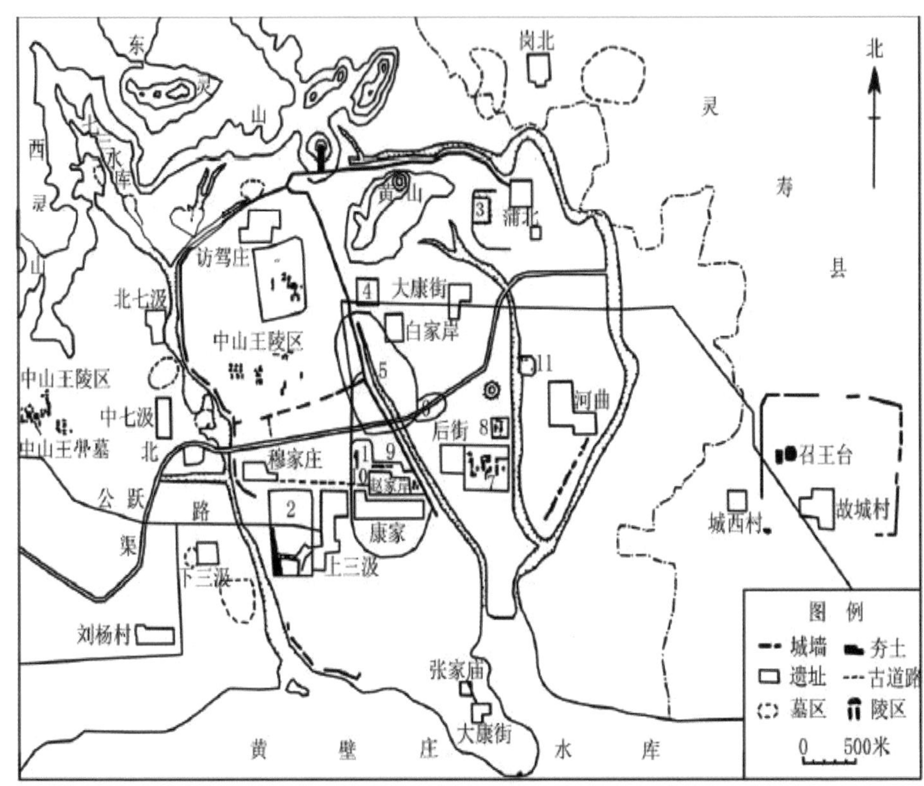

图 5–7　中山国国都灵寿城

资料来源：河北省文物研究所．战国中山国灵寿城 1975—1993 年考古发掘报告 [M]. 北京：文物出版社，2005.

而落实《周礼》最严格的鲁国，国都曲阜城址形态只是略微方正，城垣四角皆为圆角形，且其为洙水、小沂河所环绕，东、西、北三面城垣皆呈弧形。秦武王时期所筑之成都城，虽要求“与咸阳同制”，但实际上由于成都城址潮湿，土质不佳，城垣屡建屡塌，最后城市形态弯弯曲曲，城墙皆为弧线，转角皆为圆角，被称为“龟城”（图 5–8）。与此相对比的是，西周初年的洛邑（图 5–9），城址形态严谨，城墙笔直，转角方正，西临涧水，南靠洛水，但洛邑数

① 武庄．中山国灵寿城初探 [D]. 郑州大学，2010：46.

次因此受到洪水的大规模冲击，甚至灵王二十二年（前550年）涧水溢出河道，冲毁西垣，威胁宫室。①

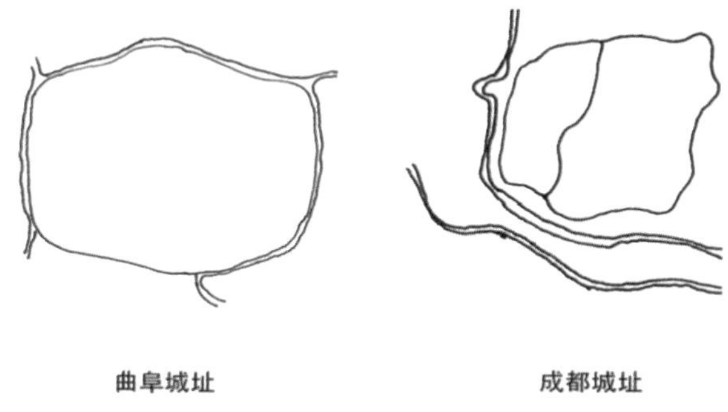

图 5-8　曲阜、成都城址形态示意图

资料来源：自绘

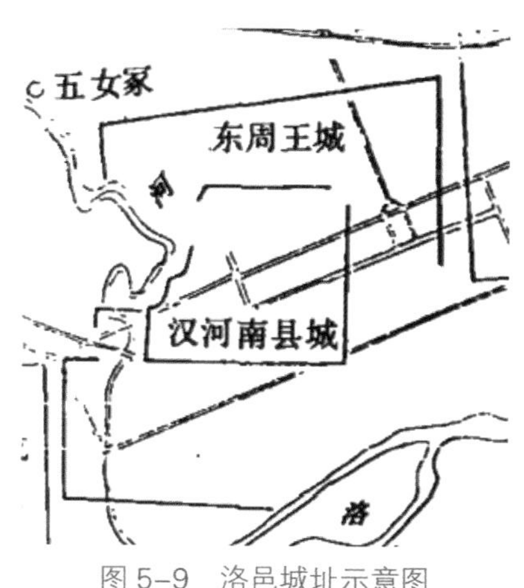

图 5-9　洛邑城址示意图

资料来源：叶万松等．西周洛邑城址考 [J]. 华夏考古，1991，（02）：73.

这一城址折角的传统对后世影响深远。如汉长安，其西北城垣沿渭水方向折线而行，全城为梯形形态，被称为“斗城”；东魏邺南城，宫城居中，回字格局，城内布局沿中轴线展开，相当严谨，但东南、西南城垣转角为圆形。这

①《国语·周语》载：“灵王二十二年，谷、洛斗，将毁王宫。王欲壅之。”（曲英杰考证，谷水即涧水）。韦昭注曰：“谷、洛，二水名也。……斗者，两水激，有似于斗也。至灵王时，谷水盛，王城之西，而南流合于洛水，毁王城西南，将及王宫”。又据《左传·襄公二十四年》（即灵王二十三年）记载，齐献媚于天子，替周王修复了城垣。参见曲英杰．先秦都城复原研究 [M]. 哈尔滨：黑龙江人民出版社，1991：145.

类折角城市，还有很多。回顾中国古代城市建设史，有一类城市被称为“龟城”“葫芦城”，如成都、商丘、昭化、赣州。究其原因，多是因城墙转角呈圆弧或折角形态，被以物类比称为“龟”（图 5–10）。

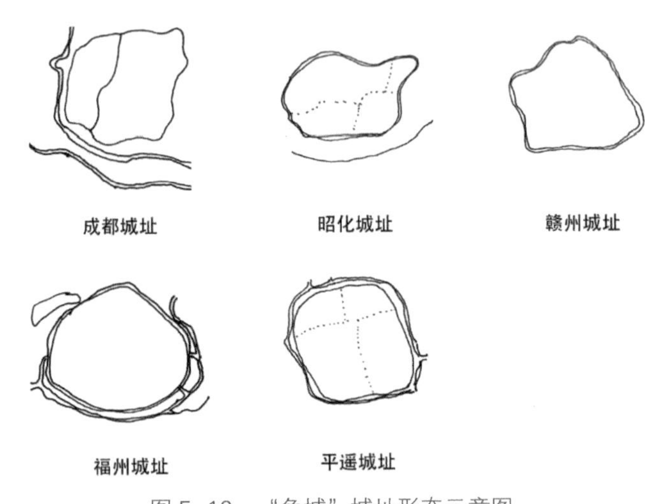

图 5–10 “龟城”城址形态示意图

资料来源：自绘

（三）城墙修筑技术

城墙是防御洪水、抵御外敌的最好屏障。在文明早期，城墙的防洪功能甚于防敌。城址得水之利，必防水之害。防水害最直接的措施是筑墙。如何使城墙坚实可靠，遇灾不倒，先秦先民探索了若干筑城技术。

1. 基槽技术

直接在城址地面上夯土筑墙少之又少，究其原因，几米甚至几十米高度的城墙，如不入地立基础，则无法承受水平剪力，洪水冲击下，墙体易垮塌。墙基设置基槽这一技术出现较早。目前发掘的先秦城址，包括史前文明阶段的诸多遗址均出现这一技术。如郑州西山史前遗址，“城墙采用方块版筑法，建筑方法是先在拟建城墙的区段挖筑倒梯形基槽，然后在槽底平面上分段、分层夯筑城墙”[①]。这一手法比较普遍，如二里头遗址、二里岗城址、登封冈

① 曲英杰．古代城市 [M]. 北京：文物出版社，2003：15.

遗址、洹北商城、郑州商城均有发现。二里头遗址的筑城方法是：去除浮土，露出原生土层，垫平后铺上卵石，再行夯土，在夯土基础上挖基础槽，在槽上筑墙。[①] 郑州商城，城墙遗址处的基槽宽约四米，内立土墙，墙用浅灰色或黄褐色土夯筑，每层夯土约厚 8 至 10 厘米，夯窝明显，呈圆形小底。[②] 城之崖遗址城墙建筑的程序是，“先在地面上挖成一道宽约 13.8 米、深约 1.5 米的圆底基沟，而后将沟用生黄土层层填满，筑成坚固的墙基，在墙基上再建筑墙身”[③]。

楚郢都纪南城是先有城后有城墙的。楚文王自丹阳徙都于纪南（前690年），只有宫室，未有城墙外廓。[④] 其后近200年郢都无墙，其城墙筑于春秋战国之交。纪南城城墙有自身特点，其城墙工艺与城墙内外护坡不同，城墙本身的墙基石有基槽，而内外护坡则直接于平地上垫土构筑而成。据考古发掘，纪南城城墙的建造过程为：清理基础（去除淤泥、淤沙、腐土）、挖基础槽（从 0.4 米到 1 米不等）、填坑填井、用黄色（或褐色）生土夯筑（层层夯筑，不用穿棍夹板）。[⑤] 纪南城虽在战国后期被弃，但城墙保留较好，在现代对其城址的发掘过程中，仍能准确测量城墙西北、西南、东北三处的折角长度分别是 642 米、512 米、712 米。[⑥] 考虑到纪南位于水网纵横的长江北岸江汉平原，降水也较为充沛，土质城墙能存在如此长时间，体现了先秦卓越的筑城工程技术。前文的中山国灵寿城，据考古探查，其城墙基础部分亦多采用开基槽手段，“城垣垣基内侧修筑时使用挡板，中间部分的夯基则在槽内逐层夯筑，每层夯土厚为 6 至 7 厘米”[⑦]。

城墙的基槽技术传至后世，成为宋《营造法式》之官方规定：“城基开地深五尺，其厚随城之厚。”[⑧] 是城址营建的一般性的规范。

---

① 详见杜石然．中国科学技术史 [M]. 北京：科学技术出版社，2003：78-80.

② 详见河南文物考古研究所．河南郑州商城宫殿区夯土墙 1998 年的发掘 [J]. 考古，2002（2）.

③ 曲英杰．古代城市 [M]. 北京：文物出版社，2003：16.

④ 见《左传・襄公十四年》杜注：“楚始都郢，未有城郭。”《左传・昭公二十三年》孔疏：“楚自文王都郢，城郭未固。”

⑤ 湖北省博物馆．楚都纪南城的勘查与发掘 [J]. 考古学报 .1982.3：325-349；4：477-507.

⑥ 折角数据源自：湖北省博物馆．楚都纪南城的勘查与发掘 [J]. 考古学报 .1982.3：327：《城垣拐角统计表》。

⑦ 武力庄．中山国灵寿城初探 [D]. 郑州大学，2010：46.

⑧ 转引自吴庆洲．中国古代城市防洪研究 [M]. 北京：中国建筑工业出版社，1995：251.

2. 城墙取优质土

土质关系到城墙的工程质量。《山海经》提到，鲧治水时，未经尧帝的同意，私自偷出息壤，用以抵御洪水，最终失败被杀。《通雅》解释“息壤”为“坌土也”，“坌土”是松动的散土（尘）的意思。按此说，这种不能抵御洪水的土壤，其实是农田的耕作浮土，取之虽然易但不能建堤围水。

由于大量的陶器制作，中国古人对“土”的理解已十分深刻，明白不同质地的土壤适合的用途。[①] 如同“息壤”一样，腐殖土、地表土是不适宜作为城墙内填土的。比较适宜的是生土，位于地表土之下，质地紧密，夯筑后抗压防水，经久而坚固。

中国土建的传统之一，便是城墙的夯土技术，“夯土技术在新石器时代中、晚期的建筑中普遍使用，这一技术虽然简单，但是它使疏松的土质变得细密，能够承重、防水，是一种很经济的建筑技术，在我国建筑中产生了深远的影响”[②]。汉代辛氏所著《三秦记》，提到秦汉长安的城墙颜色与土地颜色不同，取用的是优质山土：“长安城中，地皆黄壤，今城赤，何也？且坚如石、如金。父老相传云：‘尽凿龙首山中土以为城’，及诸城阙亦然。”[③] 成都城修筑时，张仪因其土质不佳，宁愿于离城十里之处取土筑城，“其筑取土，去城十里”（《华阳国志·蜀志》）。

总体而言，适宜筑城之土，土质厚重，含水适中，色泽润而不燥，颗粒细微而丰厚，单位体积的质量大。这种适宜之土，其承载力、含水量、黏度等指标，应该是能符合现代建筑对基地的要求的。土质紧密，质量高的土壤，承载能力就强，承建风险小，反之亦然。后世的风水学说继承了这种观点，“用斗量土，土击碎量平斗口，称之，每斗以十斤为上等，八、九斤中等，七、八斤下等”[④]。晋代郭璞选址筑城于湖北松滋一带，因为土质不坚实而放弃选址筑城，后主持选址温州城时，城址原定于瓯江北岸，但因为土质原因，改在江南，“原定于

① 普通的黄土氧化钙比例高，气孔多，且可塑性不大，不适宜作陶器。商代的陶器一般由红土、沉积土、黑土和其他黏土所制。

② 唐锡仁，杨文衡. 中国科学技术史：地学卷. 北京：科学出版社，2003.

③ 转引自 吴庆洲. 中国古代城市防洪研究 [M]. 北京：中国建筑工业出版社，1995：278.

④ 出自高见南之《相宅经纂》，转引自：杨柳. 风水思想与古代山水城市营建 [D]. 重庆大学，2005：168.

江北，取土称之，土轻，乃过江”[①]。

五、流域治理的兴城之术

城市防洪技术革新、选址的地形地势偏好，都是先秦时期先民被动适应自然的措施，也是对河流水系运行规律的尊重。但同时，随着生产力水平的提高，先民也尝试着在服从水系规律的同时，积极、主动地调节水系运行，以获得更多的城市生存发展的空间与自由，这也是荀子“制天命”的现实实践。

这种实践，反映为宏观层面的流域综合治理工程，包括水土保持、水利工程建设、农田沟洫建设等。流域综合治理，并不是选址的具体行为，但一能保证既有城址的防洪安全、粮食安全、用水安全，二能很大程度上改善区域农业耕作条件，提高农业生产能力，提高区域人口总量，促生新的城市形成。

（一）水土保持

河流的汛期水势与河道两侧的植被关系密切，树木可固堤护岸并防止平时的水土流失。《管子·度地》记载：“大者为之堤，小者为之防，夹水四道，禾稼不伤。岁埤增之，树以荆棘，以固其地，杂之以柏杨，以备决水。”而且，有防护林带的水系，在《管子》看来，不但无溃堤之忧虑，而且土地润泽而产量稳定，是一块送给百姓的流动的膏脂，“民得其饶，是谓流膏”，一举两得。

提倡广泛植树，尤其是在河流、道路、沟洫旁边植树的传统至少源自周初。周公借古人之口，提出不能种庄稼的地方，如池塘边、道路旁、河渠边、杂草丛生地以及土丘、土堆都要种上树木，“陂沟道路，藂苴，丘坟不可树谷者，树以材木”（《逸周书·卷四·大聚解》）。

《周礼》中还设置了不同的职位负责相关的植被种植、维护工作。如遂人分管国家的乡村地区，以地图来划分田野，不同的区域之间筑沟渠，并植树于沟渠两侧：“遂人掌邦之野，以土地之图经田野，……皆有地域，沟树之，

① 出自嘉靖《温州府志·城池》，转引自：吴庆洲．中国古代城市防洪研究 [M]. 北京：中国建筑工业出版社，1995：280.

使各掌其政令刑禁。”（《周礼·地官·遂人》）封人负责为王畿设定区域（五百里范围），并植树为界:“封人掌设王之社壝。为畿，封而树之。”（《周礼·地官·封人》）掌固负责修筑城郭、河渠的防护设施以及沟渠周围各国之间的界限，在都邑的边界处设置沟渠，并植水树木:“掌固掌修城郭、沟池、树渠之固，……凡国都之竟有沟树之固，郊亦如之。”司险则负责在国都边界，设置五沟、五涂的防护林带:“司险掌九州之图，设国之五沟、五涂，而树之林以为阻固。”（《周礼·夏官·小司马》）大司徒统计诸侯国和王畿内的采邑数量，挖沟起土以为界，设立各国社稷的壝坛，以当地乡土植物作为主要树种:“大司徒……而辨其邦国、都鄙之数，制其畿疆而沟封之，设其社稷之壝，而树之田主，各以其野之所宜木。”（《周礼·地官·司徒》）不过，值得指出的是，《周礼》中所设置的繁复官职与两周的实际情况不符，如春秋时期的齐国，管理沟渠、堤防的是“司空”:“决水潦，通沟渎，修障防，安水藏，使时水虽过度，无害于五谷。岁虽凶旱，有所秎获，司空之事也。”（《管子·立政》）《周礼》可能只是一种政治制度构建理想，以传达一种以礼、以法治国的价值观。[①]

《管子》以一种使命感和责任感，要求君主重视植被的保护、堤防的维护，重视山林、沼泽、草地的价值，“君之所务者五:一曰山泽不救于火，草木不植成，国之贫也。二曰沟渎不遂于隘，鄣水不安其藏，国之贫也。”（《管子·立政》）“为人君而不能谨守其山林、菹泽、草莱，不可以立为天下王。”（《管子·轻重甲》）

春秋之后，为了控制更多的战争资源，获得较好的战争形势以及满足贵族的享乐心理，各国都不同程度地破坏自然植被，甚至人为制造洪涝灾害。如《管子·霸形》载，楚国攻宋、郑二国，采用野蛮、毁灭性的战争手段，毁城塞河流，造成生态性灾难。[②] 又如，陈国与楚国一起伐郑国，不但把郑国的水井堵塞，

① 如据王治国研究，西周的命官制度特点是:“厉王前后，西周官制的系统性有了较大改变，王朝各职官被归入公族、卿事寮和太史寮三个系统之中。时至宣王，公族又被归入卿事寮，这样在西周王朝便形成了卿事寮和太史寮两大职官系统并列的局面。”与周礼的官制安排，并无太大关联，并由此认为《周礼》为后出世的文献，所载各项制度未必尽合于西周实际。详见 王治国．金文所见西周王朝官制研究 [D]. 北京大学，2013.

②《管子·霸形》:“楚人攻宋、郑，烧焫熯焚郑地，使城坏者不得复筑也，屋之烧者不得复葺也，……要宋田，夹塞两川，使水不得东流，东山之西，水深灭垝，四百里而后可田也。”.

还将树木砍光，从经济上、生态上打击敌国。[①] 唐朝魏徵等对这一时期的野蛮行为进行了批评："人主好破坏名山，壅塞大川，决通名水，则岁多大水，伤民，五谷不滋。"(《群书治要·六韬》)这些还只是春秋时期的战争，到了战国时期，纷争愈炽，手段愈酷，尤其是决堤、以水为兵的战例不胜枚举。

宫殿的大量修建，也对生态环境造成了大规模破坏。秦迁都于咸阳，初只是位于渭水北侧，规模不大，但随着兼并天下的势头日盛，秦都日益扩展，"令咸阳之旁二百里内，宫观二百七十，复道甬道相连"(《史记·秦始皇本纪》)，《庙记》更说咸阳"北至九嵕甘泉，南至鄠、杜，东至黄河，西至汧渭之交，东西八百里，南北四百里，离宫别馆，相望联属"。统一全国之后，始皇更加膨胀，认为咸阳应该仿照丰镐二都，夹水而建，以天地山川为坐标，方有帝都气概："始皇以为咸阳人多，先王之宫廷小，吾闻周文王都丰，武王都镐，丰镐之间，帝王之都也。乃营作朝宫渭南上林苑中。先作前殿阿房，东西五百步，南北五十丈，上可以坐万人，下可以建五丈旗。周驰为阁道，自殿下直抵南山。表南山之颠以为阙。为复道，自阿房渡渭，属之咸阳，以象天极阁道绝汉抵营室也。"(《史记·始皇本纪》)唐人杜牧叹之"蜀山兀，阿房出"。

穷奢极欲的宫殿建设，带来大量植被被毁害，引起严重的水土流失。以黄河为例，先秦时期黄河尚清，但宫室奢侈，耗树木而巨，秦汉累加，至西汉后期黄河泥沙比重倒置，已成为害河，王莽时期的大司马张仲议曰："河水浊，清澄一石水，六斗泥。"(《水经注·卷一》)防黄河水患从此成为北方地区经年累月的重任。

(二)沟洫及水利建设

先秦时期，"土"与"水"是紧密联系在一起的。《管子·水地》将水比喻为大地的血脉经络："水者，地之血气，如筋脉之通流者也。"《史记·周本纪》将水视为土地的财力源泉，国家的兴盛依靠："夫水土演而民用也。土无所演，民乏财用，不亡何待。"应该说，正是"水"的作用，才确立和提高了土地的生产价值，使四处可见的"土"成为衣食相关的"田"。

①《左传·襄公二十五年》："陈侯会楚子伐郑，当陈隧者，井湮(塞)木刊(除)。郑人怨之。"

先秦的“城地相称”城镇布局原则，是“国”“野”相匹配，城市规模与腹地农业经济规模相适应，前文已简述。在此原则下，提升“野”，即乡村地区的农业经济总量，则是增加“国”即城市的数量，和增大城市规模的必要条件。

华夏文明是传统的农业文明，这一特质由文明的地理气候环境决定，自文明起源时便注入了文明内核中。中国古代的农田经济作物培育不但历史悠久，而且日益重要。距今7000年的河姆渡文化，已经发掘出了驯化改良的栽培稻大量遗存，据测定，粟黍类在食物中的比重，仰韶文化时期为50%，龙山文化时期为70%。农业的重要性日益提高，客观上要求耕作技术和灌溉技术不断进步。

1. 沟洫建设

早期的农田水利设施，是起防洪排涝功效的沟洫，即农田之间的水道。沟洫的建设，具有两方面的意义：一是沟洫系统调节了土壤墒情，提升单位面积农田的产量，从而提升区域经济总量①；二是沟洫形成的人工沟渠系统，能分解汛期洪水对主河道的压力，降低洪灾对城镇的威胁②。沟洫建设又与井田制相互联系。井田制基本上只存于先秦时期，是氏族公有制向家庭私有制过渡时期公田私耕的农业协作制度。以直线为主的沟洫，划分了不同产权和责任的田地，且能够使所有田地同样得到河水的灌溉。

沟洫可能起源于夏初，孔子在《论语·泰伯》中云：“禹卑宫室，而尽力乎沟洫。”意思是大禹不致力于宫殿建设，而尽力修筑农田沟洫。商朝的甲骨中，发现了大量类似于“田”字形的文字，代表土地被沟洫划分为田地。《诗经·大雅·公刘》歌颂了周族的祖先公刘建设农田沟洫事迹：“笃公刘，……彻田为粮，度其夕阳。豳居允荒。”“彻”是治理、整治的意思，即农田的沟洫建设。

① 据董恺忱、范楚玉研究，水利设施完善后的战国时代，粮食亩产较之西周时代增加了58%～100%。详见董恺忱、范楚玉.中国科学技术史：农学卷[M].北京：科学出版社，2000：53.

② 有研究认为沟洫的主要功能是排涝，而不是灌溉：“它（沟洫）和从引水源到农田逐级由大而小，由高而低的灌溉渠系的布局显然不同。其作用在于防洪排涝，而不是灌溉备旱。”详见董恺忱、范楚玉.中国科学技术史：农学卷[M].北京：科学出版社，2000：45.

《周礼》的沟洫建设体系已经相当复杂了。主管沟洫的官员是地官的遂人："凡治野，夫间有遂，遂上有径，十夫有沟，沟上有畛，百夫有洫，洫上有涂，千夫有浍，浍上有道，万夫有川，川上有路，以达于几。"（《周礼·地官·遂人》）《考工记》对于建设沟洫的工具、技术、等级规定得更为具体细致："匠人为沟洫，耜广五寸，二耜为耦[①]，一耦之伐，广尺深尺，谓之甽；田首倍之，广二尺，深二尺，谓之遂，九夫为井，井间广四尺，深四尺，谓之沟，方十里为成，成间广八尺，深八尺，谓之洫，方百里为同，同间广二寻，深二仞，谓之浍。专达于川，各载其名。"甽、遂、沟、洫、浍，这是一个由小到大的排水体系。

战国时期，由于长期的开发，原来黄河中游流域（即所谓的黄土层地带）内涝积水的农耕环境被极大地改善了。另外，铁质农具的广泛使用，让大量土质紧密（富含黏土）的土地也纳入了可耕地的范畴。耕地拓展到了广阔的地区，如原来的齐国立国之时（西周初年），土地贫瘠，人口稀少，"太公望封于营丘，地潟卤，人民寡"（《史记·货殖列传》），姜太公治国之策只能是"通商工之业，便鱼盐之利"（《史记·齐太公世家》）。而到了东周后期，齐国已经拥有了广袤的耕地，发达的农业，"齐带山海，膏壤千里，宜桑麻"（《史记·货殖列传》）。

2. 水利工程建设

先秦时期古人懂得城址选择基于水系格局，既得水又避害的道理。选址思想不仅仅是处于"知天命""畏天命"的层面，即人地关系中人类完全处于被动、克制、服从的情况。在不断实践探索中，选址思想的主流，受"人与天调""制天命"的法家和儒家思想影响，即强调在积极适应自然的基础上改造自然，积极创造更和谐的人地关系。

中国较早认识到河流的水利学特征。《管子》深刻地理解河流的类型及相关的动力特征，领先于整个时代。《管子·度地》将河流按照来源和形态，分为"川水、经水、枝水、谷水、渊水"五种类型，认为水的走势可以人为引导控制，"夫水之性，以高走下则疾，至于蒡石；而下向高，即留而不行，故高其上。领瓴之，尺有十分之三，里满四十九者，水可走也。乃迂其道而远之，以势行之。水之性，

① 耜耦是一种手持足踩的直插式翻土工具。

行至曲必留退，满则后推前，地下则平行，地高即控，杜曲则捣毁。杜曲激则跃，跃则倚，倚则环，环则中，中则涵，涵则塞，塞则移，移则控，控则水妄行；水妄行则伤人，伤人则困，困则轻法，轻法则难治，难治则不孝，不孝则不臣矣”，这是古人“首次提出明渠水流和有压管流运动规律及水跃现象。两千多年前就建立起了明渠水流水力坡降量的概念，对有压管流、水跃等水流现象进行了正确的阐述，在当时世界上处于领先地位”①。《管子》虽是从防洪治河的角度出发的，但仍提出了水害转变为水利的思想，即“领瓴之，尺有十分之三，里满四十九者，水可走也”，是将水引向高位分流入渠；提高水位自然不是防洪需要，只能是灌溉他处，泽润田野的需求。

《管子》以防洪作为水利设施的主要目的，而《管子》之后，随着先秦社会发展，国与国之间竞争白热化，水利工程承担了越来越多元的发展诉求。先秦水利工程建设的目的不断复合化，可分为三个阶段：

第一个阶段，是防洪治河。华夏文明“创世纪神话”中重要的一章，就是大禹治水，疏导分洪，以退为进的故事。宝墩时代诸城的斜墙、良渚遗址群的长墙，都是原始的防洪治河的水利设施。

第二个阶段，是灌溉。在《周礼》中不仅记载有排水的沟洫工程，还有灌溉的水渠系统：“稻人掌稼下地。以潴畜水，以防止水，以沟荡水，以遂均水，以列舍水，以浍写水，以涉扬其芟。”（《周礼·地官·稻人》）荡是主干渠，遂是支渠，列是田里留水的畦埂，舍则是排水渠。周礼描绘的灌溉系统主次分明，体系完整，应该是对历史经验的总结。进入春秋时期后，灌溉用途的水利工程，已经超越了农田整治设施，成为投资巨大、长达数百里、泽润万亩田地的大型水利工程，充满了恢宏的气势，昂扬着先民自信的精神。

第三个阶段，是交通航运。春秋时期的吴国，为北上伐齐，于公元前 486 年开通了沟通南北的邗沟。邗沟起自今扬州市西，从长江北岸发端，向东北开凿，沿途拓沟穿湖，至淮安旧城北五里，与淮河连接，利用若干自然河湖，连接长江水系和淮河水系，改变了东南地区与中原诸州无水路往来的历史。战国时期的魏惠王婴，于公元前 360 年开凿鸿沟，引黄河水南下，经现在的通许、

① 周魁一. 中国科学技术史：水利卷 [M]. 北京：科学技术出版社，2002：4.

太康，至淮阳东南，沟通淮河，成为中原地区的水上交通要道，“以通宋、郑、陈、蔡、曹、卫，与济、汝、淮、泗会”（《史记·河渠书》）。秦并天下后，为征服百越，于公元前 219 年于百越地区的现全州县，修筑了沟通珠江水系与长江水系的灵渠。

进入东周之后，“富国强兵”成为各国尤其是大国的主要奋斗方向，这种背景下，修建水利设施的目的已经由简单的防洪目的转换为灌溉区域农田、支撑农业发展的社会经济目的了。商鞅执政时候，秦国可耕作的田地不到国土面积的十分之二，他对此痛心疾首：“今秦之地，方千里者五，而谷土不能处二，田数不满百万，其薮泽、溪谷、名山、大川之材物货宝，又不尽为用，此人不称土地。”（《商君书·徕民》）他认为理想的国土规划，良田加薄田，至少占总面积的十分之六，“山陵处什一，薮泽处什一，薮谷流水处什一，都邑蹊道处什一，恶田处什二，良田处什四”（《商君书·徕民》），要富国，就要有人口，要有人口，就要有足够的耕地，“故有地狭而民众者，民胜其地；地广而民少者，地胜其民。民胜其地，务开；地胜其民者，事徕”（《商君书·算地》）。

先秦的水利工程设施，对维护区域水系格局，拓展区域农业经济，稳定既有城址位置以及增加区域城市数量等级等起到至关重要的作用。

（三）流域治理与城市兴起

进入东周之后，郑国渠、都江堰等水利工程，不仅改变了流域的城市选址条件，而且逐渐改变了华夏文明主要区域的城市布局格局和选址取向。

1. 城邑选址区域突破

首先是东周时期，人口稠密地区大量出现，城邑选址突破原有的黄河中游地区，大规模向新兴的农耕区发展。在东周之前的时代，疏松而肥沃的黄河中游地区因其适应铜质和木质的耕作农具，生产力水平远高于其他地区，毫无争议地成为国家形态的诞生地。[①] 东周之后，沟洫农业设施的普及，不但排走了低地、洼

① 李亚农认为：“在铁的生产工具广泛使用之前，黄土层地带是古代诸民族逐鹿中原的唯一目标，一切民族的矛头都指向这里。铁工具广泛使用之后，黄土层特殊的经济价值降低，冲积土地带的经济价值提高，其他一些硗境之地也读成了可耕可种之地了。”见李亚农. 李亚农史论集：下册 [M]. 上海：上海人民出版社，1978：636-644.

地的积水，并将盐卤之地的土壤进行淡化排盐，原有的土地评价标准发生了变化，土地坚硬而不肥沃的地区也可作为农耕区了（参见前文，《禹贡》中对扬州之土评价为“下下”）；铁器的广泛使用，导致土壤深耕技术的实现，极大地促进了农业技术的全面进步。[①] 在这个阶段，耕地的面积增加了，而且覆盖的范围拓展到黄河中游以外的广大区域了，包括黄河流域下游、海河流域、黄泛平原、长江流域在内的诸多地区，成为农业文明的蔓延区。新兴城市大量在这些地区选址。

城址的考古发现说明了这一情况。有学者统计，目前发现的春秋战国时（即东周时期）的城址数量约400座，与已发现的三代（夏、商、西周）城址数量相比，增加了接近十倍。这是非常惊人的增长。根据文献记载统计得出的结论同样说明了这一点。如美国历史地理学者惠特利（Paul Wheatley）以《史记》关于城、邑的记载为主体，参考先秦文献及古本《竹书纪年》的资料，认为西周时期有91座城市。又根据《左传》的记载，确定春秋战国时期城邑有466个，比西周时期多出375个。春秋诸侯国190余个，大多数不少于十个城邑，战国末期城邑数量可能达到2000之多。

在城址数量增长的同时，城市密集区也在增加。原有城邑分布以黄河中游地区为重点，尤其是大城市选址基本上位于这一地区，如商朝建立了六座都城，目前发现的城址均位于黄河中游地区。这一情况至东周已发生了变化，城市选址突破了黄河中游地区，面向更宽阔的地域（主要是从黄河一线、向南北方向拓展）。以几个省为例，据目前为止的考古所发现城址的数据，春秋时期，河北地区10座、安徽地区9座、湖北地区13座、浙江地区1座；到了战国时期，这个数字分别是：河北地区88座、安徽地区29座、湖北地区19座、浙江地区3座。[②]（图5–11）

① 董恺忱、范楚玉认为：“铁农具的普及极大地促进了农业技术的改进。由于有了铁农具，春秋战国时期在土壤耕作方面正式提出了‘深耕易耨’的要求，农业施肥收到了重视，连作制逐渐取代了休闲制，精耕细作的农业技术体系初步建立起来了。”见董恺忱，范楚玉．中国科学技术史：农学卷[M]. 北京：科技出版社，2000：51.

② 数据分析基于许宏．先秦城市考古学研究[M]. 北京：燕山出版社，2000. 附表3“春秋战国城址一览表”。

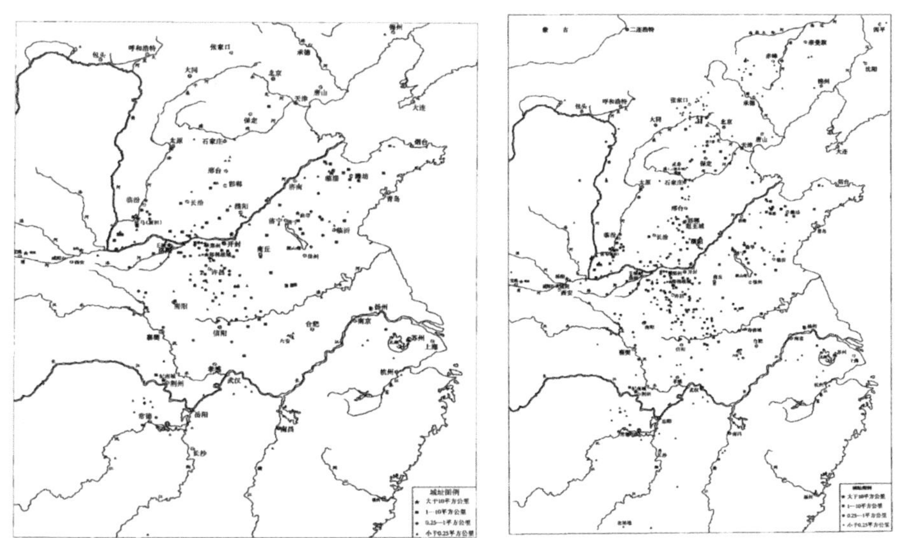

图 5-11　春秋时期（左）与 东周时期整体（右）城址分布图

资料来源：许宏 . 先秦城市考古学研究 [M]. 北京：燕山出版社，2000：85.

2. 国野格局消亡，城市群体系形成

商周时期的“国野”制度，是基于农田开发的斑点形态形成的。城邑与其腹地的乡村，是同心圆的结构形态，都邑居中，乡村环绕。乡村提供城市所需的农产品，城市提供工商业服务及军事保卫。这是“邻国相望，鸡犬之声相闻，民至老死不相往来”（《道德经・八十章》）的小国寡民式，不通有无，贵贱不相犯的理想国。

“国野”制度下城邑与城邑之间是成片的牧场或者荒原，为半游牧族群提供了生存空间。在诸城邑之间，杂居着许多部落、方国，如东北的肃慎；内蒙古东南部和山西北部的鬼方；而西有犬戎、羌方；江汉平原有荆楚，荆楚以西为群蛮，西南有巴、蜀，淮泗之间有“淮夷”“徐夷”等。[①] 文明所在的地区，大部分呈现的都是“华夷杂处”的杂居状态。张光直考察殷商文明，提出殷商文化虽然也远达江汉地区，到底只是点状的扩散。[②] 这种情况其实并没有在西周时期得到大的改变，西周以采邑为基础的分封制度，充其量也就是在广袤的大

① 李鑫 . 商周城市形态的演变 [M]. 北京：中国社会科学出版社；2012：24.

② 张光直 . 商文明 [M]. 沈阳：辽宁教育出版社，2002：247.

地上布下了一个个大小不一的耕稼武装拓展殖民点。钱穆认为："除却错落散处的几十个（乃至百数十个）城郭耕稼区域以外，同时还常在不少游牧部族纵横出没，只不侵犯到城郭诸邦的封疆以内，双方可以相安无事。"[①]

西周到东周，是"华夷杂处"转向"华夷分居"的过程，其实也是"华夏"再铸的过程。在这一过程中，"夷族"并没有被消灭或是被逐出中原地区，只是一次概念的转移而已。

"诸夏"与"夷"之分，始自西周初年。周天子分封诸侯，各诸侯代表天子领封地，于族群纷杂的广袤之地建国，诸侯被称为"诸夏"，彰显的是作为颠覆前政权（商王朝）联盟的神圣与权利。"夏"并不是夏王朝的继承与衣钵，而是一种发展的信仰和愿望，"夏者，大也"（《尔雅·释诂》），"华"是光华、伟大、盛放的意义，是"夏"的形容词。"夏"是以周为核心的政治联盟的名称，也是参与"首义联盟"的贵族的标签。如《诗经》提到的华夏，是不分彼此的联盟，"帝命率育，无此疆尔界。陈常于时夏"（《诗经·周颂·思文》），孔子提到的华夏，便是"诸夏"，"夷狄之有君，不如诸夏之亡也"（《论语·八佾》）。故而"华夏"名义下的采邑、封国制度，其实是以血缘为核心的地域政治体系。

农田沟洫建设及水利工程建设，促使耕作区连为一体，加上农业发展带来的人口红利，诸侯采邑制度在春秋之后逐渐走向瓦解。原有点状形态的城邑逐渐减少，城邑之间的隙地消失，各国国内的疆域合为一体了。戎狄的活动空间越来越小，所建之国陆续被吞灭，如"莱、介为齐所灭，根牟灭于鲁，卢戎、蛮氏灭于楚国，骊戎、亳灭于秦，陆浑之戎、潞氏、甲氏、肥、鼓灭于晋。战国时，吴地入楚，越又为楚所灭，楚灭鲁，韩灭郑，秦灭卫，宋为齐、魏、楚所分，白狄后裔中山亡于魏、赵"[②]。

沟洫制度和铁器农具推广后，农田连片开发，"农业区"形成，城邑之间的荒原或者牧场被消除了，华北形成了若干个城邑密集分布区（如海河流域地区、黄河下游地区），所谓"夷""蛮"，基本上成为地理概念。华夷之分，分在

① 钱穆．国史大纲：上册 [M]. 北京：商务印书馆，1996：57.
② 顾颉刚，史念海．中国疆域沿革史 [M]. 北京：商务印书馆，1999：45-46.

长城沿线，原先在中原地区的游牧部落基本上接受了农耕文化，融为华夏的一部分。“农业民族统治区和游牧民族统治区终于大体上以长城为界在地区上明显地分隔开来。这种格局一直延续到后世。”[①] 在这一进程中，小国亡于大国成为常态。据学者统计，共计 157 国为 12 诸侯所灭。[②]

从西周到东周，国家制度总的特点，是由以血缘为基础的宗法封建制度过渡到以地缘为基础的中央皇权制度。这包括：行政体制由分封制转变为郡县制；政体由贵族负责制转变为国君负责制；基层组织由采邑转变为乡里；土地制度由宗法贵族土地所有制转变为国家土地所有制。

西周初年的封国，多是一国一城，至多也是一国数个城邑而已，“这种一国即一城的政治地理本身就显示了当时人口的多寡，春秋时期曾有二百零九国，国数众多却不能说明人口的繁密”[③]。西周的城址形制和位置选择，大体上是依据的宗法制度，等级较为严格。但东周，尤其是战国时期的人口增加[④]，彻底突破了制度管束。因为连片地域的开发、郡县制的流行[⑤]、“国野”制度的退出、“华夷分处”的政治格局出现，原来那一套选址建城的政治制度受到多重冲击，基本形同虚设了。城市大规模地出现，在经济发达地区，城市密度远远超过了西周时期。如地处中原文明中心的河南地区，西周及之前，考古发现城址不足 30 座，东周时期一跃至 130 余座[⑥]；而渤海之滨的齐国，已经“地方千里，百二十城”（《战国策·齐策一》）；魏国已然是人口众多，川流不息，建筑连片，几无牧场了，“庐田庑舍，曾无所刍牧牛马之地。人民之众，车马之多，日夜行不休已，无以异于三军之众”（《战国策·魏策三》）。

---

① 董恺忱，范楚玉 . 中国科学技术史：农学卷 [M]. 北京：科技出版社，2000：51.

② 具体为：卫国并 8 国，鲁国并 12 国，邾、莒各并 2 国，楚并 58 国，吴并 5 国，越并 3 国，宋灭 10 国，齐灭 13 国，晋灭 24 国，郑灭 6 国，秦灭 14 国。详见顾颉刚，史念海 . 中国疆域沿革史 [M]. 北京：商务印书馆，1999：44.

③ 方卿 . 专制与秩序 [D]. 复旦大学，2005：37.

④ 葛剑雄认为战国人口在 2000 万至 3000 万。见葛剑雄 . 统一与分裂——中国历史的启示 [M]. 北京：生活·读书·新知三联书店，1994：124.
又，《战国策》曾提到古今国力对比：“古者四海之内，分为万国。城虽大，不过三百丈者。人虽众，不过三千家者。而以集兵三万，距此奚难哉！今取古之为万国者，分以为战国七，能具数十万之兵，旷日持久。”（《战国策·赵慧文王三十年》）

⑤ 郡县直属国君，春秋开始出现，最初只是位于边地，起军事镇守作用，但战国以后，县已在各国内部的腹心地区普遍设立。可参见 方卿 . 专制与秩序 [D]. 复旦大学，2005：72-82.

⑥ 徐宏 . 先秦城市考古学研究 [M]. 北京：燕山出版社，2000：127.

（四）典型的流域治理

典型的因流域治理而兴起的城邑区域为都江堰区域与郑国渠区域。

1. 都江堰流域

蜀地核心地区（成都平原）地势较低，地下水位高，岷江水系季节波动较大，水患严重。唐人岑参曾总结曰："江水初荡潏，蜀人几为鱼。向无尔石犀，安得有邑居。"（《石犀》）蜀人自营盘山入成都平原后，古蜀国的主要城市选址经历了岷江主流阶段（宝墩文化时期）、支流阶段（三星堆文化时期）、内河阶段（金沙文化时期）等时期[①]，受洪涝影响，蜀人一直辗转迁徙，游走不定。秦纳巴蜀后（前 316 年），将原蜀国地区作为战略后方，建成都城，致力经营。约公元前 256 年，蜀郡守李冰修筑都江堰水利工程，设鱼嘴、飞沙堰、宝瓶口，分岷江为外江与内江。此举首先彻底稳定了成都平原水系格局，内江 [检江（走马河）、郫江（柏条河）、湔江（蒲阳河）]，外江 [望川原（江安河）、羊摩江（黑石河、沙沟河）] 诸河道基本定型，平原的洪涝灾害发生概率大幅降低，当时已建的成都、郫县、邛崃三城城址，历经两千三百余年沿用至今，且名称不变。其次是改善了成都平原的农业灌溉条件，以内江诸河为骨架的灌溉系统至此开始，经过历代长期水利工程的后期建设[②]，形成了网络加树枝状，由渠首、干渠、支渠、斗渠、农渠、毛渠、池塘组成的复杂灌溉系统，沿用至今。

都江堰水利工程开创了成都平原经济区，除水害之余，灌溉了平原大量农田，"蜀守冰凿离堆，辟沫水之害，穿二江成都之中。此渠皆可行舟，有余则用溉浸，百姓食其利。至于所过，往往引其水益用溉田畴之渠，以万亿计，然莫足数也"（《史记·河渠书》），造就了"水旱从人，不知饥馑，时无荒年"（《华阳国志》）的天府之国。水系的稳定、耕地数量与质量的提升，促使更多的城市出现。这一时期是成都平原第一个建城高峰期，城市大量涌现，"……增设的次级城镇数量达到 8 个，分别是：湔氐道、江原、广都、武阳、

① 杨茜 . 成都平原水系与城镇选址历史研究 [D]. 西南交通大学，2015：39-46.

② 都江堰灌渠汉代面积为 50 万亩，至宋神宗年间，其面积已达 170 万亩。见杨茜 . 成都平原水系与城镇选址历史研究 [D]，西南交通大学，2015：35.

雒县、什邡、繁、新都”[①]。

2. 郑国渠流域

水工郑国本是韩国的奸细，潜入秦国，献策修渠，开泾水，沟通洛水，以耗费秦国国力，缓秦国东进态势。秦国虽识破此策，但认为渠成对秦国仍有大利[②]，历时十年修成了此条“郑国渠”。“渠就，用注填阏之水，溉泽卤之地四万余顷，收皆亩一钟。于是关中为沃野，无凶年，秦以富强，卒并诸侯。”（《史记·河渠书》）据周魁一的考证，四万余顷约合现在280万亩，实际没有那么大的面积，灌渠应以石川河为限，约50万亩；而一钟约合250斤，亩产是很高的。[③]须知所灌之地，皆为贫瘠之地，“未凿渠之前，斥皆卤硗[④]，确不可以稼”（《泾县县志》）。韩国施疲秦之策，却适得其反，秦国因郑国渠而进一步强大，东进势头更加凶猛。秦于公元前230年开启灭六国之行动，首先被颠覆的便是韩国。

郑国渠起于泾水的瓠口，东西走向，平行于渭水，过沮水后，于重泉连通洛水。全渠长300余里，利用地形高差，顺势而下，以富含泥沙的泾水作肥料，滋润两岸。郑国渠途经关中平原北部，灌溉了今三原、高陵、泾阳、富平等县50万亩土地，极大增强了关中的综合经济实力，成为秦国东进合并六国的有力支撑，所谓“秦开郑国渠，以富国强兵”（《汉书·蒯伍江息夫传》）。

与都江堰的“浇灌”不同，郑国渠地处黄土高原，泾水等河流泥沙含量较高，这些泥沙经郑国渠的搬运，输送到沿岸的田野，成为土地的养分。故而郑国渠不是一般意义上的取水灌溉的水利工程，“具有淤灌压碱造田的防淤性质，……郑国渠建成后秦国农业迅速发展的主要原因是淤灌给秦国带来了大片可耕之田”[⑤]，是造田之渠，也是化盐卤之地为膏腴之地以食关中的民生工程。《汉书·沟洫志》曾总结郑国渠及分支白渠曰：“举臿为云，决渠为雨。泾水一石，其泥数斗。且溉且粪，长我禾黍。衣食京师，亿万之口。”郑国渠的修筑，非常典型地说

① 杨茜.成都平原水系与城镇选址历史研究[D].西南交通大学，2015：46.

② 郑国解释：“始臣为间，然渠成亦秦之利也。臣为韩延数岁之命，而为秦建万世之功。”

③ 详见周魁一.中国科学技术史：水利卷[M].北京：科学技术出版社，2002：205.

④ 硗：土地坚硬而不肥沃。

⑤ 朱思红.秦水资源利用之研究[D].郑州大学，2006：29.

明了水利工程设施与城址选址布局是可以互为因果、彼此互动的。这种因果关系，是建立在长期的稳定平衡上的。

一方面，水利工程导致腹地农业经济提升，人口集聚，引起城市的增加（图5–12）。

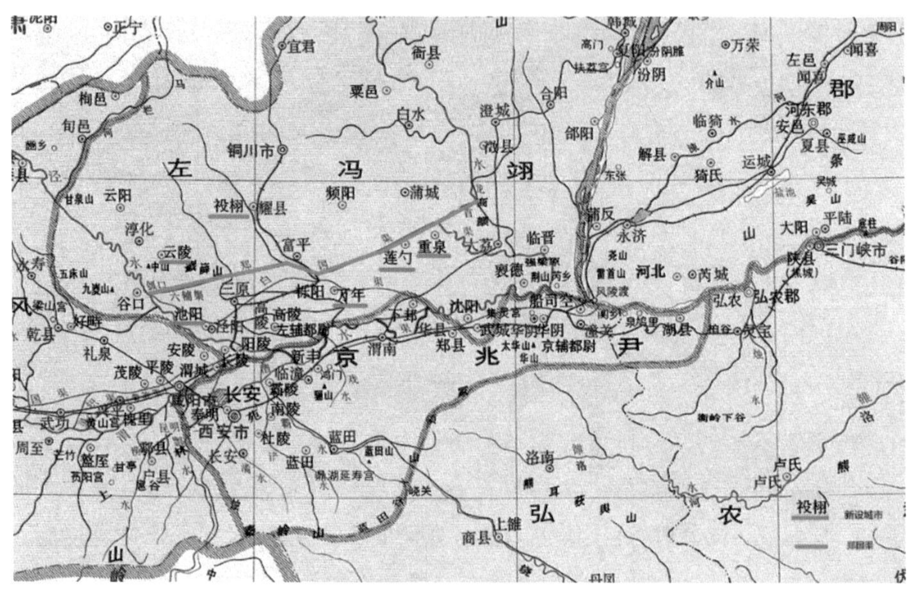

图 5–12　郑国渠与秦、汉初新设城市位置示意图

资料来源：根据谭其骧．中国地理图集[M].北京：中国地图出版社，1996.改绘

汉初[①]关中平原北部存在的城镇，可分为两类，一类是建制历史较为悠久的城市，如重泉——置于秦惠公元年（前400年），高陵——置于秦孝公十二年（前350年），下邽——置于秦武公十年（前688年），频阳——置于秦厉共公二十一年（前456年）；谷口——置于秦孝公十二年（前350年）；另一类是建于秦末汉初，如莲勺——始皇二十七年（前220年）置，池阳——西汉惠帝四年（前191年）置，万年——汉高帝置，祋栩——汉景帝前元二年（前155年）置，云陵——西昭帝始元二年（前85年）置。即百来年间，增加的县城数量，与原有的县城数量接近，这说明关中地区的人口在大量增加，土地产量得到极大提高。基于这一点，秦汉开国之初，才有将天下富户

① 郑国渠的始筑时间是秦王政元年（前246年），成于前236年，发挥功效应在秦并天下（前221年）之后。

迁入关中的移民政策，如秦“徙天下豪富于咸阳十二万户”（《史记·始皇本纪》），汉则置五陵于渭水南岸。移民政策，目的是抽空地方实力，监视可能不臣之民。但这也说明关中地区土地供给能力与日俱增，动辄百万计的新增人口，完全可以就地配给食物了。《汉书·沟洫志》毫不吝惜地称赞郑国渠等水利工程带来的耕作条件变化：“田于何所？池阳、谷口。郑国在前，白渠起后。”

另一方面，城市选址也推动了水利工程设施的修筑（图 5–13）。

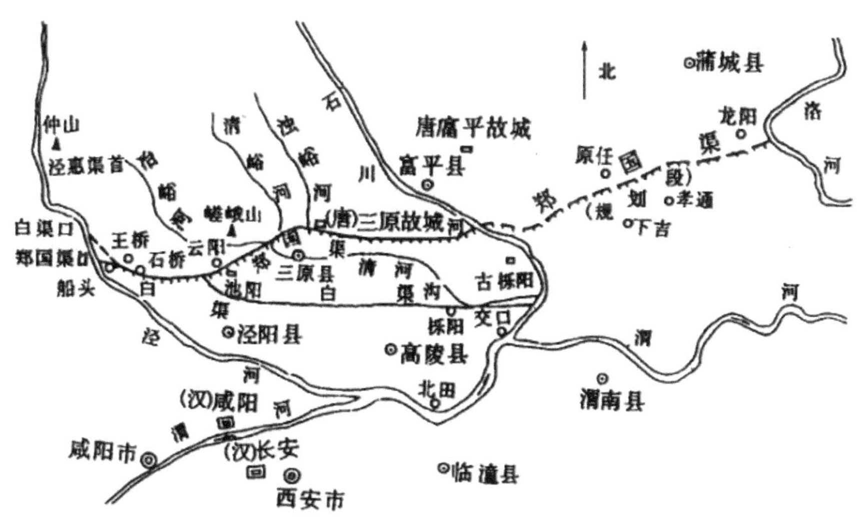

图 5–13　郑国渠位置示意图

资料来源：引自周魁一．中国科学技术史：水利卷[M]，北京：科学出版社，2002：207.

毕竟水利工程的目的是为更多的人口服务。水利建而田肥，田肥而人口众，人口众而城邑起，城邑起而水利兴。随着渭水北岸平原上新的城镇不断出现，以郑国渠为核心的水利工程系统一步步完善起来。“（汉）武帝元鼎六年（公元前 111 年），左内史倪宽在郑国渠上游南岸开凿了六辅渠。武帝太始二年（公元前 95 年），中大夫白公又主持修筑了白渠。……郑国渠、六辅渠、白渠互相交织，构成了关中地区一个规模宏大体系完备的灌溉网，关中地区从此成为沃野，号称八百里秦川”[①]（图 5–12）。西安地区因此富甲天下长达六七百年，直到

① 朱思红．秦水资源利用之研究 [D]. 郑州大学，2006：30.

五代时期郑国渠、白渠等诸渠失修拥塞，农业凋敝，关中腹地经济被山东及江南超越为止。

六、观星授时的节令之术

农业的规律性很强，春暖花开，秋熟蒂落，作物播种、生长、收割、储藏都是按照合适的温度、湿度、阳光、降水的节奏运行。从日常的地象、物候，如水面的结冰与融冰、大雁的南归与北迁中，先民虽能发现一些规律，但不太准确。在当时的观察方法中，最准确的是星象的周而复始（星象的规律也是有变化的，但周期较长）。在长期的摸索比对后，根据星象，先民方才建立了初步的历法，“历法是结合农业生产而起的一种系统知识”[①]。历法一般经历三个阶段：观星，是观测其于太阳晨暮时的关系，以定季节；观月，是观测月之朔望以定月份；观日，以土圭之法（前文已述），测日影适中，以定春秋分。经过了这三步，才有了较为完整的、月亮历与太阳历结合的农业历法。

（一）天文观测

先秦的历法，是在观星、观月、观日等天文观测基础上建立的以季节为区划、以月历为细则的体系。与农业生产关系最密切的节气，是根据太阳在黄道的位置而确定，此在先秦即有雏形，但其体系较多，有八节气、十二节气、三十二节气等不同形态。稳定完善的二十四节气及名称出现在西汉《淮南子·天文训》中，并沿用至今。[②]

观象方有历法，有了历法方能授时。建立在星象观测基础上的天文学，“不仅是古代科学的渊薮，同时也是古代文明的渊薮”[③]。先秦时期无现代都市的灯光干扰，无工业文明的空气污染，星空的变化轨迹易于察觉、记载，观象行为非常普遍。各地区古代文明在天文学上都各有建树。古埃及文明已经能划分赤

---

① 雷海宗．历法的起源和先秦的历法 [J]. 历史教学，1956（8）：25.

② 梅晶．上古节气词的演变及二十四节气名的形成 [J]. 怀化学院学报，2011，30（03）.

③ 冯时．天文考古学与上古宇宙观 [J]. 濮阳职业技术学院学报，2010，23（04）：1-11.

道附近的星群为36组，称之为“旬星”，当其出现在黎明前的地平线时，是为该旬到来，还能借助北极星来测定金字塔的南北方向；古巴比伦文明将行星与恒星区分开，发现了黄道，并划分黄道为十二星座，每一星座对应一个月份；古印度文明详细记录星辰的变化，并准确测定了地球的周长为5000瑜伽那斯（一个瑜伽那斯约等于7.2千米），将一恒星年定为365.2726日，一朔望日定为29.5306日；古玛雅文明则建立了宏伟的观星台，准确测定了月亮、金星、太阳等的运行周期，并由此编制了圣年历、太阳历、长纪年历三者相结合的复杂的历法体系。①

黄河流域的华夏文明同样重视天文观测。顾炎武云：“三代以上，人人皆知天文。‘七月流火’，农夫之辞也；‘三星在户’，妇人之语也；‘月离于毕’，戍卒之作也；‘龙尾伏辰’，儿童之谣也。后世文人学士，有问之而茫然不知者矣。”（《日知录》）天文星象在先秦时期乃是妇孺皆知一二的日常生活知识。

以诗经为例，《小雅·大东》言：“维天有汉，监亦有光。跂彼织女，终日七襄。虽则七襄，不成报章。睆彼牵牛，不以服箱。东有启明，西有长庚。有捄天毕，载施之行。维南有箕，不可以簸扬。维北有斗，不可以挹酒浆。维南有箕，载翕其舌。维北有斗，西柄之揭。”汉（银河）、织女、牵牛、启明、长庚（实与启明皆为金星）、天毕、箕、北斗，诸多星象被反复吟唱，传达了作者（疑是灭国于周初的谭国大夫）忧虑而深沉的感情。又如《召南·小星》所言，小人物的命运如同天上的小星，辰光幽幽，“嘒彼小星，三五在东。肃肃宵征，夙夜在公。寔命不同。嘒彼小星，维参与昴。肃肃宵征，抱衾与裯。寔命不犹。”再如《国风·鄘风》言，“定之方中，作于楚宫。揆之以日，作于楚室。”楚丘宫室的位置，是要依据定星（也叫宫室星，十月之交，昏中而正，宜定方位）十月之交的位置来确定。

（二）授时而为

先秦天文观测的目的有二：一是授时，即服务于农业生产活动；二是占星，

① 根据百度百科相关资料整理。

以天象位置变化判断政治活动的吉凶。研究者多认为，西汉之后的古代天文学，主要内容是占星术，目的是政治性的，如前文所述之《汉书·艺文志》中论述"数术"时，提到"天文者，序二十八宿，步五星日月，以纪吉凶之象，圣王所以参政也"，观点很明确，即天文是占卜的一种方式而已。更早的西汉中叶的《史记·天官书》，书名即表明天象为天官，与政治格局密切相关，司马迁认为天象异常人间必乱："余观史记，考行事，百年之中，五星无出而不反逆行，反逆行，尝盛大而变色。"

但先秦时期的天文观测，其主要功能还是侧重授时的，是为农业生产服务的。最早的北斗图案出现在河南濮阳的西水坡（仰韶文化时期）遗址 45 号墓，"该墓主任头居南，足居北，其东为一蚌塑龙像，……其西为一蚌塑虎像……，其北侧为一蚌塑三角形和人的两根胫骨构成的图案"[①]（如图 5–14）。这北侧的图案，是特意塑造的北斗造型。北斗是先秦乃至整个古代时期最重要的星象。战国时楚国隐士鹖冠子曾言，"斗柄东指，天下皆春；斗柄南指，天下皆夏；斗柄西指，天下皆秋；斗柄北指，天下皆冬。斗柄运于上，事立于下；斗柄指一方，四塞俱成。"（《鹖冠子·环流第五》）北斗的方向可作为四季划定的依据，是具有强烈授时意义，且利于观察的星象（图 5–14）。

进入文明时代，观星与授时的关系越加紧密。据《尚书》记载[②]，尧时期，即根据星象确定季节与时令，"认识到以观测星象为主、观测太阳与物候为辅而得的历法的重要性：可以可靠而有效地治理'百工'（即百官），百工亦依之指导民众完成各类事功，而达到绩效显著的结果"[③]。相传为夏朝历法的《夏小正》[④]，将全年分为十个月，每月配以不同的星象、物候、农业生产、祭祀活动等内容，以月令方式叙述，授时的观念非常明显。如正月，天象上：可以看到鞠星，北斗的斗柄指向下方；物候上：冬眠结束，虫子苏醒，

① 陈美东．中国科学技术史：天文学卷 [M]. 北京：科学出版社，2003：1.

②《尚书·尧典》："乃命羲和，钦若昊天，历象日月星辰，敬授民时。分命羲仲，宅嵎夷，曰旸谷。寅宾出日，平秩东作。日中，星鸟，以殷仲春。厥民析，鸟兽孳尾。申命羲叔，宅南交。平秩南为，敬致。日永，星火，以正仲夏。厥民因，鸟兽希革。分命和仲，宅西，曰昧谷。寅饯纳日，平秩西成。宵中，星虚，以殷仲秋。厥民夷，鸟兽毛毨。申命和叔，宅朔方，曰幽都。平在朔易。日短，星昴，以正仲冬。"

③ 陈美东．中国科学技术史：天文学卷 [M]. 北京：科学出版社，2003：10.

④《夏小正》所记载的星象时间，不同学者有不同看法，如公元前 3000 年（赵庄愚）、前 2000 年（罗树元、黄道芬）、前 800（胡铁珠）、前 600 年（能田亮）等。

大雁北飞，鱼向水面游动等；农事上：是修理耒耜等农具的好时机，整理土地疆域，适宜采摘芸菜（祭祀使用）等[①]。《夏小正》将星象、物候、农事、祭祀作为整体考虑，将人类活动与大自然运行的规律结合起来，颇有“人与天调”的意味。

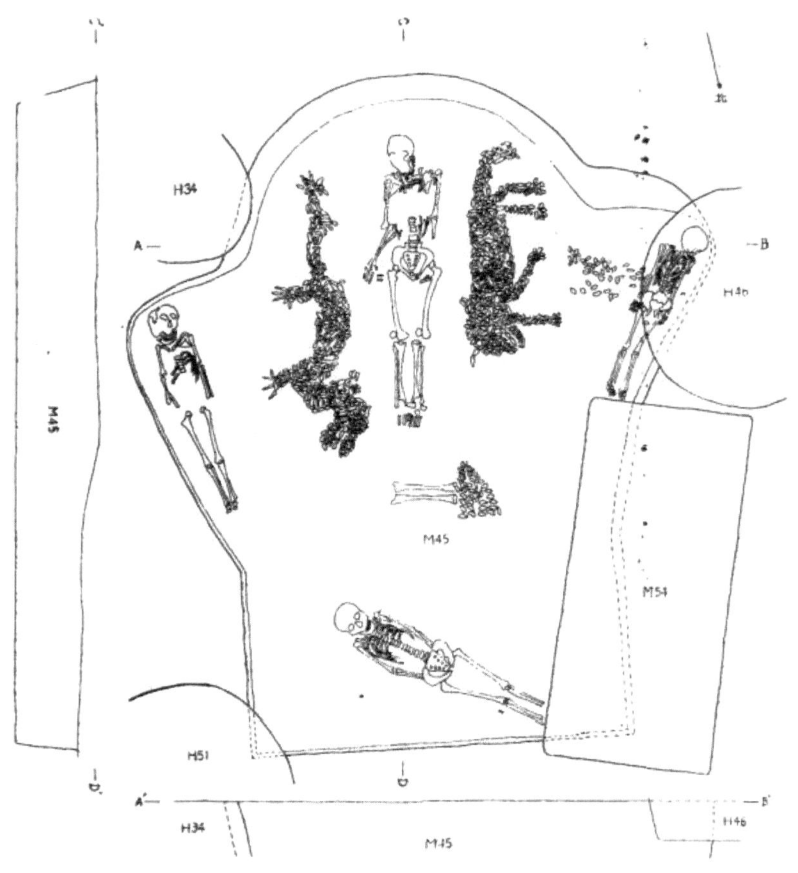

图 5-14　河南濮阳西水坡 45 号墓平面图

资料来源：孙德萱等．河南濮阳西水坡遗址发掘简报[J]．文物，1988（03）：1.

周朝之前的观星，致力于历法授时，不太含有后来的预测吉凶的目的。到了春秋时期，占星的目的已经开始分化，一方面农业授时的观念更加凸显，《诗

①《夏小正·正月》：启蛰。雁北乡。雉震呴。鱼陟负冰。农纬厥耒。初岁祭耒始用。囿有见韭。时有俊风。寒日涤冻涂。田鼠出。农率均田。獭祭鱼。鹰则为鸠。农及雪泽。初服于公田。采芸。鞠则见。初昏参中。斗柄县在下。柳稊。梅杏杝桃则华。缇缟。鸡桴粥。

经·豳风·七月》乃《国风》系列中最长的诗歌，全篇以“七月流火，九月授衣”开始，按农事生产的顺序，逐月展开农桑稼穑的田园生活画面，如“八月萑苇。蚕月条桑，取彼斧斨”，又如“四月秀葽，五月鸣蜩”[①]。全诗始终关注农事，斗转星移间俨然是华夏先民的一年农耕生活图谱，其中蕴含艰难忧辛之意。朱熹认为“仰观星日霜露之变，俯察昆虫草木之化，以知天时，以授民事”（《诗集传》）；另一方面，从星象变化中获得预兆的愿望开始大量涌现。这部分关于占星、天象崇拜、象天的内容，后文将详述之。

合乎季节、合乎时令的授时思想深入先秦各家学说。各家主要关注农耕稼穑的时令问题，或劝告、或警告、或利诱，极力阐述应天时的必要性和重要性。孔子说“天何言哉？四时行焉，百物生焉”（《论语·阳货》）；孟子以顺天时则得利，逆天时则得害相告诫。[②]荀子的观点与孟子类似，是“强本节用”，不失时不乱时，遵规守纪，就有用不完的资源。[③]《周礼》中掌管山林的官职是“山虞”，从资源永续利用的角度，要求择时伐木时只砍伐“季材”，否则处罚。[④]《逸周书》则将授时而为的思想提升到“德”（品质与修为）的层面，有“德”方可治国，这其实已经达到了政治正确的层面了。[⑤]

①《七月》：七月流火，九月授衣。一之日觱发，二之日栗烈。无衣无褐，何以卒岁？三之日于耜，四之日举趾。同我妇子，馌彼南亩，田畯至喜。七月流火，九月授衣。春日载阳，有鸣仓庚。女执懿筐，遵彼微行。爰求柔桑，春日迟迟。采蘩祁祁，女心伤悲，殆及公子同归。七月流火，八月萑苇。蚕月条桑，取彼斧斨，以伐远扬，猗彼女桑。七月鸣鵙，八月载绩。载玄载黄，我朱孔阳，为公子裳。四月秀葽，五月鸣蜩。八月其获，十月陨萚。一之日于貉，取彼狐狸，为公子裘。二之日其同，载缵武功。言私其豵，献豜于公，五月斯螽动股，六月莎鸡振羽。七月在野，八月在宇。九月在户，十月蟋蟀入我床下。穹窒熏鼠，塞向墐户，嗟我妇子，曰为改岁，入此室处。六月食郁及薁，七月亨葵及菽。八月剥枣，十月获稻。为此春酒，以介眉寿，七月食瓜，八月断壶。九月叔苴，采荼薪樗，食我农夫。九月筑场圃，十月纳禾稼。黍稷重穋，禾麻菽麦。嗟我农夫，我稼既同，上入执宫功。昼尔于茅，宵尔索綯。亟其乘屋，其始播百谷。二之日凿冰冲冲，三之日纳于凌阴。四之日其蚤，献羔祭韭。九月肃霜，十月涤场。朋酒斯飨，曰杀羔羊。跻彼公堂，称彼兕觥，万寿无疆。

②《孟子·梁惠王上》：“不违农时，谷不可胜食也；数罟不入洿池，鱼鳖不可胜食也；斧斤以时入山林，林木不可胜用也。”《孟子·告子上》：“苟得其养，无物不长，苟失其养，无物不消。”

③《荀子·王制》：“春耕、夏耘、秋收、冬藏，四时不失时。故五谷不绝，而百姓有余食也；污池渊沼川泽，谨其时禁，故鱼鳖尤多而百姓有余用也；斩伐养长不失其时，故山林不童而百姓有余材也。”

④《周礼·地官》：“山虞掌山林之政令。物为之厉而为之守禁。仲冬，斩阳木；仲夏，斩阴木。凡服耜；斩季材，以时入之，令万民时斩材，有期日。凡邦工入山林而抡材，不禁春秋之斩木不入禁。凡窃木者有刑罚”

⑤《逸周书·卷四·大聚解》：“旦闻禹之禁，春三月，山林不登斧，以成草木之长；夏三月川泽不入网罟，以成鱼鳖之长。……夫然则有生而不失其宜，万物不失其性，人不失其事，天不失其时，以成万财。万财既成，放此为人。此谓正德。”

《礼记·月令》则彻底将授时而为的经验生活化，“以极简练的语言、明晰的思路勾勒出一幅中华农耕民族一年十二个月起居日用工整、细密的理想生活草图”[①]，塑造了农耕民族的生活模型。以《月令·孟春》为例，可以看到七个系统的不同行为在每个月的授时安排。第一是天象：太阳和主要行星的位置，“孟春之月，日在营室，昏参中，旦尾中。其日甲乙……”；第二是物候特征：春风解冻雁南归，“东风解冻，蛰虫始振，鱼上冰，獭祭鱼，鸿雁来”；第三是祭祀：天子须迎春与祈谷，“立春之日，天子亲帅三公、九卿、诸侯、大夫以迎春于东郊……是月也，天子乃以元日祈谷于上帝”；第四是日常施政：“王命布农事，命田舍东郊，皆修封疆，……田事既饬，先定准直，农乃不惑”；第五是乐律：令管理音乐的乐正教习舞蹈，“是月也，命乐正入学习舞”；第六是禁忌：不得伐木、猎杀幼兽母兽等，不得发动战争，不得修筑城市，“禁止伐木。毋覆巢，毋杀孩虫、胎、夭、飞鸟……不可以称兵，称兵必天殃”“毋置城郭”。《月令》如同一张结构精巧的作息表，规范着个人、国家一切的生活生产行为，天道、地理、人纪相互协调，知天命而顺天命，这又与儒家《易传》的核心思想相契合：“（大人）与天地合其德，与日月合其明，与四时合其序，与鬼神合其吉凶。先天而天弗违，后天而奉天时。”（《易传·文言传》）儒家对君子（大人）的言行要求极高，所谓“元（众美）、亨（众善）、利（义理）、贞（诚固事）”四德，也需与季节适应，只有按照月令的要求行为处事，方能成为内圣外王的君子也。

（三）应时建城

农事之外，有关动土施工的节令问题，《管子》的论述较多且严肃细致。管子向齐桓公介绍了修筑堤防设施的最佳时间：春天的三个月，天干水少，农事刚刚开始，民工有空闲，且白日渐长，堤土将逐渐干燥坚实，非常合适动工；夏季天气变化强烈，且修堤防妨碍正常农事；秋季则洪水多发，土壤含水较大，不利于修筑工程，且民工皆应忙于秋收；冬季土壤冻结，不利于

① 薛富兴.《月令》：农耕民族的人生模型 [J]. 社会科学，2007（10）：123.

户外劳动。[①] 最后《管子》借桓公之口总结为，施工动土，必须依时而为之，否则必定失败。[②]

什么时候是最好的筑城时节？农耕为主的国度，春之稼穑、秋之收获皆为国之大事，耗人工众多的土功作业当然不能耽误农时。儒家经典，相传孔子所著的编年体史书《春秋》，便以一年一荣枯的春、秋两季，作为全年的代称，更进一步隐喻更年累月的鲁国历史。

《管子》的观点与《月令》不尽相同，《管子》基于土壤特性，强调的是春季（春三月）适应土工作业（“春三月……夜日益短，昼日益长。……土乃益刚”），冬季适合维修城郭（缮边城，涂郭术），夏季和秋季不能行土工作业，因为“夏三月……大暑至，万物荣华，……不利作土功之事”“秋三月……不利作土功之事，濡湿日生，土弱难成”；而《月令》则同意春季作土功（“时雨将降，下水上腾，循行国邑，周视原野，修利堤防，道达沟渎，开通道路，毋有障塞”），但明确反对春季特别是孟春正月筑城（“毋置城郭”），认为合适筑城的季节是仲秋八月（“是月也，可以筑城郭，建都邑”），适合维修城池的季节是孟秋七月（“修宫室，坏墙垣，补城郭”）。

春季作土功以防洪水，《管子》和《月令》观点基本是一致的，但在筑城的时节方面，《月令》的观点有违常理。秋季是农事活动最繁忙的季节，一年之收在于秋。《月令》要求秋季筑城郭，有扰农时之嫌。《月令》也有观点比较突兀，是以行政命令口吻颁布，且在筑城的“仲秋之月”还安排了诸多农事：“是月也，可以筑城郭，建都邑，穿窦窖，修囷仓。乃命有司，

①《管子·度地》：“春三月，天地干燥，水纠列之时也。山川涸落，天气下，地气上，万物交通。故事已，新事未起，草木荑生可食。寒暑调，日夜分，分之后，夜日益短，昼日益长。利以作土功之事，土乃益刚。令甲士作堤大水之旁，大其下，小其上，随水而行。地有不生草者，必为之囊。大者为之堤，小者为之防，夹水四道，禾稼不伤。岁埤增之，树以荆棘，以固其地，杂之以柏杨，以备决水。民得其饶，是谓流膏，令下贫守之，往往而为界，可以毋败。当夏三月，天地气壮，大暑至，万物荣华，利以疾薅杀草薉，使令不欲扰，命曰不长。不利作土功之事，放农焉，利皆耗十分之五，土功不成。当秋三月，山川百泉踊，下雨降，山水出，海路距，雨露属，天地凑汐。利以疾作，收敛毋留，一日把，百日餔。民毋男女，皆行于野。不利作土功之事，濡湿日生，土弱难成。利耗什分之六，土工之事亦不立。当冬三月，天地闭藏，暑雨止，大寒起，万物实熟。利以填塞空郄，缮边城，涂郭术，平度量，正权衡，虚牢狱，实仓仓，君修乐，与神明相望。凡一年之事毕矣，举有功，赏贤，罚有罪，迁有司之吏而第之。不利作土工之事，利耗什分之七，土刚不立。昼日益短，而夜日益长，利以作室，不利以作堂。”

②《管子·度地》：“凡一年之中十二月，作土功，有时则为之，非其时而败。”

趣民收敛，务畜菜，多积聚。乃劝种麦，毋或失时。”建仓库、挖地窖、收藏干菜和柴木、种植麦子，这些重要的农事活动都集中在仲秋之月完成，此时筑城是否适宜？

《管子》的观点是切合实际的。冬季乃农闲时节，且土地坚硬，适宜施工。且《管子·幼官》将三十节气不平均分配，形成四季划分中冬夏短，春秋长的特点。作为齐国治国纲要，《管子》的授时而为、物候参考、农事禁忌等，有鲜明的地方特点，“（四季划分的独特性）源自齐国所具有的特殊的地理位置和气候条件：齐国位于山东半岛，三面环海，受海洋的调节，其冬寒夏暑程度比远海各地要和缓”[①]。《管子》务实地践行着东周诸侯国图存、自强、奋争的生存法则。

《月令》是先秦时期严密、工整、细致的人间规划图谱，将自然与人放入同一模式中设计，完全没有给鬼神等非自然力留下位置，自觉地追求此岸秩序，而不是彼岸关怀，“典型地体现了儒家成熟、发达的实用理性，也说明中华民族对这个世界有太多的安全、信任感，一切极端的非理性主义、神秘主义文化不可能有太多的立足之地”[②]。但《月令》更多的是基于王宫视角的时政礼制设计规范，相当的理想化、模式化、程序化，更具儒家的世界观和思维方式的意义，而并不完全有现实指导意义。实际上，春秋战国的先民非常务实，并非机械地执行《管子》或《月令》的规定。

周公营洛，是有着完整详细记录的城市选址事件，且为出土的青铜器何尊[③]内刻铭文所证实。《尚书·召诰》所载洛邑营建时间是在三月，即季春之月。具体过程如下：

二月二十一日，召公领命前往洛水附近为洛邑选址（相宅）；三月五日，召公至洛，占卜城址位置吉凶（卜宅），得吉兆后进行规划；三月七日到十一日，测量洛邑城址的方位（攻位）在洛水内弯处（洛汭）；三月十二日，周公来到洛水，

① 张秉论，戴吾三．齐国科技史 [M]. 济南：齐鲁书社，1997：342-343.

② 薛富兴．《月令》：农耕民族的人生模型 [J]. 社会科学，2007（10）123.

③ 宝鸡市于1963年出土的西周早期时的青铜酒器“何尊”，尊内胆底部有一百二十二字铭文，“唯王初壅，宅于成周。复禀（逢）王礼福，自（躬亲）天。在四月丙戌，王诰宗小子于京室，曰：‘昔在尔考公氏，克逨文王，肆文王受兹命。唯武王既克大邑商，则廷告于天，曰：余其宅兹中国，自兹乂民。呜呼！尔有虽小子无识，视于公氏，有勋于天，彻命。敬享哉！’唯王恭德裕天，训我不敏。王咸诰。何赐贝卅朋，用作庾公宝尊彝。唯王五祀。”

再次卜宅；三月十四日到十五日，祭祀（用牲于郊）；二十一日，通告各诸侯，洛邑为东都，命令殷遗民开始营建洛邑。[①] 用时间轴表示如下：

二月二十一日（大致选址）—十四天—三月五日（占卜、规划）—两天—三月七日（具体选址）—五天—三月十二日（占卜）—两天—三月十四日（祭祀）—七天—三月二十一日（开工）。

从此时间轴看，总共一个月的筹备期，经历了两次选址、占卜，不可谓不慎重。

何尊上的铭文记载，洛邑（成周）开建后，武王于四月丙戌日（二十三日）对宗族后辈进行训诰："唯王初雍，宅于成周。复禀王礼福自天。在四月丙戌，王诰宗小子于京室。"可以看出《尚书》所记周公营洛于三月是完全可信的。

三月筑城，有违农时，且此时是周人统一天下，志得意满之时，并不是为了应对外敌入侵的威胁。但从营洛的时间流程上看，从选址到奠基，不过刚好一个月。如此高效的选址建城，且建设的还是都城之一（东都），只能说明两点：一是洛邑的城址位置、规划布局早已基本得到武王的认可，二月底三月初的城市选址行为，不过是落实一些城址的具体位置、布局等细节问题；二是武王将选址营建的大权完全放权给周公、召公两位大臣，在数次卜宅攻位的选址的结果之间，根本没有预留往返丰镐请示汇报的时间。提前谋划，完全放权，高效而高调地营洛，但确实违背了农时，原因可能是"厥既命殷庶，庶殷丕作"，即以建设东都为政治任务，强压前朝遗民于土建工地劳作，以看管，以绝其蠢蠢欲动的非分之念。《尚书》同时记载，周公铁腕镇压殷人，将其强制迁往建好的洛邑，"成周既成，迁殷顽民，周公以王命诰，作《多士》"。

根据《左传》记载，春秋时期以鲁国为主的筑城事件，共 52 次（表 5-1）。

---

① 《尚书·召诰》："成王在丰，欲宅洛邑，使召公先相宅，作《召诰》。惟二月既望，越六日乙未，王朝步自周，则至于丰。惟太保先周公相宅，越若来三月，惟丙午朏。越三日戊申，太保朝至于洛，卜宅。厥既得卜，则经营。越三日庚戌，太保乃以庶殷攻位于洛汭。越五日甲寅，位成。若翼日乙卯，周公朝至于洛，则达观于新邑营。越三日丁巳，用牲于郊，牛二。越翼日戊午，乃社于新邑，牛一，羊一，豕一。越七日甲子，周公乃朝用书命庶殷侯甸男邦伯。厥既命殷庶，庶殷丕作。"

表 5-1 《左传》记载筑城时间、季节表

城 名	年 度	季 节	合时否	备 注
城 名	年 度	季 节	合时否	备 注
中丘	隐公七年	夏	否	
郎	隐公九年	夏	否	私筑，非公名也
祝丘	桓公三年	夏		
向	桓公十六年	冬	是	
聚	庄公二十五年	秋		晋国所筑
绛	庄公二十六年	夏		
诸	庄公二十九年	冬	是	
郛	僖公十二年	春		
缘陵	僖公十四年	春		
郤、鄫	僖公十六年	冬（十二月）		
楚丘	僖公三十三年	春（正月）		
部	文公七年	春（三月）		
诸、郓	文公十二年	冬	是	
平阳	宣公八年	冬	是	
郑	宣公十二年	春		楚围郑，郑人修城
郓	成公四年	冬		
许	成公九年	冬	是	郑人围许，城中城
虎牢	襄公元年	秋		
费	襄公七年	夏		
防	襄公十三年	冬	是	
成郛	襄公十五年	夏		齐侯伐鲁
西郛	襄公十九年	冬		
武城	襄公十九年	冬		
郏	襄公二十四年	冬		齐人所筑
绵	襄公二十九年	冬（十一月）		晋人所筑
犨、栎、郏	昭公元年	秋		楚人所筑
陈、蔡、不羹	昭公十一年	冬（十二月）		楚人所筑
郏	昭公十九年	春		楚人所筑
翼	昭公二十三年	春		邾人所筑
平阳	宣公八年	冬	是	
郑	宣公十二年	春		楚围郑，郑人修城

续表

城名	年度	季节	合时否	备注
郓	成公四年	冬		
许	成公九年	冬	是	郑人围许，城中城
虎牢	襄公元年	秋		
费	襄公七年	夏		
防	襄公十三年	冬	是	
成郛	襄公十五年	夏		齐侯伐鲁
西郛	襄公十九年	冬		
武城	襄公十九年	冬		
郏	襄公二十四年	冬		齐人所筑
绵	襄公二十九年	冬（十一月）		晋人所筑
犨、栎、郏	昭公元年	秋		楚人所筑
陈、蔡、不羹	昭公十一年	冬（十二月）		楚人所筑
郏	昭公十九年	春		楚人所筑
翼	昭公二十三年	春		邾人所筑
郢	昭公二十三年	冬		楚人修郢
丘皇	昭公二十五年	冬		楚人所筑
夷	昭公三十年	冬（十二月）		楚人所筑
成周①	昭公三十二年	冬（十一月）		计划期
成周②	定公元年	春（正月）		正月十六日开始夯土，三十天完工
胥靡	定公六年	夏（六月）		晋国戍守成周所筑
莒父、霄	定公十三年	秋		
漆	定公十五年	冬	是	未祭告祖庙
启阳	哀公三年	夏（五月）		
西郛	哀公四年	夏		
毗	哀公五年	春		
邾瑕	哀公六年	春		
岩、戈、钖	哀公十二年	冬		郑人所筑
输	哀公十五年	春		为攻打叛国的成

资料来源：根据《左传》自制。

①这是成周（洛邑）的建城计划期。本次建城，目的是加强成周防卫，维修城墙，“与其戍周，不如城之”，建城的计划周密，“士弥牟营成周，计丈数，揣高卑，度厚薄，仞沟洫，物土方，议远迩，量事期，计徒庸，虑材用，书餱粮，以令役于诸侯，属役赋丈，书以授帅，而效诸刘子。韩简子临之，以为成命”。均详见《左传·昭公三十二年》。

②《左传·定公元年》：“庚寅，栽……城三旬而毕，乃归诸侯之戍。”

据统计，春季筑城 11 次，夏季筑城 9 次，秋季筑城 7 次，冬季筑城 24 次。冬季筑城所占比例最高（46%）。且《左传》对筑城于冬季是肯定的，认为符合时节，如桓公十六年，筑向，《春秋》记载“冬，城向”，《左传》解释为“冬，城向，书，时也”。又如宣公八年，筑平阳，《春秋》记载“冬……城平阳”，《左传》解释为“城平阳，书，时也”。而在夏季筑城，可能是最不合适的，《左传》所批评的数次“不时”皆在夏季。如隐公七年“夏，城中丘，书，不时也”，隐公九年“夏，城郎，书，不时也”。春季则不适于土功建设，如僖公二十年春，鲁国新修都城南门，被认为不合时节，且明确写出了城郭施工要讲究时令的原则，“书，不时也。凡启塞从时”。

僖公六年，郑人于夏季筑城，但此次“不时”另有原因。鲁僖公因郑逃避结盟，“会齐侯、宋公、陈侯、卫侯、曹伯伐郑”，郑国为应对突发的战争，只能在不适宜的夏季筑城以自保，《左传》很理解地写道：“郑所以不时城也。”[①] 同样的事情还发生在宣公十二年，楚人伐郑，郑于春季修郑城[②]；襄公十五年夏季，齐桓公伐鲁，鲁国紧急筑成郛[③]；定公六年夏季，晋人守卫成周而筑胥靡[④]；哀公十五年春季，为攻打叛国投齐的成地，孟武伯在输地筑城[⑤]。昭公元年的秋天，楚人边境筑了“犨、栎、郏” 三城，因为在秋季筑城很反常，郑人恐慌，以为将要与楚国开战，但子产分析为，楚国公子围，派此公子黑肱、公子伯州犁筑三城，是想要杀掉这两位公子也[⑥]，并非攻郑。

《左传》记载的筑城诸事例说明在筑城时令上，冬季是最合理季节，而包括周公营洛在内的不合时筑城事例，则说明政治、军事是压倒一切的因素，可以突破常规的时令约束。《月令》所规范的筑城时令必须在“仲秋之月”之说，只是一种意识形态的自言自语，并未成为先秦选址、筑城的实际指南。

---

①《左传·僖公六年》：“夏，诸侯伐郑，以其逃首止之盟故也。围新密，郑所以不时城也。秋，楚子围许以救郑，诸侯救许，乃还。”另，新筑之城可能是郑之新都（即韩郑故城）。

②《左传·宣公十二年》：“十二年春，楚子围郑。旬有七日，郑人卜行成，不吉。卜临于大宫，且巷出车，吉。国人大临，守陴者皆哭。楚子退师，郑人修城，进复围之，三月克之。”

③《左传·襄公十五年》：“夏，齐侯围成，贰于晋故也。于是乎城成郛。”

④《左传·定公六年》：“六月，晋阎没戍周，且城胥靡。”

⑤《左传·哀公十五年》：“十五年春，成叛于齐。武伯伐成，不克，遂城输。”

⑥《左传·昭公元年》：“楚公子围使公子黑肱、伯州犁城犨、栎、郏，郑人惧。子产曰：‘不害。令尹将行大事，而先除二子也。祸不及郑，何患焉？’”

七、星象崇拜的象天之术

（一）政治天文学

如前文所述，先秦的天文观测发展到后期，占星术成为主要内容，服务君权成为天文学的主导功能，其重心由授时术转向了占星术，“天文学”基本转变为“政治天文学”，这为先秦时期的天神崇拜，提供了具象而贴切的载体。

先秦先民进行天文观测，在确定季节之余，发现还可以根据天体的位置决定城市轴线。“古之立国者，南望南斗，北戴枢星，彼安有朝夕哉！”（《晏子春秋·杂下五》）晏子所言的“国”，即齐国国都营丘，其城市南北轴线、宫室的空间序列，在选址之时需要通过南斗（斗宿，有星六颗）、枢星（北极星）的位置来确定。《周礼·考工记·匠人》也提到南北方位的确定需要参考太阳和北极星的位置，“昼参诸日中之景，夜考之极星，以正朝夕”。

当然由观星发展而来的天文学，不仅仅只是处理宫室方位的技术问题，在先民的心目中，天体的位置变与不变，蕴藏着深奥的预示。天体的规律变化，是季节流转，“七月流火、九月授衣”，日月沉浮，寒来暑往，天地运行都安排妥当，只要按部就班地劳作即可。在变化中有不变的天象，如北极星恒定的位置（其实并非恒定，只是周期太长，不易观测），更说明天地规律的不可动摇，令人放心。但同时天有时又突现异相，使先民惊恐、迫切想获得上天想表达的信息，提前警惕、趋利避害。可以想象的是，把握解释权的群体（占星士），试图用自己的天象解释，获得政治或经济上的利益。

早期的天象观测并不有吉凶意义，是很单纯的天文学资料。如夏朝的两次天文记录，一是关于五星连线的“禹时五星累累如贯珠，炳炳若联璧”；二是记录仲康日食的，“辰不集丁房，瞽奏鼓，啬夫驰，庶人走”[①]，均是现象描述，并不神秘或具有象征意义。有学者研究认为，我国上古时期的天文学主要目的是指导农业生产。证据在于两点，一是《诗经》《左传》《国语》等关于日食、

① 参见章启群．论中国古代天文学向占星学的转折——秦汉思想聚变的缘起 [J]. 云南大学学报（社会科学版），2011（11）：45.

月食、彗星、太阳黑子、新星的记载，都属于单纯的天文学记录，日月之食虽被认为是灾害，但也是自然灾害，非天神降灾；二是所有的早期星辰命名，都是源自生活器皿、动植物、神话传说等，与占星学无关系。如“营室（房屋）、壁（墙壁）、箕（簸箕）、毕（捕兔小网）、井、斗、定（锄类农具）等属于用具，牵牛、织女、参、商等属于神话传说”[①]。

而天文学成为政治性的科学，观象从“治历明时”走到“占星祈禳”，被用于反映人类社会的格局，论证政权、帝王的合法性，主要的转折点发生在春秋、战国交汇时。转变的原因是政治形势的改变。春秋时期还是周天子尚存权威、诸侯有所克制、礼教制度有一定约束力的时期。进入战国，各国之间攻伐毫无底线，无所不用其极，开堤、灌水、屠城、坑卒不绝于书，各国不论大小，普遍陷入生存危机，陷入惶恐不安的焦虑感中。司马迁回顾这段历史时，指出星象是国家陷入兵火灾害的根本原因[②]。占星术，以神秘主义的姿态出现，成为各国上层的精神寄托和心理安慰，继而成为秦一统后的解释政权合法性的政治工具。

（二）分野说

从“治历明时”到“占星祈禳”的表现是“分野说”的流行。“分野”是将天上的星宿按照人间的地理格局划分，各自一一对应，即将星辰和地域对应起来，天人生活在同一价值框架内，同构且彼此呼应。这是中国人宇宙认知的传统经验，同一秩序格局能不断放大，且互相影响，类似分形。前文所述的四象观念，是分野思想的雏形阶段。四象是将天空的二十八宿，平分为四组，东南西北各七宿，并将其联想（喝形）为一种具有神力的动物，这些动物成为四方位的崇拜图腾。如东夷以青龙为图腾，西羌以白虎为图腾，天体划分带有浓郁的地理特点。《左传》借子产之口，记录了一段传说：故去高辛氏的两个儿子，

① 本段观点引自章启群．论中国古代天文学向占星学的转折——秦汉思想聚变的缘起[J]．云南大学学报（社会科学版），2011（11）：45.

②《史记·天官书》：“春秋二百四十二年间，日食三十六，彗星三见，夜常星不见，夜中星陨如雨者各一。当是时，祸乱辄应，周室微弱，上下交怨，杀君三十六，亡国五十二，诸侯奔走不得保其社稷者不可胜数。自是之后，众暴寡，大并小。秦、楚、吴、粤，夷狄也，为强伯。田氏篡齐，三家分晋，并为战国，争于攻取，兵革递起，城邑数屠，因以饥馑疾疫愁苦，臣主共忧患，其察禨祥候星气尤急。近世二十诸侯七国相王，言从横者继踵，而占天文者因时务论书传，故其占验鳞杂米盐，亡可录者。”

分居于地之东西（商丘、大夏），分别有商宿星、参宿星作为其代表天象[①]（其实都是金星）。商人便是东夷，崇拜大火星（商星）。从这一传说中，可以看出星辰分野理解与先秦地缘政治的密切关联性。

至西周“分野说”已经意识形态化、体制化了，进入了国家政治层面。《周礼·春官·宗伯》云：“保章氏掌天星，以志星辰、日月之变动，以观天下之迁，辨其吉凶。以星土辨九州之地，所封封域，皆有分星，以观妖祥。”保章氏负责观察不同区域的天象，预知诸侯国的动向，分野说具有了权威的意义。进入春秋战国，分野说分化成了多种流派，包括九干分野，十干分野说、十二支分野说、北斗分野说、二十八宿分野说等，以九干分野、十二支、二十八宿分野说最为流行，影响较深远。[②]

其中较有影响力的是《吕氏春秋》提出的“天有九野，地有九州”分野体系，包括天庭九野：“中央钧天、东方苍天、东北变天、北方玄天、西北幽天、西方颢天、西南朱天、南方炎天、东南阳天”；对应的是人间九州，“豫州、冀州、兖州、青州、徐州、扬州、荆州、雍州、幽州”；以及二十八宿，“角、亢、氐、房、心、尾、箕、斗、牵牛、婺女、虚、危、营室、东壁、奎、娄、胃、昴、毕、觜嶲、参、东井、舆鬼、柳、七星、张、翼、轸”。[③]这个体系完整、等级分明的天地分野系统，基本上符合中国古人的主次有序的文化心理，塑造出了一幅天地同构的宇宙图谱。

“分野说”确立后，建立在观星记录之上的天文学，授时术的功能弱化，政治预兆和解释的功能强化了，即司马迁所言“政失于此，则变见于彼，犹景之象形，乡之应声”（《史记·天官书》），天文学基本上成了“政治天文学”，成了占星术，列国无不投入大量人力物力于占星，如“于宋，子韦；郑则裨灶；在齐，甘公；楚，唐昧；赵，尹皋；魏，石申”（《史记·天官书》），秦始皇时期的国家供职的占星者，已经达到三百人，“候星气者至三百人”（《史记·始皇本纪》）。

① 《左传·昭公元年》：“昔高辛氏有二子，伯曰阏伯，季曰实沈，居于旷林，不相能也。日寻干戈，以相征讨。后帝不臧，迁阏伯于商丘，主辰。商人是因，故辰为商星。迁实沈于大夏，主参。唐人是因，以服事夏商。”

② 参见陈美东．中国科学技术史：天文学卷 [M]. 北京：科学出版社，2003：47.

③ 二十八宿的起源大致在公元前 7 世纪（参见夏鼐．从宣化辽墓的星图论二十八宿和黄道十二宫 [J]. 考古学报，1976），但尚未确定具体年代。战国曾侯乙墓（公元前 433 年）出土的漆箱上已有完整的二十八宿与四象的图画。

分野说在后世影响深远，从不同时代的文艺作品中可见一斑。唐王勃《滕王阁序》谈到洪都（南昌）地理区位“星分翼轸”，翼和轸都是二十八宿之一，是楚地的分野；李白在《蜀道难》中叹道“扪参历井仰胁息，以手抚膺坐长叹”，参和井皆是二十八宿之一，蜀地是参宿的分野，秦地乃井宿的分野，李白在这里以“参”“井”代指由秦地前往蜀地（陕西往四川）；南宋辛弃疾在《水龙吟·过南剑双溪楼》中提到“人言此地，夜深长见，斗牛光焰”，斗和牛也是二十八宿之一，是扬州的分野，此句暗喻西北方（扬州地区，稼轩当时在福州）的战火连绵。

（三）北极（帝星）与三垣

首先是北极（北辰）的帝星崇拜。极星的标注与观测，是建立庞大而复杂的天穹认知体系的基础与起点，附之以人文、哲学乃至信仰的意义，则是天人同构互感的重要一步。如前文所述，中华文明早期的原始宗教转变为国家宗教，最重要的一步，便是将自然万物崇拜转变为天神至上崇拜，即拔高了天神在崇拜体系中的地位，成为所有崇拜的崇拜。而这天神崇拜的发展历程，主线是天神的逐渐去人格化，取而代之的是“自然之天”“规律之天”“道德之天”，其是理性思想逐渐占据主流地位的过程。

但即便如此，“天神”仍顽强地在民间信仰体系中保留着些许人格属性。《墨子》就坚定地相信有智慧而又思辨的天神有着独立的意识，能为社会底层伸张正义，裁判曲直。道家创造的“太一”，原本是指“时间上最古，事物发展之最初、有形体抽象为最大者”①，是纯正的哲学概念，《庄子·天下》言：“建之以常无有，主之以太一。”《吕氏春秋·大乐》更加明确道就是太一：“道也者，至精也，不可为形，不可为名，强为之，谓之太一。”但与此同时，“太一”也成为神的名字，最著名的莫如楚国屈原所作的祭歌《九歌·东皇太一》：“吉日兮辰良，穆将愉兮上皇，……五音纷兮繁会，君欣欣兮乐康。”很显然，在屈原的理解中，“太一”显然是法相端庄的天上神主，在诸祭司的歌舞中，飘飘然而心满意足。也就是说春秋战国时期，作为“道”的代名词“太一”，

① 谭宝刚．“太一”考论 [J]. 中州学刊，2011（04）：159.

由抽象的哲学概念转变为具象的神学崇拜了。“太一”接下来在秦汉成为崇拜对象，就顺理成章了。

秦及汉初，“太一”逐渐成了天空的某个具有特殊地位的星，即北辰（北极星），位于天穹的北庭中央，正北方向，位置恒定，诸星座环绕其而动。不过需要指出的是，北极星并不是恒定的，长期看来，地球自转轴存在摆动，“北方”所指向的星空是不断地变化的。在先秦时期，北极星是“小熊星座 α 星”（即北极二，亮度 2.1），因其位于紫微垣中心位置，故又被称作紫微星。隋唐之后，北极五、勾陈一都曾转动至北极方向，成为帝星，每一次帝星的转移，都被当时的天文学者简单归咎于为前人的观测或记录失误。由于先秦时期的观象记录积累不长，北极星被认为是恒定于星空北极的主星，其所在的位置自然有着人间所赋予的先天政治优越地位。

司马迁的《史记·天官书》开篇便是“中宫天极星，其一明者，太一常居也”；《淮南子·天文训》也言“太微者，太一之庭也。紫宫者，太一之居也”，连务实明理、不近鬼神的孔子，也将北极所拥有的秩序与地位，作为为政者必须奋斗的目标：“为政以德，譬如北辰，居其所而众星共之”（《论语·为政》）。《尔雅·释天》：“北极谓之北辰”，郭璞的注说得更加透彻：“北极，天之中，以正四时。”

北辰作为星象崇拜的极点，构成了星空诸星的尊卑参照体系。北辰附近的星系，因靠近“帝星”而地位尊崇，被分为“三垣”（紫薇垣、太微垣、天市垣），与黄道上的二十八宿合成了基本的星官系统。“三垣”是权利中枢，集中了“帝”“后”“太子”“妃”“相”“将”“宦者”“宗人”等角色，人间的政治角色被按照距离“帝星”的远近映射到天庭。“旁三星三公，或曰子属。后句四星，末大星正妃，余三星后宫之属也。环之匡卫十二星，藩臣。皆曰紫宫。”（《史记·天官书》）“轩辕者，帝妃之舍也。”（《淮南子·天文训》）紫薇垣是天上的皇宫，位于北天中央；太微垣则是天上的朝廷，位于紫薇垣之下的东北方，包括将、相、诸侯等星。“太微，三光之廷。匡卫十二星，藩臣：西，将；东，相；南四星，执法；中，端门；门左右，掖门。门内六星，诸侯。”（《史记·天官书》）除此之外，还有天市垣，即天上的市集，位于紫薇垣之下的东南方向，

“市中星众者实；其虚则秏”（《史记·天官书》）。

据郑慧生考证[①]，紫薇垣和天市垣最早出现在战国时期魏国天文学家石申所著的《石氏星经》中，太微垣出现在唐初的《玄象诗》中。但其实太微性质、内容和格局划分，在西汉司马迁的《史记·天官书》中，被十分明确地记录了下来，说明“太微垣”的基本意义已经流行开来成为通识。

三垣，尤其是紫薇垣和北辰（帝星）的超然地位，是象天设邑的关键所在。后来的秦咸阳宫以紫宫自居，汉长安将未央宫名之“紫薇宫”[②]，隋长安的皇城名曰“太微城”、宫城名曰“紫薇城”，唐长安将大兴宫改名为“太极宫”，明北京城的宫城名曰“紫禁城”，均是此象天传统的一脉相传。（图 5–15）

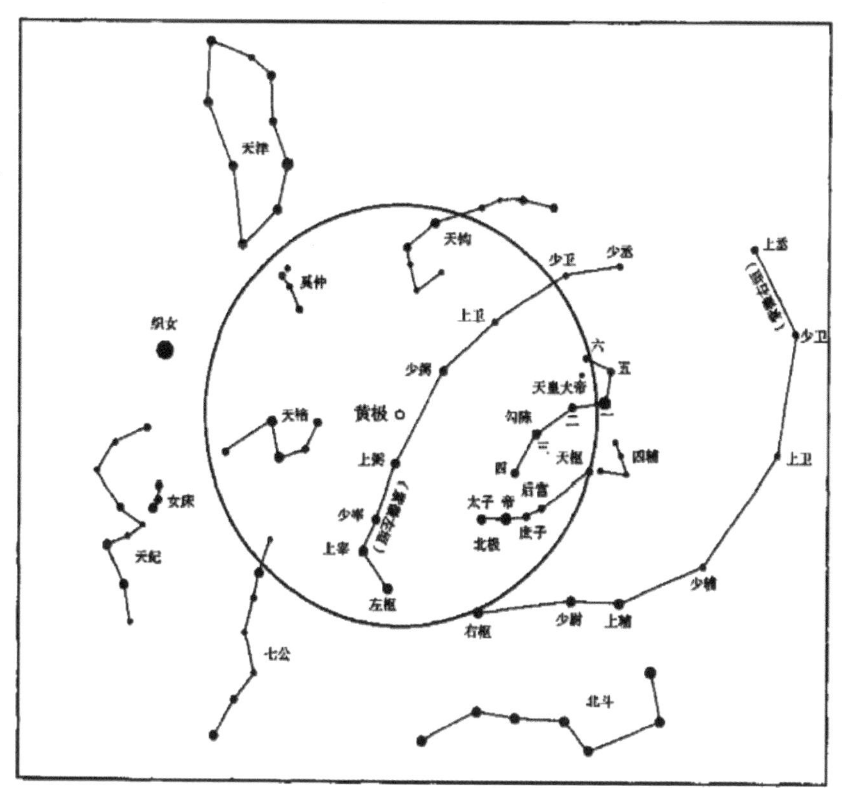

图 5–15　北天极

资料来源：冯时．中国天文考古学 [M]. 北京：社会科学文献出版社，2001：88.

① 郑慧生．认星识历 —— 古代天文历法初步 [M]. 郑州：河南大学出版社，2006.

② 吴庆洲．象天法地意匠与中国古都规划 [J]. 华中建筑，1996（2）：31.

（四）北斗崇拜

中华文明对北斗的崇拜由来已久。至今最早的记录，来自河南濮阳西水坡45号墓中出现的人骨与蚌组成的北斗形态。北斗崇拜与中华文明地理位置有关。夏商周的政权核心区域，都位于北纬36度附近的黄河中游区域，这一地区的所能看到的北天极，高于北方地平线36度左右，“这意味着对黄河流域的先人来说，以北天极为中心，以36度为半径的圆形天区，实际是一个终年不没入地平的常显区域，古人把这个区域称之为恒显圈”[①]。

相对于孤星“北极”，北斗的组合奇特且稳定，位置又较高，在群星中具有标志性特征，易于观察。有学者指出：“华夏上古先民在观测天象时，总是以北斗作为参照物定位其他星宿。……而重视北斗星的观察和北极星的作用也成为中国传统天文学区别于西方天文学的一个突出特点。”[②]

北斗星组与其他星象的不同在于它时、空的双重属性。

时间上：斗杓的公转，指向东、南、西、北，对应着的季节是春、夏、秋、冬，通过观察斗柄，先民对季节变化有了较为准确的把握。另外，通过北斗的自转所指向的位置，可粗略判断夜晚的具体时间，先秦黄河流域“人们观象授时主要依赖对北斗的观测。……通过观测北斗斗柄在天空中的不同位置能够大致判断出时间。不停旋转的北斗仿佛一个悬挂于夜空中巨大的天文钟，而北斗斗柄则是这钟的指针”[③]。

空间上：北极星的定位，很大程度上依赖于北斗星组，“夫乘舟而惑者，不知东西，见斗，极则寤矣”（《淮南子·齐俗训》）。北斗的后两颗星的连线，即“天璇”过“天枢”向外延伸约延长5倍长，即指向的是北极星。

北斗崇拜除了有着上述切实的实用作用外，可能还曾做过北极（帝星）。有学者对45号墓所在时代（前4010年）的天象进行了研究，认为早期的北极星就是北斗星中的一颗：“很明显，北斗七星作为一个完整星官，去当年真天极的距离已十分接近，这意味着北斗不仅完全有理由充当过当年的极星，而且

① 冯时．中国天文考古学[M]．北京：社会科学文献出版社，2001：89.

② 朱磊．中国古代北斗信仰的考古学研究[D]．山东大学，2011：120.

③ 朱磊．中国古代北斗信仰的考古学研究[D]．山东大学，2011：120.

也是惟一有资格成为极星的星”[①]，“北斗当然是恒显圈中最重要的星象，而且由于岁差的缘故，它的位置在数千年前较今日更接近北天极”[②]，甚至北斗星组的第一颗星名为“天枢”（大熊座 α 星），有可能是其曾作为极星的遗产。

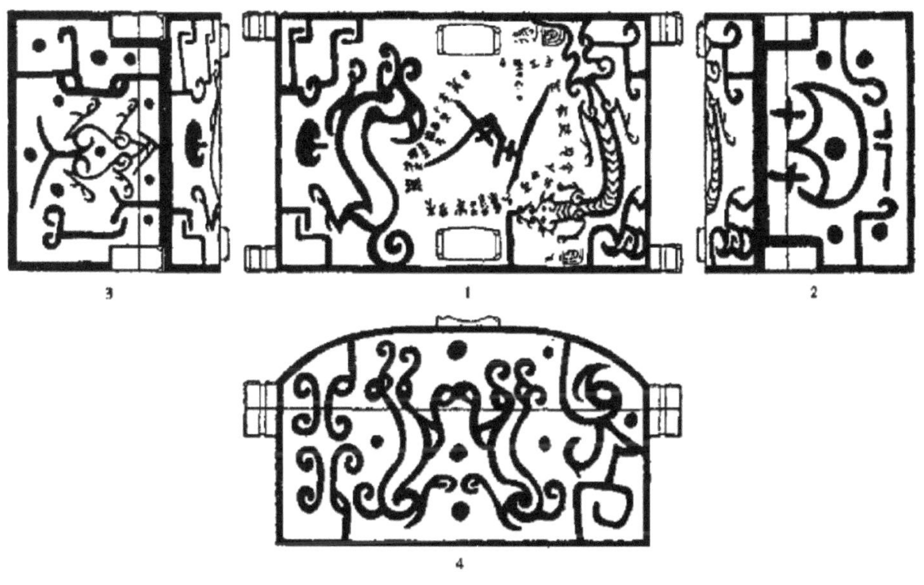

战国曾侯乙墓漆箱星象图（湖北随县出土）

1. 盖面　2. 东立面　3. 西立面　4. 北立面

图 5-16　曾侯乙墓二十八宿图

资料来源：冯时．中国天文考古学[M]. 北京：社会科学文献出版社，2001：277.

先秦时期仅仅是北斗崇拜的萌芽时期，观察商周两代，关于北斗的文化遗存较少。殷商卜辞中，有过“比斗”的记录，将北斗与日、月、山、河同列，作为祭祀的对象；战国早期曾侯乙墓藏有漆箱一个，其盖绘有篆体“斗”字，二十八宿环绕字周，两端绘青龙、白虎[③]（图 5-16），这是“目前所见最早出现的完整的二十八宿的实物遗迹，是为后世四象二十八宿天文观念之萌芽。在时人的观念中，北斗为天之中枢，栓系二十八宿，其地位至高无上”[④]，这也说明北斗起着组织天官系统的重要中枢作用。但在《诗经·小雅·大东》中，

① 冯时．中国天文考古学[M]. 北京：社会科学文献出版社，2001：96.

② 冯时．中国天文考古学[M]. 北京：社会科学文献出版社，2001：89.

③ 随县擂鼓墩一号墓考古发掘队．湖北省随县曾侯乙墓发掘简报[J]. 文物，1979 年（07）.

④ 朱磊．中国古代北斗信仰的考古学研究[D]. 山东大学，2011：33.

人们又可以十分轻松地调侃北斗勺子般的形态可以舀酒，“维南有箕，不可以簸扬。维北有斗，不可以挹酒浆”，丝毫没有信仰的庄重感，南方楚地的屈原同样以北斗形状打趣，“操余弧兮反沦降，援北斗兮酌桂浆”（《九歌·东君》），这可能说明在先秦阶段北斗崇拜也许尚处于初级阶段，未成为普遍性的观念。

秦统一后，建有专门的南北斗庙，进行专项祭祀，但北斗并不突出，与南斗平起平坐。而且秦人基本上持泛神论的价值观，建庙宇众多，日、月、参、辰、太白、岁星、二十八宿、风、雨、四海等，都享秦人香火，北斗在诸多崇拜中并不突出。

北斗崇拜，当确立在西汉时期。《史记·天官书》里不吝笔墨地描绘北斗的重要性：“斗为帝车，运于中央，临制四乡。分阴阳，建四时，均五行，移节度，定诸纪，皆系于斗。”北斗为帝车，帝车无外乎是天帝一种工具，但其作用居然可以划分阴阳、主宰时令、牵制四方，以至管理整个天庭星官的秩序，“北斗七星，所谓‘旋、玑、玉衡以齐七政’。杓携龙角，衡殷南斗，魁枕参首”，北斗无疑超越了其“帝车”的定位，俨然是天庭的实际领袖和管理者。这为北斗在后世的信仰框架奠定了主要基础，而且取消了南斗的地位，南斗因与北斗形似而获得的附带关注，在西汉时期也基本不存，继而在星辰信仰体系中彻底消失。

汉长安城，因其城墙南北都有内凹，形态如斗，据说被称为“斗城”。此说最早见于《三辅黄图》一书：“城南为南斗形，城北为北斗形，至今人呼京城为斗城是也。”但这是汉长安在史料记载上有“斗城”之说的孤例。就算此说成立，将北斗崇拜运用于都城营建上，也是中国古代历史的一个孤例而已。

以史料看，长安城址的形制，应该没有那么明显的象征意义。长安城本身就是逐渐形成的，楚汉相争之时，刘邦即利用龙首原的秦离宫、兴乐宫建长乐宫；高祖七年（前 200 年），整个行政班子才从栎阳迁至长安，利用秦离宫章台建未央宫，此时并未筑城，仅建两宫、武库、太仓等而已，而且具体的工程主持人萧何因宫阙建设壮丽被高祖批评，“天下匈匈苦战数岁，成败未可知，是何治宫室过度也”。惠帝元年（前 194 年），才开始筑长安城墙，

“城长安”，惠帝五年方修筑完毕，“长安城成”。城之南墙、西墙、东墙、北墙依次修筑，因南城墙遇到龙首原高地，须向南凸部分城墙，纳高地于城中，加强城墙防卫能力；北城墙因临渭水，如走直线，势必将城墙筑于水中，故而呈折线状（图 5-17）。这些具体做法，与楚郢都、鲁曲阜等先秦城市如出一辙。

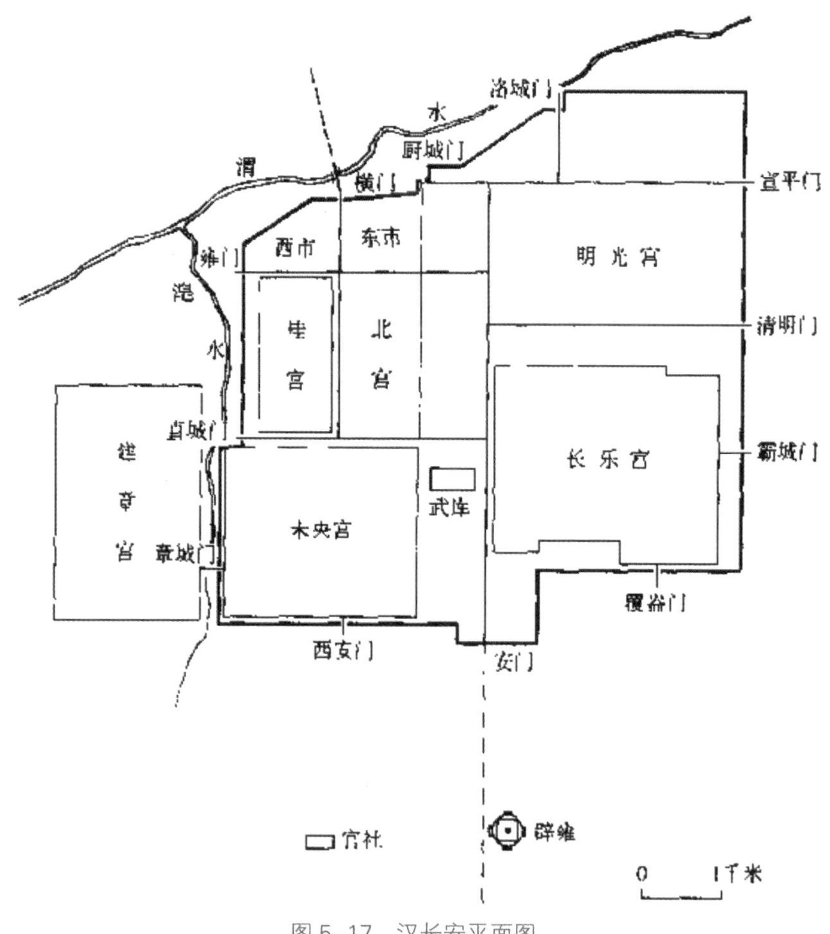

图 5-17　汉长安平面图

资料来源：庄德林，张京祥．中国城市发展与建设史 [M]. 南京：东南大学出版社，2002：34.

这是先秦选址筑城“就地利”原则的继承运用。有学者已经研究得非常清楚了。[①] 从象天设邑层面上而言，汉长安是沿用、效仿秦咸阳选址营建时“经

① 马正林．汉长安城总体布局的地理特征 [J]. 陕西师大学报（哲学社会科学版），1994（4）：60.

天纬地，与天同构”的举措，班固的《西都赋》说汉长安“其宫室也，体象乎天地，经纬乎阴阳，据坤灵之正位，仿太紫之圆方”可佐证之。但咸阳的“象天”，是放眼整个大都邑区的构想，绝无拘泥于城池之内的方寸之地的可能。如言长安的南北城墙折转，便是汉都的象天之举，是“斗城”，未免将汉室的气魄小觑了。且前文已述，秦汉之交的“北斗崇拜”尚混于诸多崇拜中，并没有上升到国家意识形态层面，也难以在汉初的长安城营建中成为筑城的指导原则。故而所谓汉长安城市形态模仿北斗、南斗，长安是“斗城”的说法，是值得商榷的。

（五）象天设邑

星象崇拜的象天思想，核心是以人间的政治秩序来解释天空的星象格局，再将这种格局图形落实在大地上的城镇、宫室具体布局中，以实现天人互动的感应，进而满足顺天意、得天佑的政权合法性的政治诉求。

如前文所述，象天思想基于农业授时。星象以分季节，星象自然具有先天的合理性与合法性。运用星象的形态，从遵从到模仿，逻辑上顺理成章。最早的“象天”，是颛顼帝对节令的落实，“帝颛顼高阳者，黄帝之孙而昌意之子也。……养材以任地，载时以象天”（《史记·五帝本纪》）。但“象天”从象天之意逐渐转换为象天之形，从规律之天转换为图形之天，“象天设邑”的思想成为了“仿天设邑”。究其原因，还是先秦后期以及秦汉时期，皇权与专制占据了意识形态主流地位，学术思想去多元化的结果。

如同孩童一样，殷商之交的政治家是好奇的、开放的，其思想成长的特点是能够将诸多客体甚至万事万物都作为学习对象。

《周易·系辞下》描述的“仰则观象于天，俯则观法于地，观鸟兽之文，与地之宜，近取诸身，远取诸物，于是始作八卦，以通神明之德，以类万物之情”，描绘了“圣人”的学习道路——“观”。“观”，是观察，是取类比象的手段，被“观”的，有天地、有鸟兽自然、有人伦、也有社会。这是将“人”本身，放置于广阔的天地万物、山水自然之间，自由呼吸，自发成长。这种泛对象的“观”，是先秦时期主流的认识论，是中国历史上“人”的第一次自觉，即钱穆先生提及的“平民阶级之觉醒”[1]。战国时期的《吕氏春秋》以黄帝口吻传达治乱存亡的政治心法时说：“大圜在上，大矩在下，汝能法之，为民父母。”大圜即天，大矩即地，法天法地，可治民。取法的对象，较之西周的《周易》，便有所减少了，但所效法者“天地”，仍然是规律之天、自然之地。

“平民阶级的觉醒”，持续了整个周朝，是“天子失官，学在四夷”，即伴随着政治权利的学术思想下移民间的产物。但随着西周——春秋——战国的历史进程，封国数量不断减少，采邑制度逐渐消失，郡县制日益流行，国君的权利扩张，地位日高。直到秦吞灭六国，建立大一统的中央集权王朝，天子以“皇帝”自称，所谓的平民阶级朝不保夕，基本丧失了社会地位与政治话语权利。皇权与先秦的王权相比，更加自负而傲慢，其观象的视角渐渐上移，以“尊”天为基础、以“观”天为手段、以“象”天为目的，将天象设置为模板，映射模仿。司马迁虽在《史记·天官书》中提到了仰俯天地的观象学习模式，但更强调地与天的对应和映射，地从于天、地仿于天，“分中国为十有二州，仰则观象于天，俯则法类于地。天则有日月，地则有阴阳。天有五星，地有五行。天则有列宿，地则有州域”。春秋战国期间的越都、秦都，都在不同程度上践行了象天设邑思想。

1. 越都

越国都城（会稽，今绍兴，范蠡所筑）具有“象天法地”的特征。《吴越春秋·勾践归国外传》记载为：“于是范蠡乃观天文，拟法于紫宫，筑作小城，周千一百二十二步，一圆三方。西北立龙飞翼之楼，以象天门，东南伏漏石窦，以象地户；陵门四达，以象八风。外郭筑城而缺西北，示服事吴也，不敢壅塞，内以取吴，故缺西北，而吴不知也。”虽然仍然有城墙“缺西北”以取吴的厌胜巫术，但“象天法地”的思想更为清晰明确。紫宫即模仿紫薇垣，将天帝的都邑搬到了地面，是越之王城所在，通过天门、地户的设置，确立王城沟通天地的唯一性和垄断权，这毫无疑问是对天象的模拟和崇拜，也是越国灭吴称霸的雄心壮志的显露。故范蠡解释说：“臣之筑城也，其应天矣，昆仑之象存焉，……

① 钱穆曾言，余尝谓先秦诸子，自孔子至于李斯，三百年学术思想，一言以蔽之，为“平民阶级之觉醒”。见钱穆. 国学概论 [M]. 北京：商务印书馆，1997.

臣乃承天门制城，合气于后土，岳象已设，昆仑故出，越之霸也。”

《吴越春秋》不是正史，其演义成分可能多于史料。且如同今天一样，每一时期的古人均有崇古的习惯，将单薄的事迹丰富并神话化，留下来的文字不见得是真实情况的反映，仍需与考古发掘相互对应，方能去伪求真。根据目前的文献资料，仅就城市选址、营建思想而言，越都（会稽）能够体现星象崇拜、王权居中、绝地天通的基本象天法地思想，但其具体体现待进一步遗址考古工作的验证。

2. 秦都咸阳

秦始皇开创大一统的秦帝国，极力营造君权崇拜的格局，不管是帝号还是整个首都圈布局，都凸显其力图开创新的帝制时代，追求万世江山的终极目标。秦始皇试图以一种全新的逻辑体系，对皇权进行整体性解读，即元叙事（作为先秦政治制度和格局的终结者，帝制政治制度和格局的开创者，秦始皇推行的一套完整的象征叙事系统，解决帝国政权的合法性问题）。

都城的规划、建设也是秦帝国元叙事的一部分，即通过依据象天格局选址建设都城，展现中央政权，尤其是皇帝本人具有神秘的测向、观星、定位的知识和能力，具有沟通天地的特殊本领和禀赋，具有对疆域、世界乃至天下的控驭权力。城市、宫殿的位置、方向、规模以及彼此之间的关系，不再只是建筑或规划上的考虑，而成为充满意义的符号语言，组合起来，形成叙述秦帝国合法性的元叙事的一部分。

自始皇于渭水以南建极庙后（前 220 年），首都地区的再规划、再建设便正式展开了。象天法地作为这一轮建设的基本指导思想，为《史记》所明确记载。极庙是始皇的生祠，不但是首都地区空间组织的中心，还是帝国政治制度的象征和比拟，整个咸阳象天格局的核心是渭南的天极（极庙）①，其余各功能组团围绕天极展开，如渭北宫室象营室（其中咸阳宫象紫宫），渭河象天汉（银河），横桥象阁道（牵牛）。而天极是最高统治者的居所，“中宫天极星，其一明者，

① “（二十七年）焉作信宫渭南，已更命信宫为极庙，象天极；……（三十五年），先作前殿阿房，……自阿房渡渭，属之咸阳，以象天极阁道绝汉抵营室也。”（《史记·秦始皇本纪》）《三辅黄图》记载：“始皇……筑咸阳宫，因北陵营殿，端门四达，以则紫宫，象帝居，引渭水贯都，以象天汉，横桥南渡，以法牵牛。”

太一常居也”（《史记·天官书》）。极庙在南北方向，组织了咸阳地区的中轴线，即从望夷宫向南，经咸阳宫、极庙、章台，至孤独塬的都城主轴线。有研究认为，咸阳地区的帝陵作为东宫，与心、天角等星座呼应，渭北宫室（咸阳宫、六国宫等）作为北宫，与营室、虚宿等星座相呼应，西部园囿作为西宫，与天池星座对应，阿房宫作为南宫，与太微垣相对应[①]（图 5–18）。整个首都地区，呈现了全天穹模仿态势，模仿天象，形成向心、象星格局。

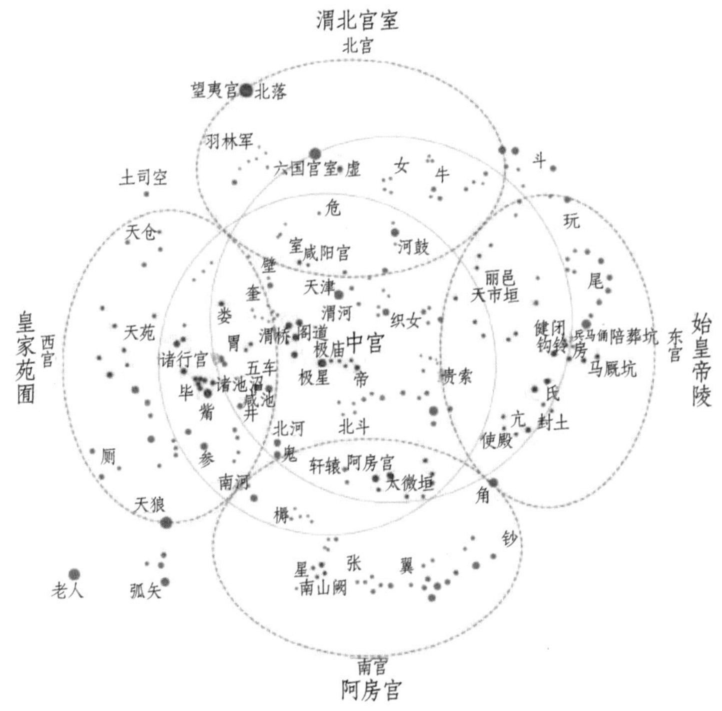

图 5–18　秦咸阳城址象天格局

资料来源：郭璐．中国都城人居建设的地区设计传统：从长安地区到当代[D]. 清华大学，2014：103.

秦咸阳城址格局，可能是在完全模仿某一特定时刻的天象，即秦颛顼历的岁首十月。此时天象投影在首都的地面，即为目前所呈现的布局形态，与《史记》等的文献也相互契合。[②]

在象天设邑背景下，始皇对渭河两岸进行了宏大规划和全面建设，以三百

① 郭璐．中国都城人居环境建设的地区设计传统——从长安地区到当代 [D]. 清华大学，2014：92.

② 许斌．秦咸阳 - 汉长安象天法地规划思想与方法研究 [D]. 清华大学，2014：190.

余里范围内大地为图底，以山川、河流、宫阙、陵墓、苑囿为笔画、颜料，以天极（极庙）为中心，描绘了一幅大尺度的、气势恢宏的人间星河长卷。整个咸阳地区的象天选址布局，在不长的时间内，就以一种平面展开的、结构整体而复杂的、规模宏大而又舒缓的空间序列，彰显帝都恢宏气势，以各种象征符号和隐喻，营造了超越人间世俗生活的天子居所，也成为中国古代都城中象天法地的极致代表之作。

后世曾批判和痛心于这种象天法地格局的铺张浪费，称之为“始皇穷奢极欲”（《三辅黄图》）。从规划者的角度而言，此格局是城市选址布局对权力和权威的表达，强调的是纪念性，追求的是一种与天地相通的神性，即通过大量的铺张浪费，显示权力的巍巍大气。尤其是格局中以始皇生祠为中心，更说明整个元叙事中强烈的个人崇拜和神化偶像的倾向。[①] 咸阳城不同时期的城市组团的选址布局，将星空观测和都城规划结合起来，仰观俯察，以天法地，完整地对都城地区城市组团的定位、布局、中心、功能、交通、轴线、地标、起始等进行了象天意义上的全面模拟，标志着中国古代城市选址传统中的“象天法地”思想成型。从历史维度看，始皇以极大的魄力，跳出三代政治传承的桎梏，跳出诸子百家的体系，创立了以论证帝权的合法性为主要目的元叙事体系，且大多传承至后世。谭嗣同言：“两千年政治，秦政也”，毛泽东也认为“百代皆行秦政制”，都体现出了秦帝国的政治遗产长久绵延。

秦之后，“象天法地”思想虽成为指导中国都城选址、规划、建设的重要理论，以满足帝王追求天地一体、天地对应、法天地而居的梦想，但模仿尺度大为缩减。如汉长安以五宫四象为模式布局，较之秦咸阳，气象以不可同日而语。“象天法地”思想，仅仅在建筑群布局上有所反应，在城市区域层面无法实践了。隋唐长安城，虽有“建邦设都，必稽玄象”（《旧唐书·天文志》）的说法，但实际上城市布局严谨方正，更有《周礼》的传承特点，很难发现象天痕迹。到了明清北京城，“象天法地”思想所体现的便只是紫禁城、文华殿、武英殿这些名字与紫薇垣、太微垣的星象名相对应而已。

① 始皇时候，秦二世将极庙作为专奉始皇的宗庙。《史记·秦始皇本纪》：“（二世皇帝元年）天子仪当独奉酌祠始皇庙，……群臣以礼进祠，以尊始皇庙为帝者祖庙。”

八、小结：实用理性的技术体系特征

从农耕文化带来的稳定的血缘关系加上小农经济顽强的经验传承，促使华夏选址传统在形成之初，即带有强烈的实用理性特质。实用理性是一种肯定现实生活的世界观，它讲理性，有抽象的思辨模式和讨论，不将问题归于非自然力，更讲实用，重视解决当前的具体问题，有用、功效是实用理性的真理标准。

李泽厚指出："实用理性便是中国传统思想在自身性格上所具有的特色，……从商周巫史文化中解放出来的理性，并没有走向闲暇从容的抽象思辨之路（如希腊），也没有沉入厌弃人世的追求解脱之旅（如印度），而是执着人间世道的实用探求。"实用理性的选址传统有以下特点：

（一）不建立理想模型

理想模型是逻辑、抽象和臆想的产物。城市选址是对一系列复杂城市问题的研究，如果不能将研究对象从背景与问题的围困中脱离，不能建立针对普遍对象而不是单一实体而成立的城市模型，那么对选址问题的研究不可避免会被具体问题所困。实用理性的桎梏就在于无法对大量对象提出行为准则和基本方法，它总是尝试着一个个精巧而富有成效的城市问题解决之道，但建立在大量零散技术实践和经验累计基础上的先秦城市选址传统，无法形成更加有效的技术体系，没有形成"理性"的路线和依托。在后来的发展中，原始的巫术手段仍然在成型选址传统中（风水）找到了一席之地。

（二）重技术轻科学

实用理性在先秦城市选址技术体系领域中的突出表现便是重视解决当前问题、能取得现实时效的"技术"，但对"技术"背后的真理、原理并不关注、也不关心，缺乏对"科学"的追求与好奇。"科技"是两个层面的组合，"科学"探寻世界的真相和真相之间的联系，并不能直接使用，"技术"则解决实际问题，可以直接使用。当然，"科学""技术"都是现代词汇，只是用来描述一种知识的分类和状态。先秦时期城市选址营建中采用大量技术措施，如防洪技术、定位技术、观测技术等，但极少有文献提到在使用这些技术的同时人们对问题背后的原因进行探究。另外，对于技术记载、积累和传承，先秦与整个古代中国时期一样，都处于懵懂状态，这些成功的经验分散于不同的文献中，并没有形成完整记录和体系，逻辑归纳不是主流。

（三）服务现实生活

如同华夏文明的其他方面一样，选址传统呈现服务现实生活的特点。一般而言，这一传统不狂野、不臆想、求回报、重历史，以服务现实问题、保持现有状态稳定为目标，反对冒险与创新，强调经世致用。先秦的城市，是为人服务的城市，是以生活为主要目的城市，秦咸阳那样的宏大叙事和狂放布局的选址行为不是主流。

选址传统实用理性的特点，注重实效与反馈，讲究即时反思与总结，这一特点既阻止了抽象的思辨哲学的展开，也排除了反理性的宗教迷狂思维的萌芽，没有将城市问题的解决交于神的意志。所以李约瑟评价说："几乎一切中国自然哲学所具最重要的特点之一，便是免于陷于欧洲有神论与机械唯物论的世界观的持续辞论。"

第六章
儒道互补的选址哲学思想

先秦时期是“华夏”的肇始，是从分散的氏族公社走向统一的国家的时期，是各种文明脉络起源、交融，最终凝聚到以中原文明为核心的“华夏”一体的时期，不但是华夏文明的青春期，也是华夏民族的形成期。先秦时代是如此的重要，“是中国传统文化的构架期，它奠定了古代几千年文化理论和实践的基础，其后两千多年传统文化的发展，则主要是在此基础上的进一步补充和完善”[①]。也是在这一阶段，华夏文明的城市选址形成了自己独有的哲学思想，这一思想形成于大量选址实践的经验反馈，扎根于华夏文明本体的哲学大地，并在秦之后继续延续、生长，不可断绝。

在城市与自然的共存中，人很容易向上思考关于天地的运行、人与环境等问题，向下思考人的价值与意义，也很容易在这种思考和感悟中总结自然的规律，收获美的感受。“一个民族的信仰和价值体系，就反映于他们在何处择定城址，并如何进行建城规划上。”[②]华夏城址选址的审思，是华夏文明哲学思想的一部分，也是先秦哲学的一个源头。

① 张慧．先秦生态文化及其建筑思想探析 [D]. 天津大学，2009：10.

② 施坚雅．中华帝国晚期的城市 [M]. 叶光庭，等，译．北京：中华书局，2000：30.

一、华夏哲学思想的形成

需要说明本章所说的哲学，并不是现代科学语境的“哲学（Philosophy）”，而是“观念态度（Attitude）”的意思。前者本身就蕴含着“理性和科学”的含义，后者则是如何理解世界的来与去，理解人类与自然、宇宙的关系，理解人类自身。

西方文明的哲学理性起源于古希腊的自然派学者。泰勒斯终结了《荷马史诗》和《神谱》营造的英雄和诸神主宰世界的价值观，提出了著名的理性主义命题：水是万物之基。这一哲学意义上的判断不仅打破了感性和神秘主义的传统，而且指出了无数不同事物的统一性，即世界的基质所在。其后的赫拉克利特认为事物发展的本质或规律是一种隐秘的智慧，他将其命名为“逻各斯”，这其实是“理性”的早期表述方式，自此之后规律性的哲学思辨建立了自己的殿堂。亚里士多德在苏格拉底、柏拉图确立了理性主义的基本范式后，将古希腊哲学发展推向顶峰，他认为世界本源的问题，只有通过理性的逻辑、概念和范畴等才能把握。

中华文明的哲学起源于先秦时期的诸子百家。华夏先民从文明伊始匍匐在神的脚下，猜测和讨好想象的神，到质疑神的行为，再到怀疑神的地位，独立地客观思考和总结世界的规律，自身获得了巨大的认知飞跃，这也是华夏文明自我觉醒和自我意识的产生。觉醒，意味着对个体自身价值的发现，意味着对绝对权威的怀疑，也意味着带有自身特色的慎思。在这过程中，产生了中国哲学的主要思想，虽然这些思想以或对立的、或差异的各种流派的形式表现，但这些流派互补并构成了中国哲学的基本成分。

先秦的哲学思想形成的宏大进程，呈现出三个特点。

（一）思想与权力的分离

最初的思想和权力，是相伴而生的。王权在垄断神权的同时，对文化产生专权，如绘画、舞蹈、诗歌、文字、记事、历法、天文、崇拜等。巫术（原始宗教）是文化的酿造器，先秦初期的文化（歌、舞、画等）都诞生于原始宗教的崇拜形式中，而在原始宗教向国家宗教过渡阶段所发生的“绝地天通”，同时也是对文化的专制行为，即巫史掌握了文化特权。这种特权不仅包括对知识的解释权，还包括对知识的创造权、传承权，如目前能发现的最早文字，不过是巫史们内部使用的文化符号。

三代的西周时期，贵族也加入了专享知识的行列。围绕在王权周围的贵族，才能获得受教育的权力，“官守学习，皆出于一，而天下以周文为治，故私门无著述文字”（清·章学诚《校雠通义·原道》），此即所谓“学在官府”时期。这一时期虽有知识分子，但一是其身份多是贵族，所言所思还是代表“一元”的中央政权；二是其职权来自中央政府，是王权放心的从属。思想与权力高度贴近，一元形态明显。

但平王东迁，周天子跌落凡间。不过两三百年光景，天子都可以流离失所，其所代表的“天神”意识形态，自然遭遇了质疑，“夫民，神之主也”（《左传·昭公六年》）。而且王权豢养的贵族知识阶层，纷纷流落诸侯国，“太师挚适齐，亚饭干适楚，三饭缭适蔡，四饭缺适秦，鼓方叔入于河，播鼗武入于汉，少师阳、击磬襄入于海”（《论语·微子篇》），此即所谓的“天子失官，学在民间”（《左传·昭公十七年》），道家创始者老子，便曾是周王朝的小小的守藏史。

正是知识分子远离庙堂，思想与权力不断分离，才带来了思想的独立性，即不需要再迎合君主的态度意见，在政治上能够客观进行评判，独立思考乱世的原因及解决办法；在文化上自主创作，自由表达自己的观点见识；在审美上，真实地反映对美的理解和追求；在哲学上，理性探索世界构成和运行的规律，提出带有唯物主义观点的人地观和宇宙观。

（二）士与流派的形成

天子—诸侯—大夫—士—庶人，这个统治秩序和尊卑等级，随着东周时期大秩序的瓦解而消退。先秦后期整个社会管理结构崩塌，宗法制度日益式微。主流价值观发生了变化，尊重贤能与技艺，出身被淡化。具有知识、见识和抱负的“士”，作为一个阶层开始崛起，焕发异彩。不同的士，或在国与国的交锋中出谋划策，或在权贵的争斗中披挂上阵，或在不同思想争鸣时著书立说。所谓上可挂卿相，下可为布衣，甚至一国之兴衰，取决于士的去留，“所在国重，所去国轻”（《战国策序》）。

东周时期的诸子，基本上源于“士”阶层，孔子出生于没落贵族家庭，开始任仓吏，老子是周室的下层官吏（藏室之官），庄子是宋国的“漆园小吏”，孟子是鲁国没落贵族孟孙氏后裔，荀子是齐稷下学宫的祭酒，大流派的诸子中，只有墨子是农民出身。各流派的中坚力量，也大都来自“士”，鼎盛时的稷下学宫，四公子的门下都有数千文士，孔子门下也有数量众多的学徒：“孔子以诗书礼乐教，弟子盖三千焉。”（《史记·孔子世家》）这些文士最大特点就是“藏书策，习谈论，聚徒役，服文学而议说”（《韩非子·显学》）。这些“士”，凭一己之力，以朴素的唯物主义和辩证法、基础的民本思想和人性观，划开了天命论、君权神圣笼罩的三代社会的漫长寂夜。

士的来源繁杂，有基层官吏，有没落贵族，有大夫家臣。士的不同的职业出身带来了以业缘为特色的学术流派聚合。东汉时期的《汉书·艺文志》认为，诸子百家皆出于不同的官府职位，如儒家者，出于司徒之官；墨家者，出于清庙之守；道家者，出于史官；法家者，出于理官；纵横家者出于行人之官；阴阳家者，出于羲和之官；农家者，出于农稷之官；杂家者，出于议官；小说家者，出于稗官。这些思想学派的参与者，纷纷脱离了原有的官府身份，流于民间，或立说、或著书、或授徒，百花齐放，蔚然成风。

总的看来，批评现实政治、重视现实问题、探求解决之道，是各流派的共识。且东周宏观政治环境宽松，天子式微，诸侯间猜忌、对立甚多，因此再激进的思想者也并不过于担心自身的人身安全，天下之大，觅藏身之处不难。如孔子游卫、曹、宋、齐、郑、晋、陈、蔡等国，孟子游齐、宋、滕、魏、鲁等国，皆为找到学说实践之所而奔波。

（三）反思、抽象和论证的出现

为了明确表达自己的观点，东周时期“抽象”和“反思”开始在不同流派的学者中出现。

“抽象”是将事物本质和事物表现分离开，对事物的普遍性（共相）进行总结、提纯、简略，是深层次的思维活动。先秦时期以讲究“名、实”关系的名家表现最为突出，其所谓的“物莫非指，而指非指”就是“追求非伦理、非实用的外在超越理性，重知求真，重视对抽象分析与理性思辨的思维方式的运用”[①]。哲学是思维的最高水平，是对生产力、社会关系和历史经验的高度概括凝练。

“反思”是哲学的开端，是后退一步，审慎思考自己、他人、家庭、社会、国家、世界等一系列事物，做出理解和明确的评价。哲学本质是形而上学的，关心的是事物的本源、事物为何为所是的问题，并不关心事物的具体形态问题。反思，将常识的世界提升到哲学的世界，将具象的世界凝练到抽象的世界。《老子》提出“道，可道也，非恒道也。名，可名也，非恒名也”（《道德经·第一章》），就是将现实表现（“可道之道”）与哲学概念（“道”）分离。只有经过反思，观念才能形成，只有经过抽象，观念才能准确表达。

不代表权力的思想，才是平等的思想，才需要进行表达、互相否定和自我修正。不同观点之间的驳难和争鸣，进一步促使观点自身的发展。在这一系列的表达、冲突和争执的争鸣过程中，反理性、神秘主义的生存空间大量被挤压，取而代之的是人伦的、理性的、思辨的思想越发凸显。这一反思、抽象、论证的争鸣过程，一方面给华夏文明注入了理性基质，形成了不同的哲学思想派系；另一方面点燃了华夏文明的人文精神，促使作为群体的“华夏族”的自我意识觉醒。

论证，则是不同流派观点的交锋。[②]对天命、君道等这样一些基本问题的看法，是各派的立论基础。礼乐崩坏的东周时代，原有天命观受到了极大冲击，总体而言，诸子是悲观的。儒家还在坚持“以德配天”，还在强调遵循周制；道家则提出世界的基本规律在于“道”，和有意识、有人格的“天帝”没有什么关系，主张恢复到“夏政”（无政府状态）；法家比较积极，讲君王（诸侯）的权威自我塑造，讲“以力假仁者霸”；墨家则认为君主首先要满足鬼神的要求，以此才能得到鬼神对君主的庇护，“故古者圣王明天、鬼之所欲，而避天、鬼之所憎，……其为正长若此，是故上者天、鬼有厚乎其为正长也”（《墨子·尚同》）。

至于君道，儒家认为是“复礼”“从周”（《论语·八佾》）；道家则认为应该是“为无为，则无不为”（《道德经·第三十七章》），儒家推崇的“礼”，

① 赵炎峰 . 先秦名家哲学研究 [D]. 山东大学，2011：2.

② 有时两派间的交锋很尖锐，如墨子批判儒家的不敬鬼、奢孝、靡乐等：“儒之道足以丧天下者四政焉。”（《墨子·公孟》）孟子则批判墨家的兼爱无差：“杨氏为我，是无君也；墨氏兼爱，是无父也，无父无君，是禽兽也。”（《孟子·滕文公下》）

道家认为是“乱之首”；法家则认为“治官化民，其要在上”（《商君书·君臣上》）。当然，各家的思想学说，都存在自我成长、变化的现象，儒家学说从孔子、孟子到荀子，道家学说从老子到庄子，法家学说从管子到韩非子，都有进化的迹象。

总体而言，在三代早期神秘主义氛围中生长起来，具有伦理化倾向的华夏独特的思想体系，笼罩了后世中国两千余年的历史进程。这一思想体系包括庞大、复杂的系统知识、认知，融合成了当时人文、社会、技术、经济等抽象和具象的知识网络，尤其是在整体观、审美观和人地观方面，形成了初步的华夏城市选址思想。

二、天人合一的整体观

“天人合一”是中国古代哲学观的总汇，是最大的命题。钱穆先生在晚年悟而言之：此一观念（天人合一）实是整个中华传统文化思想之归宿处……我深信中国文化对世界人类未来求生存之贡献，主要亦即在此。[①] 季羡林先生认为，东方的思维模式是综合的，西方的思维模式是分析的。“天人合一”这个命题正是东方综合思维模式的最高最完整的体现……我完全同意宾四先生（钱穆）对这个命题的评价：涵义深远，意义重大……它与西方思维的分析模式是根本对立的。[②]

“天人合一”论述的是天道与人道之间的关系，这一概念由汉武帝时期的董仲舒发端。不过他所认为的“天人之际，合而为一”，实际上是“天人感应，天和人同类相通，相互感应，天能干预人事，人亦能感应上天”的意思。董仲舒牵强附会了天道与人道的哲学观念，是当时流行的谶纬之说的儒家化。后来宋代张载明确提出了“天人合一”这一命题：“儒者则因明致诚，因诚致明，故天人合一。”（《正蒙·乾称》）他进一步解释了人性与天道都是具有客观实在性的，有着统一而区别的客观规律性。张载是这一命题的集大成者，后来的二程（程颢、程颐）、朱熹、王阳明等儒者陆续对这一命题又进行了各自视角的补充，形成了“宋明理学”，也成就了中国古代哲学的最后一个高潮。

“天人合一”其实是东方思维的整体宇宙观，虽起于西汉、成于两宋，

① 钱穆．中国文化对人类未来可有的贡献 [M]// 中国文化．北京：中华书局，1991.

② 季羡林．“天人合一”新解 [J]. 传统文化与现代化，1993（01）.

但它的基本观点在先秦的诸子百家争鸣时已经成熟了，突出表现为“阴阳”观和“气”论。

（一）辩证的阴阳论

早期的“阴阳”只是具体的方位名词。先民们通过自身观察体验，将月亮圆缺、季节寒暖、气候干湿、河水涨落等自然现象抽象出来，归为“阴”“阳”两类，“阴”者，寒冷、幽暗、潮湿、卑微、羸弱；“阳”者，温暖、明亮、干燥、高大、健硕。

“阴阳”概念的形成与城址密切相关。现有考古记载，新石器时期的诸多史前聚落选址，基本上均位于河流北岸干燥的二级台地上，背山面水，不但节省了防护的沟渠工程的修建，而且能获得较好的生产居住条件。如湖南裴李岗文化遗址、关中仰韶文化遗址、山东大汶口文化遗址、湖北屈家岭遗址、重庆大溪文化遗址等。而史前聚落具体的建筑和房屋朝向，也表达了强烈的向阳价值观。如西安半坡村遗址，大房子向东布置；安徽含山县凌家滩墓地，墓位多南北向布置，其中最大的三座大墓，均位于最南，具有强烈的向南意识。阴阳还带来了方位差别，如河南濮阳西水坡 45 号墓中，墓主头南足北，左右两侧用蚌壳精心摆放龙虎图案，东侧为龙，西侧为虎。[①] 阴阳意识和方位吉凶，在此阶段可能已经形成了。

夏商之交，周族的祖先公刘率领部落，由邰（今陕西武功）迁豳（今甘肃庆城）选址建都邑时，对城址进行了细致而周密的考察。其中，在对具体城址进行微观考量时，据《诗经・大雅・公刘》记载：“笃公刘，既溥既长。既景乃冈，相其阴阳，观其流泉。”公刘丈量了平原和山丘，辨别了山南山北的区位，勘明水源与水流[②]，这是中国最早的有关城市选址的文字记载。中国城市选址选在山南水北所谓阳处的传统，也由此发端。在阳处建城，是具有诸多有利条件的，如良好的小气候（渔猎资源丰富、夏日凉风，冬日暖阳），避免洪涝灾害等。

到了西周初年，哲学家已经开始思索宇宙的起源，试图将天地万物理解为父神（阳）和母神（阴）生成，用阴阳之道代替创造世界的神。由此，具有自然的、

① 详见杨柳．风水思想与古代山水城市营建研究 [D]. 重庆大学，2005.

② 这也是“阴阳”二字第一次合在一起使用，成为后世阴阳堪舆术的坟典。唐初吕才受命整理风水术书，指出：“逮乎殷周之际，乃有卜宅之文，故《诗》称‘相其阴阳’，《书》云‘卜惟洛食’。”

物质的、具象的属性的“阴阳”，上升到了具有社会的、精神的、抽象的属性的“阴阳”。道家和儒家都视为经典的《易经》，开创了这条新哲学观的道路：“一阴一阳谓之道”。后来的荀子进一步解释：“列星随旋，日月递炤，四时代御，阴阳大化，风雨博施，万物各得其和以生，各得其养以成，不见其事而见其功，夫是之谓神；皆知其所以成，莫知其无形，夫是之谓天。”①

哲学的阴阳观介入了社会生活，将原有秩序都赋予了伦理尊卑的意味，如：“君臣、父子、夫妇之义，皆取诸阴阳之道。君为阳，臣为阴；父为阳，子为阴；夫为阳，妻为阴。”②城市营建的方位同样有了尊卑。贺业钜先生认为，在周人的方位观念中，有浓厚的阴阳（尊卑）气息。他们以南为阳，以北为阴，东方居左，乃日出处，实属阳，西方居右，系日落月升处，应属阴，所以东、南居尊位，西、北居卑位。这些观念体现在都邑规划上，便是礼制等级高的分区配置在南或东方，等级低的则配置在北或西方。如宫室在南，市场在北，祭祖的宗庙在左（东），祭谷神的社稷在右（西）。③

中国城市尤其是国都的选址，也深受阴阳学说影响，不断谋求原始而强大自然力的庇佑。《周礼·大宗伯》写道：“天地之所合也，四时之所交也，风雨之所会也，阴阳之所和也，乃建立国焉。”这段文字中“国都地址是与自然力联系起来看的，是与支配一切现象的人格化了的力量联系起来看的”④。

（二）唯物的气论

西周之后，思辨的唯物主义的理性思想开始萌芽，与此同时鬼神的权威受到很大挑战。在阴阳二元转换过程中，确切地说，是在对自然界生态循环和生态平衡过程的直观认识的基础上，人们逐渐提炼出‘气’的概念，“万物负阴而抱阳，冲气以为和”（《老子·四十二章》）。“‘阴阳’观念与‘气’的概念相结合，逐步形成中国传统的气论自然观。”⑤

使用“气”的概念解释自然，始于周幽王二年（前780年）。当时西周都

①《荀子·天论》。

②《春秋繁露.基义》。

③ 贺业钜.中国古代城市规划史[M].北京：中国建筑工业出版社，1996：258.

④ 施坚雅.中华帝国晚期的城市[M].叶光庭，等，译.北京：中华书局，2000：52.

⑤ 张慧.先秦生态文化及其建筑思想探析[D].天津大学，2009：29.

城丰镐发生了地震，太史伯阳父解释说："夫天地之气，不失其序，若过其序，民乱之也，阳伏而不能出，阴迫而不能烝，于是有地震。今三川实震，是阳失其所而镇阴也。阳失而在阴，川源必塞，源塞，国必亡。夫水土演而民用也。水土无所演，民乏财用，不亡何待？昔伊、洛竭而夏亡，河竭而商亡。今周德若二代之季矣，其川原又塞，塞必竭。夫国必依山川，山崩川竭，亡国之徵也。"（《史记·周本纪》）伯阳父这段话有几层意思，第一，地震的原因不是天神恼怒，而是自然界阴阳失调；第二，国都选址必须依山伴水；第三，自然环境被破坏了，天地之气失去了原有的运行规律，百姓不能安居乐业，国家就要动荡而走向灭亡。伯阳父没有用传统的鬼神论解释地震，而是以朴素的唯物主义视角，用"气"这类物质语言来解释天、地、人之间的变化现象，这是中国气论哲学的发端，打开了中国人新的宇宙观，影响深远。

周灵王二十二年（前550年），谷、洛决堤，将冲毁王宫。周灵王想要封住溃口，而太子晋谏曰："不可。晋闻古之长民者，不堕山、不崇薮，不防川，不窦泽。夫山，土之聚也；薮，物之归也；川，气之导也；泽，水之钟也。夫天地成而聚于高，归物于下；疏为川谷，以导其气；陂塘污庳，以钟其美。是故聚不陂崩，而物有所归，气不沉滞，而亦不散越。是以民生有财用，而死有所葬。"这进一步细致地阐述了气论哲学的系统观。在太子晋看来，自然界犹如协调统一的整体，依靠川谷之间流动的"气"来联系各部分，除垢钟美的。

气论是古代中国人在整个自然界和一切人类关系中寻求秩序与和谐的努力，自然界和人类因为"气"这一基本元素而成为一个普遍联系的统一整体。到了先秦晚期，庄子道出了气论哲学的核心命题："通天下者，一气尔。"（《庄子·知北游》）。通天下一气的理念，以朴素唯物主义视角和理性主义观点，将人类社会和自然界统一到共同的基础上，使得中国哲学摆脱了宗教神学的道路，促生了"天人合一"这个中国哲学命题的集大成者，并引发了关于自然规律（四季变化[①]）、社会伦理（三纲五常）、人体结构（经络论）等多方面的哲学范畴的探索。

气论直接导致了后世卜宅堪舆的"风水"理论的形成。风水的基本思想是，

① 如《春秋繁露·阴阳义》将四季变化描绘为："天亦有喜怒哀乐之气、哀乐之心，与人相副，以类合之，天人一也。春，喜气也，故生；秋，怒气也，故杀；夏，乐气也，故养；冬，哀气也，故藏。四者天人同有之。"

人是宇宙的产物。由此，人的住宅和葬地必须安排得与自然力即风水协调一致。①晋代郭璞创立最早的风水学说，其在《葬经》里所言："气乘风则散，界水则止，古人聚之使不散，行之使有止，故谓之风水。"而最终成熟期（大概与唐宋时期）的风水概念，其理论根源为对山水形势"气"的探寻与感知，"注重山水的整体性把握，形成了一套从区域到局部，从宏观到微观的选择程序，这是一个寻求生气为目标多方面综合的过程，为观察的条理性，风水理论将其分解为五要素。合而言之为气，分而言之为龙、砂、水、穴、向……即寻龙、察砂、观水、点穴、立向。"② 在此理论下的村庄、集镇、城市的位置选择，都遵循着气息通畅、生气盎然的气论基本原则（图 6–1）。

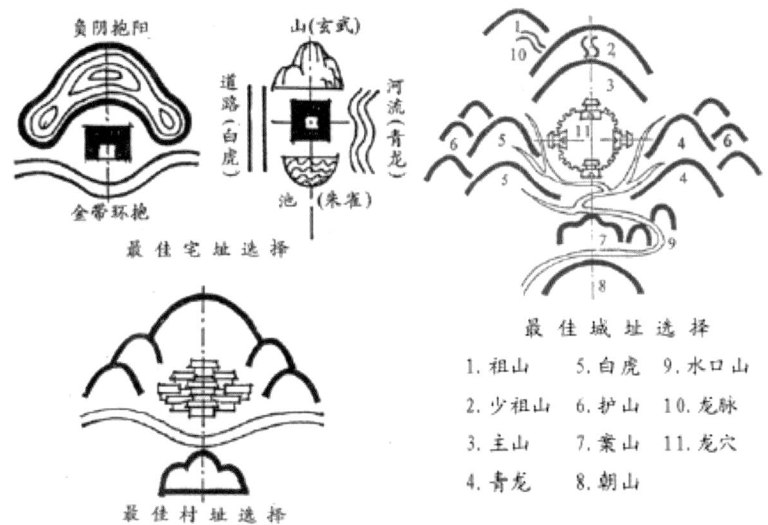

图 6–1　最佳宅址、村址、城址选择

引自王其亨 . 风水理论研究 [M]. 天津：天津大学出版社，1992：27.

"气"是中国古人对自然界运动规律的理解，以现在的视角看，是对能量转化和运动的东方理解。风雨雷电的形成，天地之间的秩序构建，皆因"气"的运动："地气上齐，天气下降，阴阳相摩，天地相荡，鼓之以雷霆，奋之以风雨，动之以四时，煖之以日月，而百化兴焉，如此则乐者天地之和也。"（《礼记·乐记》）；后世明末熊明遇根据气论基本观点，制图以描述天气变化（图 6–2）。

① 冯友兰 . 中国哲学简史 [M]. 北京：北京大学出版社，1996：114.

② 杨柳 . 风水思想与古代山水城市营建研究 [D]. 重庆大学，2005.

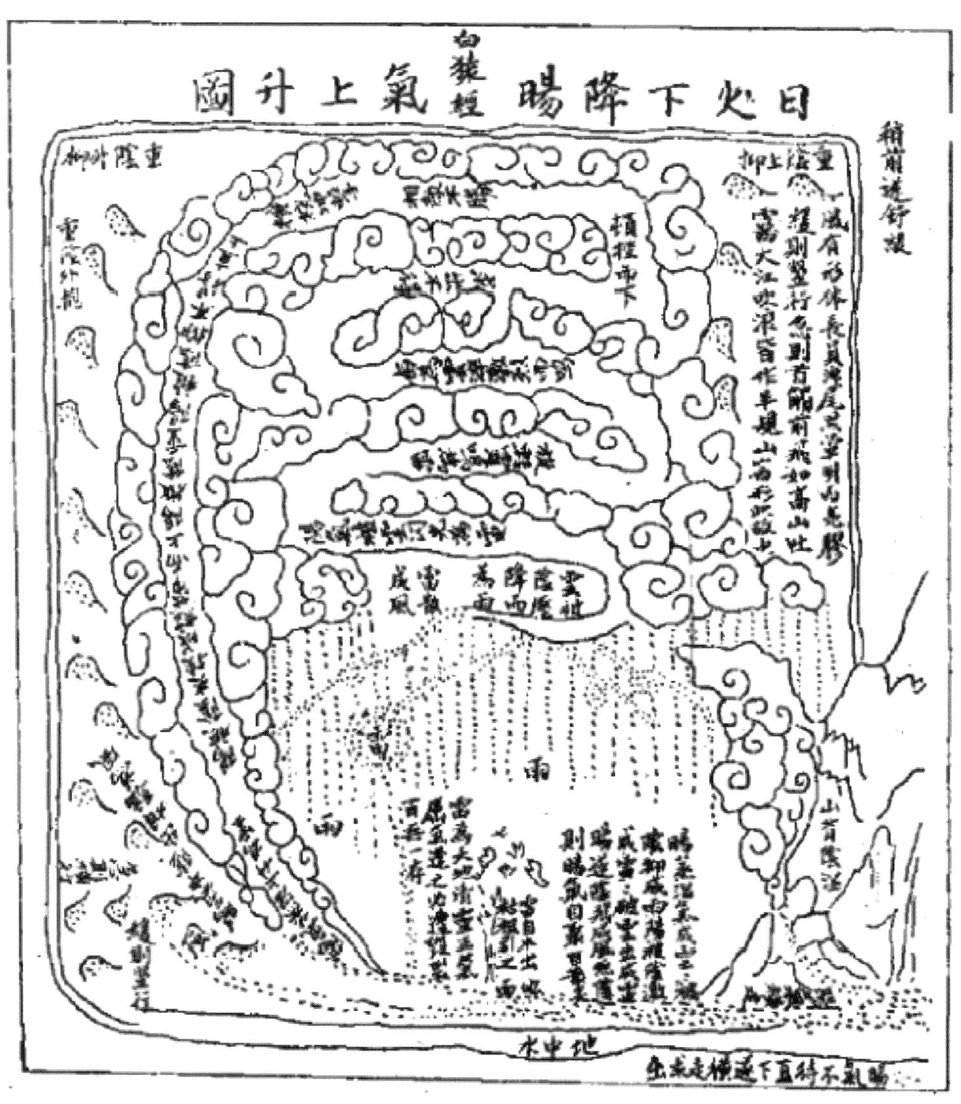

图 6-2　日火下降旸气上升图

引自王其亨 . 风水理论研究，[M]. 天津：天津大学出版社，1992：5

阴阳论与气论，是先秦诸子，尤其是道家和儒家先哲对宇宙起源与自然界运行规律的朴素唯物主义理解。这是东方世界观的起源。在此基础上，后世的学者（主要是儒家流派的学者）不断完善和增加了这一主体（人）和客体（自然）合一的哲学体系，形成了“天人合一”的中国哲学总命题。

“天人合一”并没有在先秦城市选址中得到过多体现。先秦的城市建设还是较多遵从政治秩序、经济理性、技术实用的框架与基本原则。直到两宋之后，“天人合一”的哲学主旨才明确显露出来。但这一从先秦开始构建的唯物主义的“气论”命题，从意识形态上，形成了对人的精神与肉体本身的崇拜与审视，对城市内部关系、城市与山水关系、山水之间关系，有着生命视角的思考与评判，其所铺设的唯物主义底色的道路，使得中国古代的城市选址没有走向异化了的神学大厦，城市营建没有走向偶像化的符号。

（三）运动的五行说

在先秦时期，试图解释宇宙起源与运行的思想有两条线索，一是以《易传》[①]为代表的“阴阳”，一是以《洪范》为代表的“五行”，两者各自独立发展。在春秋时期，两者合而一体了。“五行”是独立起源的，其与“阴阳”概念类似，都起源于古人对自然界基本要素的观察感悟。

“五行”是中国古代哲学的基本要义之一，与“阴阳”概念相互影响，融合发展，成为中国“数术”的文化骨架，试图用几种常见的物质（元素、方位等），简洁而深邃地解释整个世界的运行。其初期定义及来源非常多元且杂驳，其语群意义可以归纳为“地、天、人、物”四大方面[②]，指代的物体如下；

地：五行——五种物质，金木水火土；

五才——五种材料，金木皮玉土；

五气——五方之气。

天：五材——金木水火土（取代了原有的辰星、荧星、岁星、太白、镇星）；

五行——金木水火土；

五常——父义、母慈、兄友、弟恭、子孝；

五部——金木水火土；

五星——东方岁星、南方荧星、西方太白、北方辰星、中央镇星。

人：五官——口鼻舌眼耳

五官——司徒、司马、司空、司土、司寇；

① 学界主流思想认为，孔子是《易传》的重要作者。

② 彭华．阴阳五行研究（先秦篇）[D]. 上海：华东师范大学，2004.

五德——勇智仁信忠；

五性——仁义礼智信；

五典——父义、母慈、兄友、弟恭、子孝。

物：五行——乐舞名；

五德——文武勇仁信。

“五行”如此纷杂的来源，可见不同领域的古人都试图以一种凝练的语言概括所处的物质世界或伦理生活。最终，“五行”被基本确定为“金木水火土”五种互相制约、互相衍生，具有强烈隐喻的基本元素，并且古人确信，五行的规律可以运用以解决所有的问题。

“五行”之说的第一次系统提出是在殷末周初。《尚书·洪范》提到，武王灭商后，惴惴不安，不知如何妥善处理国家事务、如何避免商朝覆灭的前车之鉴，箕子将治国理政的九种方法（九畴）言于武王，第一畴便是“五行”，“一曰水，二曰火，三曰木，四曰金，五曰土。水曰润下，火曰炎上，木曰曲直，金曰从革，土爰稼穑。润下作咸，炎上作苦，曲直作酸，从革作辛，稼穑作甘”，箕子的叙述朴素而简洁，辩证而思辨地用日常元素的互动来解释天地运行，有着明显的哲学意味。

“五行”不仅解释世界的构成，也解释世界的运行规律，是关于“运动”的学说。古人对五行之间的关系的认识，经历了“有胜”——“相胜”——“无常胜”——“相生”四个阶段的更迭与深化，“金生水，水生木，木生火，火生土，土生金”，五个元素的彼此互生，循环往复，在运动中推动了世界的运行。

冯友兰指出，五行不是五种元素，而是五种动态相互作用的力。五行相互克制，相互影响，相互衍生，形成了中国哲学中宇宙运行的规则。阴阳观发展后也加入了五行（水、火、木、金、土）的概念。战国时的阴阳家邹衍是集大成者，“先验小物，推而大之，以至无垠”，他将阴阳、五行观念结合起来，并将推测、幻想相结合，熔天、地、人于一炉，把宇宙已知的现象综合起来，构成了一个大系统，试图解说宇宙万物的构成和运行规则[①]。

“五行”学说是华夏文明解释世界的具体哲学工具，五行中的元素互生互

---

① 杨柳，风水思想与古代山水城市营建 [D]. 重庆：重庆大学 .2005：86，

胜体现着自然界的运动的物象规律，中医、伦理、占卜、占星、相地、兵法等，均可将本领域的基本格局和结构逻辑与之附会、比拟，以获得概念的演绎与广泛的理解。如“五德”说，出于万物有灵、物有其官、官修其方的理念，将五行派位给五个不同的神灵（五帝）掌管，青帝、白帝、黄帝、炎帝、黑帝，将国运转换，解释为五行转换。[①] 如将天干地支与五方相配，木为东方，对应甲乙（天干）、寅卯（地支）；火为南方，对应丙丁、巳午；金为西方，对应庚辛、申酉；水为北方，对应壬癸亥子；土为中方，对应辰戌、丑未。

城市营建领域，“五行与四象”学说影响较大。由阴阳观（《易传》）演化而来的“四象”，本代表“少阴、少阳、老阴、老阳”四种阴阳状态，后成为“东、南、西、北”四方位，并与“五行”观念融合并生。

春秋时期，管子已经将五行与四季、四方结合起来，混为一体，不同方位有着五行语境的特点，土得中央，木、火为东、南，金、水为西、北方向。“东方曰星，其时曰春，其气曰风，风生木与骨。南方曰日，其时曰夏，其气曰阳，阳生火与气。中央曰土，土德实辅四时入出，以风雨节，土益力。西方曰辰，其时曰秋，其气曰阴，阴生金与甲。北方曰月，其时曰冬，其气曰寒，寒生水与血。”（《管子·四时》）

魏晋之后风水理论盛行，人们在标准的风水空间范式中，将城市放于中央（土），对东南西北四个方位进行了抽象演绎，取象配物而外推，运用于空间格局的抽象，形成了一种以方位配附情态为表征的基本范式，即“左为青龙、右为白虎、前为朱雀、后为玄武”。“土”不在四象之列，但土居正中，分四方与天地，分四时与日月，“日月为易，刚柔相当，土旺四季，罗络始终，青赤黑白，各居一方，皆秉中宫，戊己之功”（东汉·魏伯阳《周易参同契》）。“土”，暗含的是人类居所意义，而理想的人类居所外围，应该是“玄武垂头、朱雀翔午、青龙蜿蜒、白虎驯俯”（《葬经》）的自然空间形态格局，这四种不同方位灵兽的理想姿势，暗含着不同方位的理想山水形态，“理想”与否，根据的是四象中央“土”的价值判断，最终形成“东有流水，西有大道，南有

① 五行家提出了国家兴亡的德运说，为秦始皇首先采纳。邹子：“五德之次，从所不胜，故虞土、夏木、殷金、周火。”《史记·秦始皇本纪》：“始皇推终始五德之传，以为周得火德，秦代周德，从所不胜。方今水德之始，改年始，朝贺皆自十月朔。”

泽畔，北有高山”的理想人居环境。

先秦时期的五行学说，更多的是观念、概念的探索，存在于思想和学术上的范畴，到五行学说具体运用于城市选址、营建，还需要经历一段漫长的过程。而邹衍融合、发展来的“阴阳五行”论，已经具备了原始科学的风貌，本质上是自然主义的、科学的概念。[①] 但先秦之后的“阴阳五行”学说，最后走向的是先验主义、经验论，走向的是越来越抽象化、概念化、短效化的“实用理性”方向，成为随时随地取用有效的世界图式。

三、山水有情的审美观

关于审美，黑格尔认为，“美”是个体与群体、自由与必然、主体与客体、认识与实践的统一，即“美是理念的感性显现”（《美学》），“美”是由一对对矛盾体组合而成的。不同审美观之间的区别，在于对这些矛盾的理解与侧重。进入西周社会后，“人”的地位提高，理性精神在哲学的各领域高涨，审美与艺术的问题方成为先秦诸子思考与争论的一个问题。总体而言，对审美做出重要贡献的还是儒家与道家两派，儒家以孔子、荀子为代表，而道家以老子奠基，庄子集大成，其余诸子学说，不是否定艺术的社会功能（如墨家的墨子“非乐”），就是过于极端功利化艺术的形式与内容（如法家的韩非子“好质而恶饰”）。

城市不仅是人类栖息的聚居地，从美学角度看，城市也是介于山水之间的人工景观。城市离不开自然环境，离不开山和水的关系。中华民族有着独特的山水情节，对名山大川或欣赏、或崇拜、或敬畏，寄放了道德、情感、伦理于山于水。从这个角度而言，中国古代的城市选址，就是在天地之间，在山水之间，不仅理性地，而且艺术地选择合适的位置，并将城市当作审美对象，纳入大地宏观审美格局，与山水共存、共美。从以下列举一些描写城市的诗句，便能感受到古人对城址在山水之间的美学感悟：

常州城——七溪流水皆通海，十里青山半入城（沈玄《过海虞》）；

成都城——窗含西岭千秋雪，门泊东吴万里船（杜甫《绝句》）；

① 李约瑟．中国科学技术史：第二卷：科学思想史 [M]. 北京：科学出版社，1990：261-270.

北京城——水绕郊畿襟带合，山环宫阙虎龙蹲（岳正《都城郊望》）；

重庆城——片叶浮沉巴子国，两江襟带浮图关（刘凤诰《登涂山绝顶》）；

广州城——五岭北来峰在地，九洲南尽水浮天（陈恭尹《九月登镇海楼》）；

桂林城——群峰倒影山浮水，无山无水不入神（吴迈《桂林山水》）；

长沙城——一川远汇三溪水，千嶂深围四面城（陈轩《水秀山城》）；

合川城——三江会合水交流，拥抱岚光送客舟（李宏《登江楼》）；

杭州城——烟柳画桥，风帘翠幕……云树绕堤沙，怒涛卷霜雪，天堑无涯（柳永《望海潮》）；

湖州城——山从天目成群出，水傍太湖分巷流（戴表元《湖州》）；

阆中城——三面江光抱城廓，四周山势锁烟霞（李献卿《南楼》）；

济南城——四面荷花三面柳、一城山色半城湖（刘凤诰的《咏大明湖》）。

东方审美观的特点是情在物中，所谓“一切景语皆情语”（王国维《人间词话》），中国人眼里的世界，不是冰冷而机械的物质世界，而是美丽并富含寓意的精神世界。茫茫青山，可以是故园（青山横北郭，白水绕东城），可以是归宿（死去何所道，托体同山阿），或是旅途（客路青山外，行舟绿水前）；滔滔江水，可以是思乡（江水流春去欲尽，江潭落月复西斜），可以是念情（闻郎江上踏歌声），或是怀国（问君能有几多愁，恰似一江春水向东流）。

这一山水有情的审美观，建立在先秦时期，以儒家和道家的学者为主，他们自觉地将审美意识融入哲学思考中，重新解释了脱胎于巫术的原始审美，思索哲学和美学、美学和人生、人与山水等基础性的命题，以高昂的理性主义精神，摆脱了宗教迷狂对中国人审美的诱惑，奠定了整个古代时期东方特有的山水美学观念，也铸造了华夏文明的审美本质。

（一）比德山水

对于人与山水的关系，孔子的观点是：“知者乐水，仁者乐山。知者动，仁者静。知者乐，仁者寿。”（《论语·雍也》）为什么山、水的客体特质与人的主体特质相契合，朱熹《论语集注》解释为：“知者达于事理，而周流无滞，有似于水，故乐水，仁者安于义理，而厚重不迁，有似于山，故乐山。”仁山知水，这其实就是对人与自然和谐对应的理解，也是儒家山水审美观的总命题。人性本乎自然，自然本乎人性。“人所欣赏的自然，并不是与人无关的自然，而是同人的精神世界、人的内在感情要求密切联系在一起的自然。”[①]儒家继承了原始的山水崇拜，以理性精神，赋予山水以道德属性，形成了以对山水的审美为代表的自然界基本审美观：山水比德，强调人与社会、人与自然、人与宇宙的同构与和谐，形成了中华文明特有的人伦化的美学追求。[②]

究其原因，儒家学说是探寻合理的社会结构，构建和谐的人际关系的哲学，试图解释、维护以血缘亲疏为核心的上下、尊卑秩序，以“仁”释“礼”，儒家的审美观具有明显的社会性倾向，将艺术等审美客体视为“泛道德”的范畴，从而在审美二元结构中，更关注审美主体“人”本身。

对“山水之美”的认识和理解，儒家是归于“乐”的范畴的。而“乐”，“它的内容包括的很广，音乐、诗歌、舞蹈，本是三位一体可不用说，绘画、雕镂、建筑等造型美术也被包含着……所谓乐者，乐也。凡是让人快乐，使人感官可以得到享受的东西，都可以广泛的称之为乐。”[③]

儒家不认为艺术是个体脱离社会得到解脱的手段，不认可“美”的独立性与个体性，将“美”纳入个体与社会的统一中，纳入社会的基本认同中来。“礼之用、和为贵，先王之道斯为美。”（《论语·学而》）儒家完全承认美是能给人带来感官愉悦的，孔子“在齐闻《韶》，三月不知肉味。曰：‘不图为乐之至于斯也。’”（《论语·述而》），这是人的天性与本能。但儒家认为在感官愉悦的同时，应该有更高的精神追求，艺术的形式美，应该服务于“礼”的主题与社会和谐的总旋律。换言之，艺术只是儒家的工具，审美只是儒家的手段，其毫不掩饰的最终目的是在审美过程中感受、感悟一系列儒家的道德规范和社会伦理。形式与内涵分离，“美”只是载体，是具有独立欣赏价值的，与其所承载的社会伦理价值和意义（即“善”）是不一样的，所以孔子才会说，让他三月不知肉味的《韶》，不仅形式美，内容也很好，“尽美矣，又尽善也”。

① 张慧．先秦生态文化及其建筑思想探析 [D]. 天津大学，2010：94.

② 如后世辛弃疾谪居多年，抱负空落，只能将青山作为自己的知己故交：“我见青山多妩媚，料青山见我应如是，情与貌，略相似。”（《贺新郎》）

③ 郭沫若．青铜时代 [M]. 北京：人民出版社，1982：492.

这是儒家审美观先天的局限性。李泽厚也指出："既要求个体与社会的和谐发展，同时又极大地束缚着这种发展，是孔子美学内在地具有一个它自身不能解除的矛盾。"[①] 儒家美学是讲究以"仁"为中心的道德的，但这种"道德"破坏了创作自由，划定了雷池，形成了桎梏，这是压制个体后的和谐。到了两宋，道德优先的原则无以复加，宋儒提出了"存天理、灭人欲"的极端口号。儒家美学是讲究以"礼"为中心秩序的，但这种秩序是复古、崇古，以古为尊的，是以西周初年的政治生态与社会伦理为理想态的，这是保守的、倒退的、静态的统一。

儒家重视艺术形式，推崇艺术实践，但由于先天局限性，其审美境界只能拖累艺术自身的发展壮大。道家忽视艺术形式，超功利性的同时，也超越了具体的艺术实践，过于追求自然至上的审美境界，压制人为艺术。艺术甚至可能走向消亡与终结。[②]

（二）天地大美

总体而言，道家是作为儒家的对立与补充而存在的，但在审美上，有学者以为，道家在追求审美境界方面，所达到的成就是高于儒家的。[③] 道家审美是浪漫而不羁的，比任何学派更能抓住美学的基本特征，其精髓在于庄子所强调的"天地有大美而不言"（《庄子·知北游》）。这一"天地大美"的命题突破儒家的礼教束缚，以超越功利主义的视角，将中国人的审美观提高到了内在的、精神的、纯粹的境界。道家在审美上为中华文明带来了至高的审美境界，创造的"静、虚、幻、闲、幽、恬"等场景语言，在后来的两晋时期为玄学家所进一步拓展实现。李泽厚认为："后世美学对审美与艺术特征的认识，大部分渊源于道家，特别是庄子学派。"[④] 道家审美哲学，老子在《道德经》中叙述较多，而美学境界又以《庄子》为崇，庄子的《逍遥游》《大宗师》《齐物论》等内篇，对华夏的心理结构和哲学认知形成了深远影响，其外篇的《秋水》，

① 李泽厚．中国美学史 [M]. 北京：中国社会科学出版社，1984：154

② 张慧，先秦生态文化及其建筑思想探析 [D]. 天津大学，2009：172.

③ 李泽厚认为，儒家对后世文艺的影响主要在主题内容方面；那么，道家则更多在创作规律方面，即审美方面。而艺术作为独特的意识形态，重要的恰恰是其审美规律。见李泽厚．美的历程 [M]. 北京：生活·读书·新知三联书店，2009：57.

④ 李泽厚．中国美学史 [M]. 北京：中国社会科学出版社，1984：45.

则情感热情奔放、场景壮丽斑斓，展现了精神领域的超现实世界，是至今难以逾越的美学高峰。

首先是对美的认识：从美的道德范畴，到美的自然范畴。

道家反对单纯的生理与感官愉悦，对过度享受、过度刺激、恢宏与烦琐极其排斥。老子说："五色令人目盲，五音令人耳聋，五味令人口爽。"（《老子·第十二章》）他推崇的是质朴的、合适的、恬静的快乐，"甘其食，美其服，乐其俗，安其居"（《老子·第八十章》）。道家不仅反对铺张浪费的享乐主义，"莫大于不知足，咎莫大于欲得，故知足之足，常足矣"（《老子·第四十六章》），而且坚决反对自然美的一切束缚，一切形式主义的累赘[①]，尤其排斥儒家的礼乐制度，所谓"礼乐遍行，而天下乱矣"（《庄子·缮性》）。

道家的这种固执，源自其"无为"的观念。道的本性是自然，"人法地、地法天、天法道、道法自然"，所谓自然，并不是现代语境下的自然界，而是自然而然的意思，是天地万物按照自己的规律，自由、随性地生长、壮大继而凋敝的过程与状态。"无为"便是理解、顺应这种状态，不强行干扰自然的规律。

道家的美，由"虚静、恬淡、寂寞、空、玄"等词汇来描述，看似有些消极颓废，其实从深处，这种"美"是浪漫而奔放的。儒家的审美观让艺术成了道德伦理的工具，成为人伦的投影，而道家的审美观又将"美"从严格的约束和强烈的功利化预期中拯救了出来，道家的"美"在开创之初，在老子的笔下就已经"自觉"了，"美"不再依附人间世俗的道理规矩而存在，"美"本身就是美的，是值得歌颂值得赞叹的，"美"是自然而然的，不需要修饰，也不需要表现，所谓"大智若愚，大巧若拙，大音希声，大象无形"（《老子·第四十二章》）。

"天地有大美而不言"，道家的道法自然、清静无为的审美观，强调的是符合自然规律、不动大动作的大景观、大生态格局，是对人类贪欲和莽撞行为的悲观。庄子说"圣人处物而不伤物，不伤物者，物亦不能伤也。唯无所伤者，为能与人相将迎"（《庄子·知北游篇》），就是希望人知足与节欲，希望人与自然的和谐共处。

① 庄子所言，人籁不如地籁，地籁不如天籁。见《庄子·齐物论》

“道法自然”，是美的客观规律。“自然”不仅仅是客观存在，还是存在运行的规律和路径，是天然，是自然而然。道家坚持世界应该是它本来的样子，人类的介入也不能改变世界自然天成的本性，艺术美最终是自然美。

顺理成章的，城市是人造的世界，是应该崇拜自然、向往自然、融入自然的，即低调、朴素地介入天地山川的大美之间，城市与大地山川，应该是孕育、寄生、一体的亲缘关系。这一审美观点，深刻影响了后世中国城市的城址选择原则与营造思想。尤其是地方城市，依山就势、控引襟带，不但凭依、妙用城址周边复杂的山地、水流的形势，塑造城市与环境一体的典范格局，体现或如母子或共生的人地关系，而且将自然要素，如峰、岭、谷、湾等作为组织城市内部空间秩序的基准。

其次是美的来源：母体崇拜。

道家赞叹的“美”，是生命之美，也是生育之美。道家与儒家都存在复古冲动，儒家是想复周礼，而道家则认为要回到夏朝甚至以前的传说时代，回到物质极不富裕，母系社会向父系社会过渡的“小国寡民”式的氏族社会时代。所以，从时间线索的衔接上，道家是延续了母系社会的生育崇拜，对“静、雌、柔、牝、母、生、水”等女性生理和性格特征情有独钟，《道德经》中反复出现这些词语。与此类似，古印度哲学也存在大量的女性崇拜或生殖崇拜内容，如伽梨女神（Kali）——湿婆神（Siva、Shiva）之妻的最高女神，又被称为黑地母神，萨克蒂信仰——宇宙最高存在是“萨克蒂”（Shakti），阴性原则（Female Principle）崇拜传统等。如黑格尔所言：“东方所强调和崇拜的往往是自然界的普通的生命力，不是思想意识的精神性和威力，而是生殖方面的创造力。”① 吴怡也认为：“（老子的《道德经》）讲母，讲婴儿，讲玄牝，讲水，讲柔弱，讲慈，讲俭，可说无一不与女人有关。”② 老子的哲学观基本上就是女性哲学观，是建立在母体崇拜和女性特征基础上的哲学。

在道家的眼中，大地是母性的，是具有生育妊娠功能的有机体，《道德经》第一章开篇即言：“无名，天地之始，有名，万物之母。”庄子言：“天地与我并生，万物与我齐一。”（《庄子·齐物篇》）而早于《道德经》的《易传》

① 黑格尔 . 美学：第三卷：上册 [M]. 北京：商务印书馆，1979：40.

② 吴怡 . 中国哲学的生命与方法 [M]. 台北：东大图书公司，1984.

也说："乾，天也，故称之乎父；坤，地也，故称之乎母。"（《说卦传》）道家不但认为世间万物都是大地所孕育，而且明确指出了孕育的地点："谷神不死，是谓玄牝，玄牝之门，是谓天地根。"（《老子·第六章》）谷神是万物之母，是生养之神，化身女阴（玄牝），虚空深远的玄牝之门，具有天然的生殖能力，绵绵不绝地创造万物。①

玄牝是具有生育魔力的大地景观，她的空与虚，反映了"道"的空与虚特质，她的生育能力，又与"道"的生生不息特质相匹配。"玄牝"与"道"如此形象而契合的对应关系，强烈地暗示和启发了后世的城市选址理论，尤其是与"气"论一脉相承的风水理论。封建社会中期的唐宋之后，风水理论体系化了，认为大地是仰卧待产的母体，孕育的是天地交通所汇聚的气脉，良好的城镇村落位置，便处于即将生产的位置②，有生气，有脉相、有胎息，明亮而开敞。风水理论不但将"道"的母体崇拜细致化了，提出了"胎、息、脉、穴、孕、育"等具体概念，并且建立了一套类比评价体系，包括"寻龙、察砂、观水、点穴、立向"等基本程序以及"望气、相土、尝水、验石、观木、定盘"等技术手段。

道家的一系列"无为、自然、忘形"的主张，带着女性哲学的本色以反礼乐、反伦理教化的形象，对于受儒家影响的华夏美学观，是一个极大的解放与束缚。

四、有为无为的人地观

人与自然如何相处？在洪荒的史前时代，这也许不是问题，一方面人口稀少，资源丰富，另一方面人的力量薄弱，无力与自然之力博弈。但石器时代过后的青铜时代、铁器时代，人口大量增加，人的改造自然能力也大幅提高，人地（自然）矛盾日益突出，所谓"昔伊、洛竭而夏亡，河竭而商亡"，冲突的后果如此严重，迫使先秦的哲学家开始探索正确的人与自然的关系，儒、墨、道、法提出了各种学说思潮，总体而言，是儒家的"君子有为"，与道家的"圣

① 老子钟爱用生殖的力量解释世界，泛化这种母体的能力。对于国政，他认为大国要做天下的牝，柔而有力地吸引天下的人才和力量，"大邦者下流，天下之牝，天下之交也"（《老子·第六十一章》），对于世界，万物在阴阳冲撞中诞生，"万物负阴抱阳，冲气以为和"（《老子·第四十二章》）。

② 阴宅位于母体的子宫位置，藏蓄生气。

人无为”两类观点，墨家的“兼爱节用”和法家的“人与天调”作为补充。

(一)儒家的君子有为

要不要改造自然，如何改造自然？人地观的问题，是建立在人地关系的本体，即对“人”的认识和理解上的。先秦社会的一个重大进步，便对“人”的价值的认识与尊重。普通的“人”，从不如牛马的奴隶主的附属物，到立足于天地之间，“参天地、赞化育”，成为认识和改造自然的本体，对“人”的认识思想转变的背后，是经济和社会秩序的深刻变革。

铁器，在生产领域（农业耕作）的全面应用，极大提高了社会生产力水平，“引起了社会生产组织的改变。于是庄园制便转化为佃耕制，采邑制便转化为郡县制了”[①]。铁器以及牛耕的普及，个体生产能力增强，原有的共有财产、共享生产资料的庄园制的大协作生产组织便没有继续存在的必要了，采邑内的农民与领主之间的人身依附关系也随着庄园经济的解体而逐渐消亡。取而代之的是经济与行政的管理，奴隶制作为一种社会经济组织方式，先秦末期就整体性退出了历史舞台。当然这个过程是复杂的，转型的原因不只是农业生产技术工艺的提高。有学者认为，西周中衰，平王东迁，诸侯失去束缚而互相攻伐，小国纷纷为大国所吞并，采邑大量消失，农民大批流亡，作为兵役、徭役的人力资源为各国所争取，各国设置郡县安民，也是重要原因。[②]

由此，匍匐于天神与贵族脚下的普普通通的小民，开始被认识、被重视、被尊重。先秦早期，祭祀中曾大量使用活人作为牺牲，“天子诸侯杀殉，众者数百，寡者数十，将军大夫杀殉，众者数十，寡者数人”（《墨子·节葬下》），妇好墓中甚至以婴儿陪葬。但至西周时期，这类现象大为减少，且为社会主流价值观所排斥。孔子曾言“始作俑者其无后乎”（《孟子·梁惠王上》）。

殷周之变，变的不只是统治者，还有习俗与观念。殷人崇尚天神，以鬼神为尊：“殷人尊神，率民以事身，先鬼而后礼。”（《礼记·表记》）周乃小邦，为彰显政权更迭的合法性，提出了“以德配天”的口号，在这样的口号下，“民之所欲，天必从之”（《尚书·泰誓》）、“民惟邦本、本固邦宁”（《尚书·五子之歌》）等民本主义的政治宣言，就自然顺理成章了。

① 翦伯赞．先秦史 [M]. 北京：北京大学出版社，1988：304.

② 陈剑．先秦时期县制的起源与转变 [D]. 吉林大学，2009.

儒家是秉持周王朝建国理政核心价值观的学派[①]，孔子的“仁”，是以人为核心，是爱人[②]，孟子的“民贵君轻”，是政治等级的颠覆，而其后的荀子则喊出了人本思想的最强音：“人有气、有生、有知、亦且有义，最为天下贵也。”[③]（《荀子·非相篇》）

在人本主义的前提下，儒家的人地观分为三个层级：“知天命、畏天命、制天命”。孔孟阐述的是前二者，最后的“制天命”的命题，由荀子完成。

1. 知天命

知道自然界的运行规律，知道这种规律的强大与威力。天命，是客观存在的自然规律，“天行有常，不为尧存，不为桀亡”。“道之将行也与，命也，道之将废也与，命也。”（《论语·宪问》）孔子心目中的“天”，不是喜怒无常的神，而是依时重复、滋养万物的自然界，其言：“天何言哉，四时行焉，百物生焉，天何言哉。”（《论语·阳货》）。

2. 畏天命

知而畏之，知天命是人地观的初级层次，是畏天命的前提。“君子有三畏，畏天命，畏大人，畏圣人之言，小人不知天命而不畏也。”（《论语·季氏》）孔子的意思是，明白“天”运行规律的、有德行的人，是敬畏这种规律的。畏天命，是君子的自我克制、自我约束，也意味着君子服从自然界与人类社会的规律与规矩。

3. 制天命

如果儒家哲学仅仅阐述了人地观的知、畏二层意义，那就限于“天命”（自然）的神秘主义泥潭，将会跪拜在“天命”（自然）的脚下，祈求“天命”（自

① 孔子说：“周监于二代，郁郁乎文哉，吾从周。”（《论语·八佾》）。

② 论语中孔子阐述过这一观点，在乡党篇中，火灾后，孔子重视人，并不关心财务损失。（“厩焚。子退朝，曰：伤人乎？不问马”）。

③ 荀子将人与水火、草木、禽兽相比较，认为人的地位崇高，是世界的主体，这与十六世纪，莎士比亚冲破神权的压制，通过哈姆雷特之口，歌颂光辉、灿烂的人类本身，有异曲同工之妙。（哈姆雷特：人类是一件多么了不得的杰作！多么高贵的理性！多么伟大的力量！多么优美的仪表！多么文雅的举动！在形象上多么像一个天使！在智慧上多么像一个天神！宇宙的精华！万物的灵长！）

然）的恩宠，最终将注意力投向彼岸世界，走进神秘主义和宗教里。所幸战国后期的荀子，为孔孟的唯道德论的人地观补充了道、法、墨的沉静与理智，形成了唯物的人地观。所以李泽厚认为，没有荀子，就没有汉儒，没有汉儒，就很难想象中国文化会是什么样子。①

荀子延伸和总结了儒家前期的思想，对于人与自然界的关系，提出了两点观点：一是“性伪”，二是“天人之分”。这两个观点逻辑上是承接关系，没有“性伪”②，就不能明确人改造自然的主体地位，无法将人从天人关系中独立出来。

“性”是无可改变、与生俱来的事情，是规律，是天道，“不可学不可事而在天者，谓之性”，这与道家的自然至上的观点近似；但荀子继而提出了“伪”，“可学而能，可事而成之在人者，谓之伪”（《荀子·性恶》）。基于“性伪”的观点，荀子进一步提出，人是要学习、奋争方能成为“人”的，不学习，不与自然界奋争，便不是社会意义上的“人”，“为之，人也，舍之，禽兽也”（《荀子·劝学篇》）。

那如何达到“性伪”，即如何学习？荀子强调了善于利用工具和持之以恒的奋斗两方面。“假舆马者，非利足也，而致千里；假舟楫者，非能水也，而绝江河。君子生非异也，善假于物也。”荀子与早期儒家思想不同，认为利用工具不仅是“修身”，也是一种重要的努力方向，而学习过程中攻坚克难的态度，同样令人敬佩，“故不积跬步，无以至千里；不积小流，无以成江海。骐骥一跃，不能十步；驽马十驾，功在不舍。锲而舍之，朽木不折；锲而不舍，金石可镂”（《荀子·劝学篇》）。

在“性伪”的基础上，荀子提出了“天人之分”：“天有其时，地有其财，人有其治，夫是之谓能参”（《荀子·天论》），“天地生君子、君子理天地，君子者，天地之参也……”（《荀子·王制》）。可以说，从此刻起，在思想上、在认识上，人类群体作为智慧的物种，从对天地的膜拜中站立起来了，他们无需神的恩宠、无需神的干预，能改造自然，能主宰万物，与天地齐。③这不但是

① 李泽厚．中国古代思想史论 [M]. 北京：人民出版社，1985：121.

② “性伪”是基于“性恶”的，孟子推崇的“性善”观点，强调主观意识的内审修养，而荀子的“性恶”，着重客观现实的人为改造。

③ 李泽厚认为，荀子在中国思想史上，最先树立了伟大的人类族类的整体气概。见李泽厚．中国古代思想史论 [M]. 北京：人民出版社，1985：115.

人类的乐观、积极、自信精神的极大发扬，也是汉民族行动、实践、坚韧精神的初基。在荀子看来，歌颂天地自然，不如顺应它的规律，将天地自然当作物来蓄养来使用，所谓：“大天而思之，孰与物畜而制之！从天而颂之，孰与制天命而用之！”（《荀子·天论》），即顺天命不如制天命，盼天时不如应天时也。

需要说明的是，荀子的“制天命”，并不是建立在穷欲及强为的基础上的，相反，荀子的“制天命”人地观包括了“节用御欲”和“长虑顾后”的可持续发展思想，整体上是成熟而理性的。“足国之道，节用裕民，而善藏其余。”（《荀子·富国》），“今人之生也，……非不欲也，几不长虑顾后而恐无以继之故也。于是又节用御欲，收敛蓄藏以继之也，是于己长虑顾后几不甚善矣哉！”（《荀子·荣辱》）。荀子认为自然是有限的资源，他认可的君子，对自然的索取是有所克制的，且能够为后代子孙的生存发展打算。

从孔子的“知天命、畏天命”到荀子的“制天命以用之”，儒家初步建立起以生态伦理为基础的人地观，明确了人类作为万物之长的地位，提出了人类改造自然界的义务，天地再也不是巍巍不可攀，人类也不再是凄凄不可为。城址的选择，便是在自然的地域开山引水、平丘拓路，开创出人类的栖息地，是儒家主动人地观的实践。

如秦国所建的成都城，位于成都平原，当时的地理水文条件较为恶劣。后世曾描绘古蜀先人的生活环境：“江水初荡潏，蜀人几为鱼。向无尔石犀，安得有邑居？”（岑参《石犀》）。虽经历代古蜀王治水，但成都平原大部分分流河道依然不畅通，积水严重，抗御洪灾能力较低。张若筑成都城时（前311年）原计划按照咸阳的布局规划设计，即“与咸阳同制”，但成都城址依然卑湿，无排水河道，城墙屡筑屡颓。张若并不放弃，而是修改城市格局，改筑城墙，使之适应地形和水环境，城方成。故成都城明显有别于咸阳城规则格局，呈不规则方形（图6–3），南北广，东西窄[①]。这是筑城者顺应自然规律，攻坚克难，努力创建的案例，代表了成都城选址“知天命、畏天命”的阶段。不久之后（前256年），李冰开宝瓶口，创内江，引入岷江入成都平原，修灌渠，“冰凿离堆，辟沫水之害”，通过对山水自然微创式的改造，彻底改变了原有成都城址（以

① 详见 杨茜．成都平原水系与城镇选址历史研究 [D]. 西南交通大学，2015.

及所有平原内的城市城址）的水文条件。这又是制天命的体现，是人类在了解自然界的规律后对自然界做的改变。

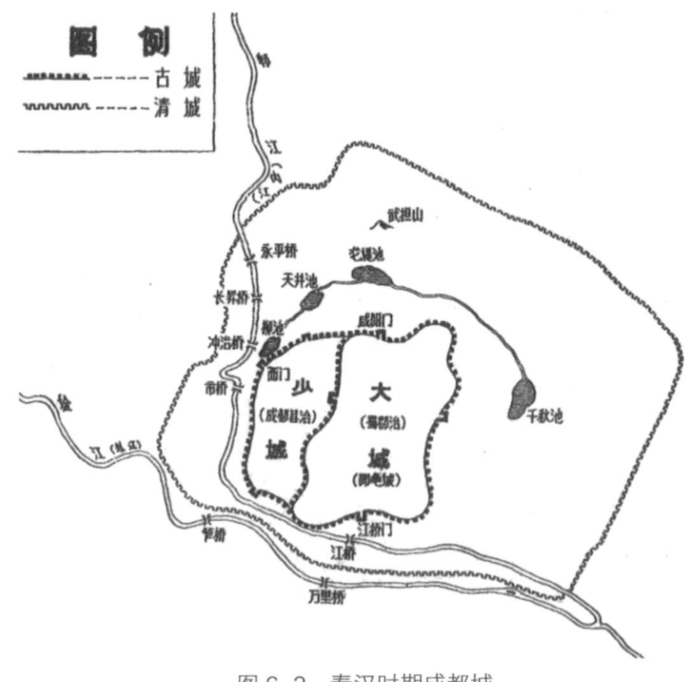

图 6–3　秦汉时期成都城

资料来源：四川省文史研究馆．成都城坊古迹考[M]．成都：成都时代出版社．2006：5

(二)道家的圣人无为

与儒家积极有为的人地观相对应的，是道家的“无为”人地观。道家的“无为”观点逻辑严密，大致遵循“道生万物”——“物无贵贱”——“自然无为”三个层次的发展路线。值得玩味的是，注重理解宇宙自然的道家，最后成为中国哲学的感性派，注重理解人文日用的儒家，成为中国哲学的理性派。人类的自然情感和社会理性，在儒道互补中冲撞与协调。

1. 道生万物

冯友兰认为：“道家与儒家不同，是因为它们所理性化的或理论地表现小农的生活的方面不同。……农时与自然打交道，所以他们赞美自然，热爱自然。

这种赞美和热爱都被道家的人发挥到极致。”[①] 道家认为，自然界有着自己的运行规律，世界的源头，在于“道”。“有物混成，先天地生。寂兮寥兮，独立而不改，周行而不殆，可以为天地母。吾不知其名，强字之曰道”，“道生一、一生二、二生三，三生万物”（《老子·第二十五章》）。

道是孤立的，不受主观意识转移，“独立而不改”；道是持久的，早于时间，早于天地，“先天地生”；道是循环的，“周行”；道是持久永恒的，“不殆”。五千余字的《道德经》，对“道”的描绘，是不吝笔墨的，老子指出：“道冲而用之或不盈，渊兮似万物之宗；挫其锐，解其纷，和其光，同其尘，湛兮似若存。”（《老子·第四章》）具有似有似无、似钝似锐、和光同尘、冲而不盈等矛盾特性的道，是宇宙的本源和规律。

这无处不在、无所不能、无始无终的道，藏于天地之间，藏于万物之间，藏于物我之间，“万物负阴而抱阳，冲气以为和”。这就构成了“物无贵贱”的逻辑基础。

2. 物无贵贱

既然万物皆为道，那么“以道观之，物无贵贱”（《庄子·秋水》）就顺理成章了。庄子进一步解释：“以物观之，自贵而相贱；以俗观之，贵贱不在己。以差观之，因其所大而大之，则万物莫不大；因其所小而小之，则万物莫不小。”这是庄子从形而下的角度观形而上的妙门。庄子认为，从自己的角度出发，以自己为评判标准，都是贵己贱他的；万物皆一，均是道的不同表现形式而已[②]，物无贵贱矣。

“天地与我并生，万物与我为一”，这里的“我”，其实不是庄子本人，也不是人类群体，而是任何想要观察世界、理解自然的主体，即便是一块顽石发出这样的问题，得到的也是同样的答案，我亦物也，物亦物也。“四时有明法而不议，万物有成理而不说”（《庄子·知北游》），万物平等，均有道也，“泛爱万物，天地一体也”（《庄子·天下篇》）。

---

① 冯友兰．中国哲学简史 [M]. 北京：北京大学出版社，1996：18.

② 老子提到，事物的不同特点，都是表象。“有无相生，难易相成，长短相形，高下相倾，音声相和，前后相随。”（《老子·第二章》）

万物并不是为人类而存在的，人类的欲望不能通过掠夺与破坏实现。道家的物无贵贱，是原始的生态伦理主义，从哲学的角度，将人类主体的视角，转换为物质的客体视角，承认自然界万物存在的合理性与必然性并加以尊重。

3. 自然无为

既然万物都有与人类一样的本质，那么人类何必通过损万物而益人？既然万物都有通行的道理，那么人类何必多此一举改变这些道理？“圣人者，原天地之美而达万物之理，是故至人无为，大圣不作，观于天地之谓也。”（《庄子·知北游》）道家的天地万物，是按照本性（自然）自由发展、积极作为的，是有为，是道法自然，但反映在人的行为方式上，则是“无为”。

“自然无为”，自然是条件，无为是应对。无为是人类按照天地万物的法则，采取克制的、柔性的、适当的方式以适应自然。只有这样，才能促使人与自然长久和谐相处。“道常无为，而无不为，侯王若能守之，万物将自化。”（《老子·第三十七章》），无为之后，天地万物能蓬勃发展，以滋养人类。“不以心捐道，不以人助天。”（《庄子·大宗师》）“无为”才是真正的“有为”，“有为”却是实质上的“无为”。李约瑟指出：“就早期原始科学的道家哲学而言，无为的意思就是‘不做违反自然的活动’（refraining from activity contrary to nature），亦即不固执地违反事物的本性，不强使物质材料完成它们所不适合的功能。”①

老子的“无为”不仅仅针对人地观，还包括政治学说。“治大国如烹小鲜”，圣人治国，便是无为之治，是垂拱而为，是“我无为而民自化，我好静而民自正，我无事而民自富，我无欲而民自朴”（《老子·第五十七章》）。这与儒家是冲突的，儒家的君子是内圣外王，在治国理政方面，知天命后是“制天命而用之”的，是努力作为的，为人民做很多事情的，而道家的圣人，最好就是不做事情，不无事生非，不法令滋彰，天下方能归于平静和繁荣。用现代的宏观经济学观点解释，前者更类似于全面干预的凯恩斯主义，后者类似于任其自由发展的全市场化主义。

当然，老子心中的无为，其基础是“朴”，是寡欲、是知足。“祸莫大于

① 李约瑟. 中国科学技术史：第二卷 [M]. 北京：科学出版社，1990.

不足之，咎莫大于欲得。”（《老子・第四十六章》）“朴”甚至是弃智的，老子反对知识与思考，“慧智出，有大伪”（《老子・第十八章》），“知识本身也是欲望的对象，它也使人能够对于欲望的对象知道得多些，以此为手段去取得这些对象。它既是欲望的主人，又是欲望的奴仆”①。所以老子一直鼓吹人类社会回到淳朴的小国寡民，鸡犬之声相闻，老死不相往来的采邑制度、庄园制度的社会，在清心寡欲、无知无求的基础上，人类应该把作为限定在必要的目的之内。春秋战国的土地兼并、庄园制度的崩溃，采邑的郡县化，国家的大型化，这一切是老子不愿意面对、选择性无视的，维护一个大国秩序的礼乐制度，老子是敌视的，“夫礼者，忠信之薄，而乱之首”（《老子・第三十八章》）。

无为，而无不为。道家擅长统一矛盾的两方面，“反者道之动”（《老子・第四十章》），事物的成长与发展，需要对立的统一、争斗的和谐。无为，在后世的中国哲学发展中，“无不为”这个积极的方面凸显得更多，即顺应了自然规律，按照事物的本性行事，则必事半功倍，“天下事不可为，因其自然而推之”（《淮南子・原道训》）。

（三）墨家的兼爱节用

与儒道两家不同，墨家代表的是小生产者，是底层人民的观点。作为哲学观点，墨家与儒家在先秦并称，是显学②，虽后世已无法与儒家并论，但其均贫富的原始共产主义政治观点仍时隐时现。有学者认为，先秦百家，归于两派，一派是贵族化、讲政治的儒家，一派是平民化、讲民生的墨家。法家讲刑法，源于儒家，道家讲无为，源于墨家。③墨家思想契合底层民众需要，强调限制君主私欲，扩大平民福祉，先秦时期其影响很大，孟子曾言：“天下之言，不归杨则归墨。”（《孟子・滕文公下》）

墨家的人地观，由三方面构成，“天志”“兼爱”“节用”，这其实也是墨家哲学观的三个支柱。

---

① 冯友兰．中国哲学简史 [M]. 北京：北京大学出版社，1996：88.

② 韩非子提到：“世之显学，儒墨也。儒之所至，孔丘也；墨之所至，墨翟也。”见《韩非子・显学》。

③ 钱穆．国学概论 [M]. 北京：商务印书馆，1997.

1. 天志

与其他学派不同[①]，墨家是明确的有神论者。“天”的概念，经过周初的“以德配天”的宗教改革，已然式微，但墨家仍然坚定地相信，有一位人格化的天神，裁判这个世界。这位天神，有着自己独立的意识，智慧而又思辨，能判断事情的对错曲直，“顺天意者，兼相爱，交相利，必得赏；反天意者，别相恶，交相贼，必得罚”，能给予凡尘中黎民百姓以赏赐，给予统治的贵族以处罚，“天子为善，天能赏之；天子为暴，天能罚之”（《墨子·天志》）。这寄托了挣扎在这个世上的贫苦大众的愿望，他们希望有全能而有作为的神灵，代表他们审判和处罚高高在上的贵族和国君。为了加强恫吓性，墨家还加入了天的执行者——鬼神的概念，认为鬼神代表天神监督人间，“鬼神之所赏，无小必赏之；鬼神之所罚，无大必罚之”（《墨子·明鬼》）。鬼神到处都是，来源众多，“古之今之为鬼，非他也，有天鬼，亦有山水鬼神者，亦有人死而为鬼者”（《墨子·明鬼》），山川河流皆有鬼矣。

活灵活现的天神与鬼神，是墨子虚构出来吸引底层民众、恫吓上层贵族的宗教崇拜，与儒家强调的“子不语怪力乱神”“未能事人，焉能事鬼”，“强调人本身的独立价值和优先地位，显然就落后多了。这种落后又正是小生产劳动者与拥有文化成果的统治者之间的差异所造成的”[②]。

同时，墨家这种万物有灵的说法，类似于西方十七世纪的泛灵（Animism）。即宇宙的一切事物都是为某种非人格性的超自然力量（鬼神）控制。墨子的鬼神论也暗含着：大自然的一山一水，都有其自己独立价值与权利，建设中的肆意破坏，将不可避免受到自然界的惩罚，这倒与现代生态伦理颇为接近了。

2. 兼爱

墨家的“兼爱”与儒家的“仁爱”是尖锐对立冲突的。仁爱是有差别的爱，是基于血亲远近，由内向外逐渐递减的爱，父母、家人、族人、乡人、国人、

① 儒家是不讨论鬼神问题，“敬鬼神而远之”，“子不语怪力乱神”，老子则明确不相信鬼神，“以道莅天下，其鬼不神”。

② 李泽厚.中国古代思想史论 [M]. 北京：人民出版社，1985：63.

世人层层递减。墨家抓住了儒家仁爱的逻辑漏洞“爱我身于吾亲”[①]，认为爱不分亲缘，不分地域，不分等级，天下兄弟皆兄弟，天下父母皆父母。“视人之国若视其国，视人之家若视其家，视人之身若视其身”（《墨子·兼爱》），这是弱者向往的社会，是天下大公的社会，完全平等，没有迫害和剥削。但很明显，这也是臆想出来的天国，是原始共产主义的遗梦。

墨家的兼爱强调集体主义，引导不出个人价值与尊重，且需要宗教上的人格神强力统御，沉浸在宗教狂热和脉脉温情中，是理想中的乌托邦与现实中的专制铁腕统治的叠合[②]。“兼爱”，代表的是“饥者不得食、寒者不得衣、劳者不得息”（《墨子·非乐》）的小生产者强调绝对平均主义，不仅消除了人类的“贵贱之别”，也消除了人类的“血肉之亲”；不仅消除了人类的社会属性，也消除了人类的自然属性。孟子曾经批判道：“……墨氏兼爱，是无父也，无君无父，是禽兽也。”（《孟子·滕文公上》）墨家式微，与空中楼阁的“兼爱”理想关系甚大。

3. 节用

墨子著作对城市建设方面的论述，主要集中于城市防御设施的具体设计和营建，“节用”思想是墨子的总体思想之一，覆盖社会各个领域。

墨子提出，建设城邑的目的不是为了君主或领主享受，而是为黎民百姓谋福祉、求平安：“夫建国设都，乃作后王君公，否用泰也。……为万民兴利除害，富贵贫寡，安危治乱也。”（《墨子·尚同》）

儒家意图恢复的是周初的礼制，墨家意图恢复的是更早的夏朝。[③]生产资料、生活资料极度匮乏，社会各阶层均处于饥饿的边缘，这样才有可能实现墨家心中兼爱的大同社会。“节用”，是减少用度，降低欲望，节约资源，节俭消费。墨子在衣、食、住、行、葬、祭等方面，均反对铺张浪费，只赞成满足基本需

① 按照仁爱的逻辑，爱我乡人于鲁人，爱我家人于乡人，爱我亲于我家人，最后，势必是爱我身于吾亲。这与儒家孝道是违背的。见《墨子·耕柱》

② 如太平天国的洪秀全以拜上帝教为号召，提出“天下多男人，尽是兄弟之辈；天下多女人，尽是姊妹之群”的理想社会伦理，见《原道醒世训》。

③《淮南子·要略》：“墨子学儒者之业，受孔子之术，以为其礼烦扰而不悦，厚葬靡财而贫民，久服伤生而害事，故背周道而用夏政。”

要的消费，推行“节葬”“非乐”。食物只要能充饥即可，不用讲究味道好坏，“足以充虚继气，强股肱，耳目聪明，则止，不极五味之调、芬香之和，不致远国珍怪异物”，衣服分冬夏两季即可，“冬服绀緅之衣，轻且暖；夏服絺绤之衣，轻且清，则止”。至于宫室建设，则只要求遮风避雨，男女分住即可，“其旁可以圉风寒，上可以圉雪霜雨露，其中蠲洁，可以祭祀，宫墙足以为男女之别，则止”（《墨子·节用》）。“节用”观点指导下，城市是有适度规模的。“率万家而城方三里”（《墨子·杂守》），三里之城可容纳居民万户，无疑人口密度很大。

适当的节约无疑是正确的，但墨家的“节用”重点在于，除了食饱衣暖，其他一切皆须取消，音乐和艺术享受也毫无必要。李泽厚认为：“生产与消费是互为因果和相互影响的。因之墨子企图极大地限制甚至取缔人们除基本生存需要之外的一切消费，实际上就违反了社会发展的客观规律，是行不通和不会有什么结果的。”[①] 事实上后来的荀子就猛烈抨击了墨家的“节用”，认为即便墨子执一国之政，勤俭节约的表演后，是劳顿无为与天下穷困，社会动荡，“墨子之非乐也，则使天下乱；墨子之节用也，则使天下贫，……墨子虽为之衣褐带索，啜菽饮水，恶能足之乎？既以伐其本，竭其原，而焦天下矣”（《荀子·富国》），认为墨家之学说，只能盛行于礼乐之光熄灭，圣人隐伏的乱世，“礼乐灭息，圣人隐伏墨术行”（《荀子·成相》）。

（四）法家的人与天调

法家以法治国，强调规则，代表人物是春秋的管子、商鞅，战国的韩非子。法家讲究实用主义，学说带有明显的功利主义色彩，对自然敬（尊重其规律）而近之（利用其规律），尤以《管子》的“人与天调”为突出。

《管子》是崇尚管子治国思想的一个学术群体（以齐国稷下学士为主）的集体著作，该书的思想杂驳，成分众多，包含了阴阳家、法家、儒家、道家思想，类似于当今的论文总集。《隋书·经籍志》将其列为法家著作，后历代皆从此说。当代主流学术界亦认可这个观点，张岱年认为：“《管子》书的大部分应是齐

① 李泽厚.中国古代思想史论[M].北京：人民出版社，1985：56.

国法家的著作，是当时齐国推崇管仲的法家学者说编写的。”[①] 冯友兰也认为该书中法家与黄老思想占主要地位。[②]

在人地观方面，《管子》尊重自然规律，还明确提出了合理利用自然规划，以促进人与自然和谐共处的思想。提出了解天的规律，人类行为才能合理，“得天之道，其事若自然”《管子·形势》，提出天、地、人三分，各尽其责，“上度之天祥，下度之地宜、中度之人顺，此谓三度”（《管子·五辅》），提出人与自然和谐，然后才能共同创造美好的世界，“人与天调，然后天地之美生”（《管子·五行》）。“人与天调”是《管子》人地观的总论，由“敬天、识天、用天、崇俭”四方面构成。

1. 敬天

既然是“论文集”，则观点不一、前后差异的情况自然不可避免。对于“天”的理解，便是如此。《管子》对天的理解，有天神之天也有自然之天、规律之天的多重含义。不过，观全文，自然之天的理解为主流，如“天，覆万物，制寒暑，行日月，次星辰，天之常也”（《管子·形势解》），“苞物众者，莫大于天地化物多者，莫多于日月”（《管子·白心》）。对于“天”的此种解释在全书较为多见。摆脱神鬼之说，理性认识“天”，尊重“天”，《管子》是先秦实用理性精神的重要支柱，启发引导了春秋战国时期的主流唯物哲学思想。

2. 识天

与其他学派不同，法家注重细节、探寻本源的特点非常突出。《管子》对于自然之天的尊敬，不仅仅在意识形态上。对于人类依赖的自然环境，《管子》做了其所能及的穷尽了解。

如关于土壤的认识。中国作为传统的农业国家，如何利用不同的土壤，无疑是至关重要的问题。《管子》对于土壤的特性的了解非常充分，水平极高，远远超越了其所处的时代。据统计，《管子》“依据土壤的质地、颜色、肥力、

① 张岱年．中国哲学史史料学 [M]. 北京：生活·读书·新知三联书店，1982：47.

② 见冯友兰．中国哲学史新编 [M]. 北京：人民出版社，1982.

保墒能力及土壤所在的地形位置、上面的植被分布等因素，将九州之土划分为上、中、下三等，每等六个类型，每个类型再按赤、青、白、黑、黄，五色细分五种，计三等类九十种”[①]。

在对自然灾害的认识方面《管子》也非常理性。先秦时代，生产力低下，人类在自然灾害面前毫无抵抗之力，在遭受巨大损失后，容易陷入人间犯错、天神惩戒的思维模式中。但《管子》可贵地坚持了理性精神，科学地分析和理解自然灾害，《管子·度地》言：“水，一害也；旱，一害也；风雾雹霜，一害也；厉，一害也；虫，一害也。此谓五害。五害之属，水最为大。五害已除，人乃可治。”这个观点不但将自然灾害等级化、客观化、去人格化了，而且对于人类战胜灾害的前景积极而乐观。

3. 用天

法家有着强烈的功利主义、实用主义的倾向，对纯粹的哲理和复杂的思辨毫无兴趣，对技术的实效性高度重视。在认识自然规律的基础上，法家是要利用自然、改造自然的，这与儒者的“制天命以用之”异曲同工。

在对地形的利用方面，《管子》指出国都的选址，应该选择土地肥沃、地势高亢、用水便利、排水通畅的好地方，方能成就王霸之业。“能为霸王者，……圣人之处国者，必于不倾之地，而择地形之肥饶者。乡山，左右经水若泽。内为落渠之写，因大川而注焉。乃以其天材、地之所生，利养其人，以育六畜。”（《管子·度地》），在《管子·乘马》中则说的更为具体，不但论述选址原则，而且要求国都的城市形制讲究实效，无须对称，“因天材，就地利，故城郭不必中规矩，道路不必中准绳”。

在对节气的利用方面，《管子》亦有建树。节气是利用太阳历法，划分农业生产的适宜时段的方法。《管子·牧民》提出“不务天时，则财不生；不务地利，则仓廪不盈”，节气利用的重点在于促进国家财富的积累。这是农业国家对天地运行规律的根本性认知。《管子·幼官》所记载的时节气，“以12天为时段，30个节气，春天……8个节气，计96天；夏天……7个节气，计84天；秋天……

① 尹清忠．管子研究[D]．曲阜师范大学，2009：114.

8 个节气，计 96 天；冬天……7 个节气，计 84 天”[①]，并强调依时生产，否则徒劳无功，“时之处事精矣，不可藏而舍也。故曰，今日不为，明日忘货。昔之日已往而不来矣”（《管子·乘马》）。有意思的是，这种夏冬短、春秋长的时节划分，非常符合齐国所在的山东地区暖温带半湿润季风型气候区的特点。

4. 崇俭

与当时的国君奢侈浪费的风尚相对的是，先秦诸学派均推崇节俭，反对奢靡。老子痛斥穷奢极欲的国君为盗匪，“服文采，带利剑，厌饮食，财货有余，是为盗夸”（《老子·五十三章》）；孔子认为奢侈的行为终会越礼，不如节俭，“奢则不孙，俭则固。与其不孙也，宁固”（《论语·述而》）；至于墨家的“节用”观点，前文已述之。

《管子》中关于节俭的思想，主要针对统治者，要求其控制奢欲，并将“俭”提高到“道”的高度[②]：“明君制宗庙，足以设宾祀，不求其美；为宫室台榭，足以避燥湿寒暑，不求其大；为雕文刻镂，足以辨贵贱，不求其观。故农夫不失其时，百工不失其功，商无废利，民无游日，财无砥墆。故曰：俭其道乎！”（《管子·法法》）。《管子》推崇的宫室建筑，也无外乎遮风避雨而已，毫无疑问，这是无法体现国都、宫室的等级与威严的，无法切实影响都城的城市选址与形制。

法家后期的韩非子，也从节俭的角度警告国君：“人主乐美宫室台池，好饰子女狗马以娱其心，此人主之殃也。”（《韩非子·八奸》）。他认为：“好宫室台榭陂池，事车服器玩，好罢露百姓；煎靡财货者，可亡也……宫室供养太侈，而人主弗禁，则臣心无穷；臣心无穷者，可亡也。”（《韩非子·亡征》）

人地观是人类对人地关系的理解与认识。殷商之变，天道亦变，理解人地关系、确立人地关系的基本原则，是先秦诸子哲学观的重要内容。诸子各有不同的表述：儒家的君子有为、道家的圣人无为、墨家的兼爱节用、法家的人与天调……虽有纷争，但有一个共同的唯物基础，即万物起源和根本是建立在物质实体而非意识基础上。各方都基于相同的认识，认可理性与唯物作为共同话语的范式，这一基础在各自体系中有着核心地位和作用。

① 尹清忠 . 管子研究 [D]. 曲阜师范大学，2009：115.
② 尹清忠 . 管子研究 [D]. 曲阜师范大学，2009：77.

五、小结：儒道互补的选址思想特征

虽有百家，但先秦诸子在后世的主流思想中被归于儒家派和道家派，如同磁体的阳极和阴极，前者推崇主动、主体、必然、秩序态，代表是儒法；后者信奉被动、客体偶然和自然态，代表是道墨。这两派仿佛一对的矛盾体，在认识论、本体论和价值观方面，从开创之初就互补、对立又相互依存，不但支撑着中国哲学的大厦，而且共同塑造了中华文化的内在审美精神与情趣，也塑造了内道外儒、出世而又入世的中国知识分子的审美性格和文化心理。

前文分析了先秦时期城市选址的哲学思想的几个方面内容，我们可以认识到，在城市选址的审美观、人地观方面，道家派都强烈地反对儒家派的基本观点，与儒家派形成了互不认同但又互为补充的矛盾结构（图 6–4）。在这以儒道互补为基本矛盾的结构中，既有对立面的冲突与排斥，也有双方的渗透与协调。

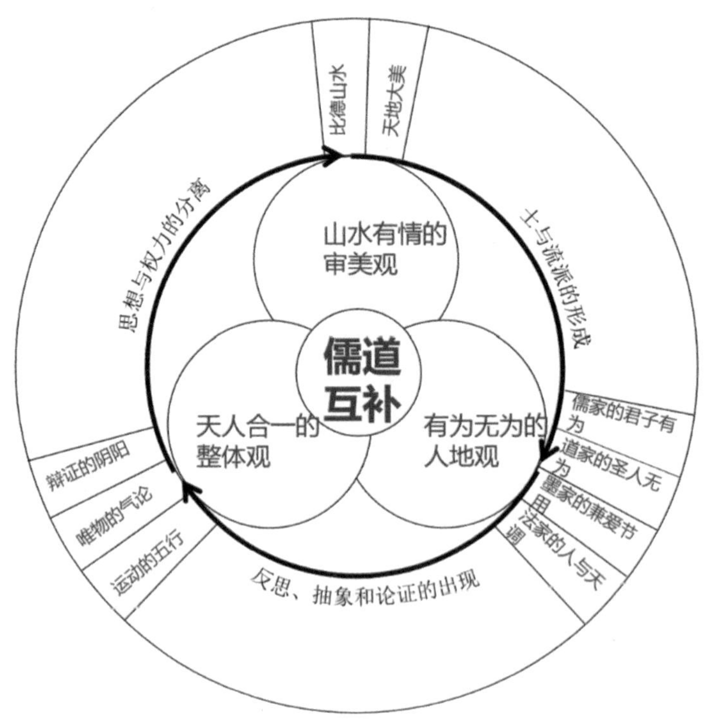

图 6–4　先秦城市选址哲学思想示意图

图片来源：自绘

（一）“美”“善”的互补

道家本身就是探索世界本源的哲学，试图从广阔的宇宙、自然的角度而不是社会与伦理的角度来理解世界、理解人自身，其审美观也就具有了自然化的倾向：对山水自然景观（某种意义上，山水便是天地）的极度崇拜，审美对象上更关注客体本身。

在道家至高美学境界的背后，是“无为、自然、忘形”这些处世哲学消极的一面，即过度克制人的欲望，无视、忽视社会生产力发展的时代背景，力主回到男耕女织、小国寡民、“鸡犬之声相闻，民至老死不相往来”的奴隶制社会的设想，消极地处理人与自然的关系。在道家看来，天地固然“大美”，天地也是“自美”的，这种美是可以脱离审美主体（人）而存在的美，是自然而然的美，是无为而为的美。由此出发，道家的美学观不可避免地陷入了去形式化的语境，即只求意，不要形。“听之不闻其声，视之不见其形，充满天地，苞裹六极”（《庄子·天运》），这没有声音的声音，方是庄子心中最好的天籁之音。道家的理性基石，一开始就对所有的表现形式有一种反感，“大象无形、大巧若拙、大音希声”，“得意而忘言”，这是道家的审美精神境界，其放弃艺术的具体形式，忽视主体的感官愉快，追求纯粹的精神体验。放弃美的形式、只追求美的境界，将造成只有审美精神，没有艺术实践的悖论。

具体到城址选址上，道家和法家的主张看起来比较接近，如顺应山水格局，顺应自然地理，对城址做出符合现实条件、理性而实用的判断。① 但道家的出发点是“自然至上”，放弃人为的创造；法家的出发点追求事半功倍，两者殊不相同。道家学派看待城市，有种无可奈何的意味，既然无可奈何，那么选址建城，最好的选址是自然的、无为的、低姿态和低冲击的，宏大的尺度、规模或者象征意义都是不必要的，城市形态美，美在其所处的环境之中。山水艺术是道家学派的精神归结所在，山水诗、山水画、山水园林等都是以道家哲学作为主要精神。② 先秦之后发育的山水艺术中，无论是诗词里的“绿树村边合，青山郭外斜”，还是画卷里的万里江山点点聚落，都自觉地将城邑作为弱化的对象。

① 老子提出的“治大国如烹小鲜”，无为而有为；管子提出的国都“非于大山之下，必于广川之上。高毋近旱，而水用足；下毋近水，而沟防省”，同样是无为而有为。

② 蒋伟．道家哲学与山水艺术 [D]. 湖南师范大学，2014：24.

儒家承认“美”的必要与合理，但更重视的是“善”。诗以言志，文以载道，说到底，艺术还是为政治服务的，强烈的功利主义目标下，艺术具体采用什么形式其实并不重要，为了“善”，艺术可以做人为的调整和修改，甚至原有的“自然”可以不自然，所谓“无伪则性不能自美”（《荀子·礼论》）。儒家审美观中，道德灌输是绝对优于艺术表现，审美活动舍弃了丰富多元的实践，只能被动地限定于儒家所划定的道德范畴内进行，即仅仅服务于“迩之事父，远之事君”的政治目的。承载着这种“政治正确”的艺术，说教意味明显，最终成为传达君父统治价值观的工具，个性的张扬与异端的表达都无法寻求释放的通道，在一步步的规范与一轮轮的赞美中丧失了创造力与生命力，不可避免地走向僵化与教条化，沦为“多识草木之名”的意识形态器具。

“子在川上曰，逝者如斯夫，不舍昼夜。”（《论语·子罕》）这是在大江之畔，孔子发出的关于时间、历史和宇宙哲理的深沉咏叹。孔子没有对具体山水之形进行评价和感悟，而是将眼前的流水、前后的时光、永恒的宇宙，不同纬度的对象统一到对山水的感悟上来。这是“在对自然感性形态欣赏的同时，对宇宙本体乃至生命本体的形上思索”①，也是将自然赋予了人的价值观，将自然客体化。

所以，在中国的儒家看来，山水不仅是城市的背景和依托，还有着审美角度的结构、关系和韵律，城市不是孤立、突兀地出现在山水格局之中，而是要顺应、补充和完善这种自然结构，追求人文场所自然化的同时，更强调自然场所的人格化，最终成为合乎社会伦理的、合乎人文规律的山、水、城一体的有机体系。当然，符合儒家山水比德审美观的城市选址的实践，要等到儒家地位完全确立后的封建社会中期的汉唐时代了。

儒道两家，伴生而互补，己之所长，彼之所短，反之亦然，互相是对方可敬可畏的对手。② 双方审美观上的重大缺陷，都由对方予以补充完善，共同在先秦构筑了中华文明的山水审美底层结构。

① 张慧．先秦生态文化及其建筑思想探析 [D]. 天津大学，2010：95.

② 李泽厚认为：“凡是孔子美学表现了它的重大弱点的地方，老子美学就以批判的姿势出现，给以抨击，或加以补充。老子美学显得是孔子美学无法克服的劲敌，同时又是它的畏友。”见李泽厚．中国美学史 [M]. 北京：中国社会科学出版社，1984：223.

（二）“主动”中的“被动”

儒家要“制天命以用之”，道家要“万物自化”，墨家要为“天下兴利除害”，法家要“国君为霸者”。儒道墨法，所求皆不同，唯一同者，便是均有所求也。儒法、道墨，形成了唯物人地观的两个主要方向，主动有为的人地观和被动无为的人地观，这两个方向，一个主、一个辅；一个主动有为、一个被动无为；一个进、一个退；一个攻巧、一个守拙；一个动，一个静；构成了实用理性特色的辩证人地观。

前者以儒家、法家为代表，偏积极、进取、激进；强调知畏天命，制天命用之，追求参天地、赞教化、天人之分的物我境界。主动人地观的前提是知道自然规律，敬畏自然规律，利用自然规律，实现人类福祉。后者以道家、墨家为代表，偏消极、保守、谨慎；强调顺应自然，应时而动，追求阴阳和静、无为而治、天人合一的天人关系。被动人地观的前提是敬畏自然，崇拜自然，节欲克俭，再是无为而无不为，人与自然长久相依，“道常无为，而无不为，侯王若能守之，万物将自化”。道家派秉持一种女性主义哲学视角，将城市视作大地母亲的胎儿，“谷神不死，是谓玄牝。玄牝之门，是谓天地根”，这已经依稀有了生命自然哲学的概念，即将“生命”放在自然之前，以生长、相融、一体的观念看待城市与所处的地域环境。“人类中心主义”的反对者，可以在先秦的道家派中找到最早的线索。儒家派的思维与语言模式，有着以男性为本位特点，“天地生君子、君子理天地。君子，天地之参，万物之和”，以一种雄迈、自信、当仁不让的态度，以成长、适应和互动的观念看待城市与自然。

主动、被动，是先秦人地观的两个方面，是统一在实用理性之下的；主动、被动，是互补的而不是互相否定的关系，前者是后者的基础，后者是前者的补充。中国古人与自然共处共荣的历程，便是在克制欲望和追求自然福利的两端中不断摇摆平衡的历程，在野心膨胀、大兴土木之时，有无为、节用的观点以制约，在安贫乐寡、懈怠停滞之时，有君子自强、参天地的观点以励之，总体而言，积极进取的主动作为是主要方面。

儒家与道家的互补以及墨家、法家的补充，完整的、全面的、系统的、思辨的中国古代人地观才得以在先秦时期基本成型。甚至可以说，儒墨道法构成的人地观，经历时间沉淀后，与经验论的历史观融为一体。中国人理性而又温情、积极而又消极、天人合一而又主客同构、主动中有被动的文化心理结构由此开端，并历经世代变迁，顽强地保持、扩展开来。

需要说明的是，这一时期所形成的选址思想，尚未直接指导当时的城市选址实践。但经过长期整合和酝酿，形成了以儒家派和道家派为主，不同的学术观点和价值体系不断融合贯通的后世中国历史城市独特的选址传统。

结　语

华夏文明在先秦时期的最后阶段，积累了大量的优势，如费尔南所言“早早地就达到了令人瞩目的成就，形成了卓越超凡的统一性和内聚力”[①]，这一优势地位的获得和先秦城市的贡献不无关系。本书对先秦——这一“华夏”观念的形成期，华夏文明不同策源地的城邑城址形成的进程进行了梳理，对这一时期华夏城市的选址技术体系和哲学思想进行了分析。在此基础上，探讨了不同地域、不同时期城市选址偏好、习惯及其演进过程，探讨了“华夏”形成的时代背景中，选址观交流、融合的进程，探讨了以中原文明为核心的华夏文明选址技术体系的总体特点、哲学思想的总体特征。具体而言，有以下结论。

一、先秦城市选址研究的主要贡献

（一）厘清了先秦城市选址的发展脉络

研究采用以时间为轴线的阶段式论述和案例城市分析的方式，在各阶段时代背景分析基础上，梳理了

① 费尔南·布罗代尔．文明史 [M]. 常绍民，冯棠，张文英，等，译．北京：中信出版社，2014：205.

先秦华夏文明主要地域的城市选址起源、分布、流变、融合等动态历程，并提出这一历程呈现从“多源到一体”再由“一体到多元”的总体特征。这一特征，本身既是共时性的又是历时性的，既是一个历史特征又是一个历史进程，并不只是单向度的“合”的过程，也有纷繁复杂的现实差异化过程。这是本书的主要贡献。

所谓共时性和历时性，是源自语言学的概念[①]，表示多要素在同一阶段的状态和不同阶段的进程。索绪尔认为“共时”和“历时”区别之处在于，前者是同时要素间的关系，是一种规律；后者是一个要素在时间上代替另一个要素，是一种事件。[②]对于华夏文明的主要地域的城市选址而言，首先值得注意的是其“共时性”，即在同一时间维度中，各地呈现纷繁多样的选址特点和习惯；其次是“历时性”，即在时间流逝中，不同地域选址特点和习惯的相互影响、变化以及由此产生的新的、更大区域的选址传统的形成。

“多源”是不同地域的早期城邑选址的习惯和方法，“一体”是以中原为凝聚核心的华夏观念下的选址传统雏形，“多元”是在此雏形下，地域上的选址偏好差异和哲学思想流派上的差别。“多源”是历史，“一体”是发展；“一体”是共性，“多元”是个性。“一体”是以“多源”是基础的，没有“多源”的相互交融，“一体”缺乏基本的代表性；“一体”是以“多元”为载体的，无视“多元”的差异，最终也会损害“一体”的完整。

先秦时期华夏城市的选址传统雏形的成长路径，就是整体认同、范式跟随、差异适应这一“多源”到“一体”，“一体”到“多元”的脉络。这一历史进程，是华夏文明进程的一部分，也是费孝通先生提出的“中华民族多元一体格局”中的一个重要章节。

由于时空演进的历时性差异，中国古代城市的营造理念和方法与现代城市有着很大的不同，不可能简单地采用今天的人居环境理论和价值观去分析评判古代人居环境问题。[③]对古人城市选址实践的研究，不能孤立、静态地从现代视

① 徐思益．论语言的共时性和历时性[J]．新疆大学学报（哲学社会科学版），1980（01）：81-89.

② 参见王伟强，李建．共时性和历时性——城市更新演化的语境[J]．城市建筑，2011（08）：11-14.

③ 王树声．黄河晋陕沿岸历史城市人居环境营造研究[D]．西安建筑科技大学，2006：179.

角进行分析，而是要对其所处的历史阶段、所继承的历史传统、所面对的现实问题进行动态的、过程的探寻与理解。本书对先秦城市选址的发生、发展和历史进程，进行了梳理。首先回顾了先夏时期农业与城邑出现的关系，对长江上中下游、河套地区、黄河中下游地区等多个文明发源地的城邑选址特点和其所呈现出来的一体化趋势进行了总结；其次以时间轴为顺序，对进入文明期的夏、商、西周、东周的政治形态、意识形态、生产技术和城邑选址建设进程了分析，并对主要国都和若干地方城市的选址典型情况进行了解读。总的看来，先秦时期城市选址历程，经历了“多源”发育时期（先夏时期）、“多源”到“一体”时期（夏商西周）和“一体”到“多元”时期（东周）三个阶段。

“多源”发育时期：约公元前21世纪以前。各地的原始部落进化成为酋邦，与前者相比，酋邦不再仅仅是一种生产组织，而且是一种政治组织，拥有集权的贵族（酋长）、专有的意识形态，“社会—政治组织呈现出日益复杂的结构变化”①。与之同时进行的是，大量原始聚落转变为城邑，出现所谓“万国林立”的现象。不同区域的城址选址传统与习惯，从无到有，相对独立地形成，呈现强烈的、不同的地域偏好。长江流域城址与河流尤其是主要河流的支流关系密切，城址多筑壕沟，黄河中下游城址筑高台，大量采用夯土城垣，河套及内蒙古城址习惯选址于南向山坡，砌石墙防御。但不同区域选址的还是有共同特点：由于原有狩猎、采集经济的遗留，这些早期城邑的选址多倾向于不同地貌交界之处，呈现较为强烈的扼关、守边取向。

“多源”到“一体”时期：约公元前21世纪至前8世纪。由于地缘优势，位于中原地区的龙山文化酋邦，在伊洛河盆地发展成为早期的国家形态，即二里头“夏”文化所建造的国家，并将中央王权的结构形态传递给商周两朝。商时期，早期国家进一步完善，不但有暴力机构、贵族，还有划定社会等级的宗法制度，在此基础上，周王朝（西周时期）建立了较为完整的都邑政治制度。对城址位置确定，国土空间布局，城址区域环境维护，城市的规模、等级、形态、格局等方面都做了缜密复杂的规定，形成了较为完整的城市选址的叙事体系。这一时期长江流域、黄河上游等地的文化区，纷纷成为中原政权的方国，

① 亨利·J.M.克莱森，郭子林．从临时首领到最高酋长：社会—政治组织的演化[J]．历史研究，2012（05）：144.

居于从属或半从属地位，其都邑建设频率和规模大幅下降。但在中原华夏文化的城市选址活动中，能明确地找到南北各文化区的选址习惯和技术痕迹，如良渚古城城址的方正和围合、外围水系的利用，河套地区的城址的突出城墙功能，古蜀或岱海地区高岗台地的习惯等。总体而言，这是多源向一体汇集、一体开始形成的时期。

“一体”到“多元”时期：约公元前 8 世纪至公元前 3 世纪。自西周分封开始，大量有血缘关系的贵族子弟被分配到各“蛮荒”之地，建立等级不同，与自己身份对应的，缜密规划、布局严谨的，带着宗主国强烈意识形态约束的城市（都、邑），这是城市选址的高潮期，也是“一体”向周围扩散影响的时期。随着中央政权周王朝的式微，东周时期诸侯国新建城市不再遵从等级制度的约束，实用主义的选址实践成为主流。一方面城市不再是贵族的据点和封邑，而是诸侯王直接统御的基层行政单元的核心，郡县制开始取代采邑制度；另一方面理性主义哲学思想成浩瀚之流，各地城市选址基本无视中央政权的礼制规定，城市开始重视经济职能，城、郭分立现象普遍出现，原有的巫史参与选址的行为也大为减少，选址思想基本摆脱神鬼迷信的桎梏，理性主义逐渐占据选址思想的主流。这一时期对立但丰富的选址哲学思想，和各地出现的灵活多变的城址形态、因地制宜的选址方法，为雏形期的华夏选址传统带来多元色彩。

在此基础上，本书认为先秦华夏城市的选址是当时社会经济发展背景下华夏文化的哲学与美学、科学与技术等相结合的综合思维与实践，既有中国哲学特有的实用主义特征，又有东方独有的山水审美观念，总体呈现出“多源”到“一体”“一体”再到“多元”的总体发展脉络。“多源”是指华夏文明在黄河和长江流域呈现的多个萌发点，如良渚文化、石家河文化、古蜀文化、陶寺文化、石峁文化等。这些不同文化点在文明发展进程中沟通交流、融合互补，最终形成以中原为中心的“一体”华夏文化的选址传统。这“一体”传统，又蕴含相互独立、相互补充的“多元”的选址思想观念以及结合不同地域、不同环境形成的地方性“多元”的选址技术。

对先秦两千余年的选址发展脉络的梳理，解释了华夏城市选址传统从无到有的历史轨迹。将城市选址放在当时所处的历史背景中分析考察，方可以清楚辨析这一传统的形成与先秦社会发展进程的一致性。

(二)提炼了先秦城市选址形成的“实用理性”技术体系

经过近3000年的选址历程，先秦城市选址的雏形基本形成，选址技术如测量、国土规划、城市防洪、水利、总体规划等方面都取得了突出的技术成就，达到了相当发达的水平，形成了较为完备的选址技术体系。

本书通过大量案例研究与总结，认为这一技术体系由“辨方正位的测量之术”“城地相称的制邑之术”“因地制宜的御水之术”“流域治理的兴城之术”“观星授时的节令之术”“星象崇拜的象天之术”六个方面的技术成就组成，并提出其总体特征是“实用理性”，即重视现实的实效性和反馈效应，以城址的生存发展为最终目的，注重实践，忽视积累，具有强烈的经验论。虽然早期的巫术神秘主义及潜在的宗教崇拜成分逐渐淡化，但与此同时并没有产生抽象思辨的选址数理系统。

先秦城市选址的技术体系，在理性的原则和尺度下，重新审视自然、城市和人本身，但又受限于实用的态度，重经验轻思辨，重现实轻理想。

(三)提出先秦哲学思想在城市选址方面具有“儒道互补”特征

春秋战国时期，在长期实践和争论思辨基础上，先秦哲学思想基本成型，其在城市选址方面表现出“儒道互补”的基本特征。

在追溯了城市选址思想在先秦的发展历程的基础上，本书认为城市选址方面的先秦哲学思考始自夏商之交的阴阳观念，受商周之交的周易思想滋养，在春秋战国的百家齐鸣中，最终形成了以儒家学派和道家学派作为对立统一面的基本哲学思想，“儒道互补”也是那个时代的整体精神。

儒道两家的思想同源于周初的周易，在基本的宇宙观的构建中，两家表述虽各有不同，甚至是互为矛盾，但均带有辩证的、唯物的、非神学的思想底色。儒家人文化成，将伦理哲学带入人地关系，强调人的和谐，着眼“人道”；道家返璞归真，将自然哲学带入人地关系，强调自然的和谐，着眼“天道”。春秋战国的诸子百家中，儒家带领“人与天调”的法家，道家带领“兼爱节用”的墨家，形成了选址观念中对立互补的两方向，这二者共同构成了进与退、巧与拙、收与放的矛盾体，阴阳互补、刚柔互补，齐力形成华夏选址传统的开放、多元、深沉的思想主干和基本线索。值得指出的是，这一思想影响了后世中国城市选址传统的最终形成。

二、先秦城市选址研究对现代城市规划建设的借鉴意义

近四十年来的城市化进程中，中国城市经历了前所未有的快速扩张过程，城市规模持续扩大，城市人口大量集聚。原有旧城扩容的同时，新城、新区成为城市空间重构、产业转型的主要手段，成为城市化进程中的普遍现象。据2013年统计，全国县及以上建设新城新区3000个以上①，到2016年这一数字已达到3500。②在城市建设取得举世瞩目成就的同时，出现了原有城市历史上与自然环境之间长期形成的稳定、和谐的关系受到强烈冲击，城市出现规模超常、形态失控、频繁受灾、特色丧失和区域生态功能退化等诸多问题。

回顾历史，先秦时期的华夏文明，经历了从神秘到现实，从神鬼崇拜到朴素唯物，从唯帝独尊到天命靡常的历程，这是理性精神刚刚开始在华夏思想体系中萌芽的时期，务实理性的选址传统轮廓逐渐出现，这一传统对现代城市建设特别是城市新区规划建设有诸多启示，尤其是在注重城市安全、遵循发展规律和合理城市定位等方面具有朴素的借鉴意义。

（一）注重城市安全

作为复杂大型的人工建造物体，城市面临着多种自然灾害和人为灾害的风险。先秦时期原始聚落逐渐扩大，最终形成了与村镇聚落性质迥异的“城”，先民也已经意识到这一人造物的巨大社会经济优势属性和先天脆弱性，认为“城者，所以自守也”，但“地不辟则城不固”。对城市安全，尤其是选址安全有较强的忧患意识，具体可包括宏观和微观两个方面。

① 冯奎．中国新城新区转型发展趋势研究 [J]. 经济纵横，2015（04）：1-10.

② 踪家峰，林宗建．中国城市化 70 年的回顾与反思 [J]. 经济问题，2019（09）：1-9.

宏观方面，在区域空间规划阶段，选址注重城市安全的结构性措施。对城址周边地区进行水土保持、沟洫整治和水利工程建设，有利于改善城市的区域农耕条件，提高农业生产能力，缓解粮食供给压力，改善城市用水条件，结构性降低城市防洪风险，提高区域资源的承载能力，从而促进城市的进一步扩大和新城出现。《管子》《逸周书》《周礼》等书中都有大量相关论述或要求。事实上，都江堰水利工程、郑国渠水利工程都为区域城市群的形成做出了极大贡献。

微观方面，在具体营城阶段，注重城市安全的技术性措施，包括城址位置的选择、城址形态的优化等。从史前城市开始，华夏城邑的城址就寻求不倾之地的高处以规避洪水冲击，到三代之后，主要城址力求在防水和得水之间寻求平衡，“高勿近阜而水用足，低勿近水而沟防省”，而且城址多在河流凸岸，借助河流泥沙堆积作用扩大城市用地。城址形态在大体方形规整的基础上，城墙转角多采用切角或弧形方式处理，且城壕尽可能利用自然河道。

（二）遵循发展规律

农业文明是依赖土地的文明，其存在与发展的基础建立在农田灌溉、历法制定和人口增长上。农业文明的特点是规律性很强，天地运行有规律、季节变化有规律、农业生产有规律。敬畏自然，正确认识和遵循自然规律，是这一时期城市选址营城的一个特点。

农业对自然变化高度敏感，文明早期几乎没有可以调节不利天气或气候的手段。先秦时期小农经济的特点，导致时人不仅赞美自然、将自然视为客体，而且视为形而上的“道”。“道”是世界的源头所在，是不受主观意识转移，恒久循环而永恒的宇宙本源和规律，对于自然的敬畏，便是对宇宙规律的敬畏。

先秦城市的建设消耗了大量社会资源尤其是宝贵的劳动力，城市选址建设的时间多安排在农闲时的冬季。违反这一规律的筑城行为，是值得警惕或者批判的。这种行为可能是战争的应急行为或者是君主的任性行为。“得天之道，其事若自然”，只有遵循自然规律，人地和谐，城市建设才能取得理想效果。

对于中国现代城市而言，新城新区的选址建设，在发展、增长、财政、就业、交通、环保等多重目标体系下，往往顾此失彼，在追求效率和效果的同时，忽略基本的自然规律。如有的新城建设在生态敏感区，无视会受到内涝、海潮的双重影响[①]，甚至有的新城直接建设在主干河流湿地上[②]。同样面对发展的诉求，甚至这一诉求有着存亡的因果意味，先秦城市坚持理性态度，坚持遵循自然规律。历史是一面镜子，推动中国现代城市从选址传统中汲取营养，是华夏城市选址传统的价值所在。

（三）合理城市定位

城市具有经济和政治的双重属性，所谓“财产与权势的基地”，不仅是手工业生产、物质流通、文化交流的中心，还是政治网络的结点。城市规模的确定，往往来自区域经济基础和城市根本政治职能两方面。城市的合理定位，是先秦城市选址的前置性条件。

建多大的城市？一方面城市规模需根据区域经济水平来确定。“地从于城，城从于民”（《吕氏春秋·先识览》），“度地量民”，衡量的标准其实就是农业发达程度、农村人口规模，这是建立在城乡关系上的城市定位，“凡造都邑，量其地，辨其物，而制其域”（《周礼·地官·司徒》）。另一方面城市规模要根据城市性质确定。城市的政治等级也决定了城市规模，过大的地方性城市将挑战王权，成为动乱隐患。超越应有规模的城市，不但在经济上是不可取的，而且在政治上也存在较大隐患，“大臣之禄虽大，不得藉威城市”，因为“人臣太贵，必易主位”（《韩非子·爱臣》）。

当代快速城市化进程中，出现数量众多的城市不切实际地制订建设“区域中心城市”“国际大都市”“中央商务区”等宏大目标，这些城市还包括中小城市，甚至县城。先民对城市规模的合理把握实践，可为现代城市定位尤其是城市规模的预测提供有益的借鉴参考。

① 李起金指出，中新天津生态城，选址位置大部分位于禁止建设区，可能会受到来自永定新河、蓟运河洪泛内涝和渤海海潮双重威胁，存在巨大的生态破坏性和生态风险，选址存在争议。参见李起金．基于区域视角的生态新城选址问题思考 [C]// 中国科学技术协会．第二届山地城镇可持续发展专家论坛论文集．中国科学技术协会：中国城市规划学会，2013：10.

② 泸州的新城位于老城城址上游的长江湿地。参见：四川新闻网：泸州长江生态湿地新城项目进展顺利。http：//lz.newssc.org/system/20160315/001869265.html.

三、研究不足与展望

（一）研究不足

由于自身水平不足，研究尚存在以下问题。

1. 思想方面涉及不全面

先秦诸子学说纷杂，由于能力所限，本书主要关注儒家、道家、法家、墨家，杂家、阴阳家、名家的学说有所涉及，但篇幅很少。儒道法墨四家学说，也主要集中在各自的宇宙观、审美观和自然观方面，其他内容有所忽略。整体而言，在先秦哲学思想研究方面上，有待深化和细化。

2. 地域城市涉及区域不全面

华夏是不断变化和扩大的文化地域概念，以此为核心对象的研究也带来研究地域上的某些局限性。新石器中晚期，除了本书论述的中原地区、长江流域、河套南北、海岱地区等城邑发展区域外，尚有内蒙古东部的夏家店文化区、岭南的石峡文化区等，本书关注不足。在三代，尤其是西周之后的城市建设高潮中出现的城市，本书过于关注中原地区和主要诸侯国地区的都城，对中小诸侯国国都、一般性城市以及尚待进入华夏文化区的长江中下游、岭南地区、东北地区城市缺乏足够的研究。

3. 资料不够直接

本书所研究的城址，年代久远，多数被现代城市覆压，只能根据考古学者的挖掘来复原当时城址形态，在此基础上判断选址的意图、思想和采用的技术。由于专业限制，本书使用已发表的考古资料（简报）偏多，存在一定的局限性。

（二）研究展望

1. 先秦城市选址传统的影响研究

先秦之后，城市选址实践逐步专业、体系化了。魏晋之后的儒道合流和佛法西来、带来了山水审美与自然元气相结合的生气地脉理论，继而发展成为复杂多元、中国特有的风水理论。而原有的礼制思想、地利主义，继续在城市选址中发挥主干作用。限于篇幅和精力，本书并未对先秦之后的城市选址传统的发展、发育做进一步的对照梳理，尤其是对东周百家的选址哲学思想对后世城市选址思想的影响涉及较少，需要在未来研究中补足。

2. 不同因素条件下的选址研究

由于先秦时期华夏城市数量众多，时间跨度大，作为面上的研究，在深度上常感到力所不及。因地方行政、经济发展以及交通需求，先秦已经出现了区域中心城市、商贸城市、交通城市，并深刻影响了秦汉时期的城市体系形成和区域社会经济发展。在后续研究中，针对城市选址的主要因素，对不同的城市展开区别而深度的研究，是重要的方向之一。

地形地貌、地质条件等环境特征和安全因素对城市选址的影响尤为重要，应加以重点研究。公元前780年西周都城丰镐的地震，将朴素的理性唯物主义引入中国城市选址中并逐渐成为主线，同时也成为中国哲学中“气论”的肇始。对以地震为主的地质灾害防范与规避、对地形地貌的评判与利用，是华夏城市选址历史上的突出特点。本书的起因，就源自学界注意到青川、北川等县城在汶川地震中灾损远大于老县城，历史城市的选址在城址安全方面的成就值得重新重视。

3. 不同区域的对比研究

城市兴起与发展，是文明的特质。不同文明、不同阶段城市选址技术、思想的对比，有助于更好地理解、发现各自的发展轨迹、特点与不足。古代文明的不同策源地，如两河流域文明、古埃及文明、古印度文明，都产生过数量众多的古代城市，塑造过辉煌的城市文明。未来研究中，可对不同文明城市选址的方法与技术进行各类维度的综合研究。

4. 历史经验借鉴研究

古代中国营城经验，有着不同于西方现代技术的整体观和视角。中国城市的现代发展，需要传统经验的滋养与借鉴。在未来研究中，可进一步与城市发展的现实需求相结合，从历史的维度研究复杂的城市选址问题，逐步将历史经验转换为现代实践，真正实现古为今用，探索有中国地域特色和文化传承的城市形态与空间塑造的可持续道路。

参考文献

1. 古籍

[1] 程俊英 . 诗经译注 [M]. 上海：上海古籍出版社，2012.
[2] 闻钟，王双印 . 汉书译注 [M]. 北京：商务印书馆，2015.
[3] 司马迁 . 史记 [M]. 北京：中华书局，2019.
[4] 左丘明 . 左传 [M]. 江西：江西美术出版社，2013.
[5] 荀况 . 荀子 [M]. 北京：线装书局，2016.
[6] 孔子 . 尚书 [M]. 北京：北京工艺美术出版社，2020.
[7] 周公旦 . 周礼 [M]. 上海：上海古籍出版社，2016.
[8] 佚名 . 逸周书 [M]. 上海：上海古籍出版社，2009.
[9] 孔子，孔子弟子 . 论语 [M]. 北京：北京工艺美术出版社，2020.
[10] 佚名 . 考工记 [M]. 上海：上海古籍出版社，2021.
[11] 左丘明 . 国语 [M]. 北京：中华书局，2016.
[12] 郦道元 . 水经注 [M]. 北京：中华书局，2016.
[13] 管仲 . 管子 [M]. 北京：中华书局，2016.
[14] 刘向 . 战国策 [M]. 四川：四川人民出版社，2022.
[15] 扬雄 . 扬雄集校注 [M]. 上海：上海古籍出版社，1993.
[16] 常璩 . 华阳国志 [M]. 北京：北京联合出版公司，2015.

[17] 干宝 . 搜神记 [M]. 北京：中华书局，2012.

[18] 刘庆柱 . 三秦记辑注 [M]. 陕西：三秦出版社，2006.

[19] 高见南 . 相宅经纂 [M]. 台北：育林出版社，1999.

[20] 李琬 . 温州府志 [M]. 上海：上海社会科学院出版社，2006.

[21] 傅嵩卿 . 夏小正 [M]. 上海：上海书店，1986.

[22] 孟子 . 孟子 [M]. 北京：中华书局，2017.

[23] 刘安 . 淮南子 [M]. 北京：中华书局，2022.

[24] 墨子 . 墨子 [M]. 北京：中华书局，2015.

[25] 老子 . 老子 [M]. 北京：中华书局，2014.

[26] 董仲舒 . 春秋繁露 [M]. 北京：中华书局，2012.

[27] 孔子后学 . 易传 [M]. 上海：华东师范大学出版社，2015.

[28] 庄周 . 庄子 [M]. 北京：中华书局，2016.

[29] 韩非 . 韩非子 [M]. 北京：中华书局，2015.

2. 现代中文著作

[30] 卢嘉锡，杜石然 . 中国科学技术史：通史卷 [M]. 北京：科学出版社，2003.

[31] 顾祖禹 . 读史方舆纪要 [M]. 北京：中华书局，2005.

[32] 楼宝棠 . 中国古今地震灾情总汇 [M]. 北京：地震出版社，1996.

[33] 袁祖亮 . 中国灾害通史 [M]. 郑州：郑州大学出版社，2008.

[34] 朱凤祥，袁祖亮 . 中国灾害通史：清代卷 [M]. 郑州：郑州大学出版社，2008.

[35] 李泽厚 . 美的历程 [M]. 北京：生活 . 读书 . 新知三联书店，2009.

[36] 徐苹芳 . 先秦城市考古学研究 [M]. 北京：燕山出版社，2000.

[37] 吴良镛 . 中国大百科全书 [M]. 北京：中国大百科全书出版社，1988.

[38] 李孝聪 . 历史城市地理 [M]. 北京：北京大学出版社，2004.

[39] 马正林 . 中国城市历史地理 [M]. 济南：山东教育出版社，1998.

[40] 李孝聪 . 历史城市地理 [M]. 济南：山东教育出版社，2007.

[41] 贺业钜 . 中国古代城市规划史 [M]. 北京：中国建筑工业出版社，1996.
[42] 张晓虹 . 古都与城市 [M]. 南京：江苏人民出版社，2011.
[43] 马世之 . 中国史前古城 [M]. 武汉：湖北教育出版社，2003.
[44] 何一民 . 中国城市史纲 [M]. 成都：四川大学出版社，1994.
[45] 吴庆洲 . 中国古城防洪研究 [M]. 北京：中国建筑工业出版社，2009.
[46] 叶骁军 . 中国都城发展史 [M]. 西安：陕西人民出版社，1988.
[47] 黄建军 . 中国古都选址与规划布局的本土思想研究 [M]. 厦门：厦门大学出版社，2005.
[48] 毛曦 . 先秦巴蜀城市史研究 [M]. 北京：人民出版社，2008.
[49] 张光直 . 中国青铜时代 [M]. 北京：生活、读书、新知三联书店，2013.
[50] 许宏 . 先秦城市考古学研究 [M]. 北京：燕山出版社，2000.
[51] 李学勤 . 中国古代文明和国家形成研究 [M]. 昆明：云南人民出版社，1997.
[52] 孙国平 . 远古江南——河姆渡遗址 [M]. 天津：天津古籍出版社，2008.
[53] 周谷城 . 世界通史 [M]. 石家庄：河北教育出版社，2000.
[54] 中国历史博物馆考古部 . 当代国外考古学理论与方法 [M]. 西安：三秦出版社，1991.
[55] 严文明 . 中华文明史：第一卷 [M]. 北京：北京大学出版社，2006.
[56] 陈正祥 . 中国文化地理 [M]. 香港：三联书店，1981.
[57] 许顺湛 . 河南龙山聚落群研究：中原文物考古研究 [M]. 郑州：大象出版社，2003.
[58] 牟钟鉴，张践 . 中国宗教通史 [M]. 北京：社会科学文献出版社，2003.
[59] 郭沫若 . 郭沫若全集 [M]. 北京：人民出版社，1984.
[60] 张光直 . 商文明 [M]. 沈阳：辽宁教育出版社，2002.
[61] 许倬云 . 西周史 [M]. 北京：三联书店，1994.
[62] 钱杭 . 周代宗法制度研究 [M]. 上海：学林出版社，1991.
[63] 许倬云 . 许倬云自选集 [M]. 上海：上海教育出版社，2002.
[64] 杨宽 . 西周史 [M]. 上海：上海人民出版社，2003.

[65] 杨宽 . 战国史 [M]. 上海：上海人民出版社，2015.
[66] 董恺忱，范楚玉 . 中国科学技术史：农学卷 [M]. 北京：科学出版社，2000.
[67] 易建平 . 部落联盟与酋邦 [M]. 北京：社会科学文献出版社，2004.
[68] 周魁一 . 中国科学技术史：水利卷 [M]. 北京：科学出版社，2002.
[69] 顾德融，朱顺龙 . 春秋史 [M]. 上海人民出版社，2015.
[70] 图尔敏 . 论证的使用 [M]. 北京：北京语言大学出版社，2016.
[71] 田汝康，金重远 . 现代西方史学流派文选 [M]. 上海：上海人民出版社，1982.
[72] 晁福林 . 先秦社会形态研究 [M]. 北京：北京师范大学出版社，2003.
[73] 何怀宏 . 世袭社会及其解体——中国历史上的春秋时代 [M]. 上海：三联书店，1996.
[74] 李鑫 . 商周城市形态的演变 [M]. 北京：中国社会科学出版社，2012.
[75] 曲英杰 . 先秦都城复原研究 [M]. 哈尔滨：黑龙江人民出版社，1991.
[76] 段渝 . 成都通史 [M]. 成都：四川人民出版社，2011.
[77] 郑肇经 . 中国水利史 [M]. 上海：上海书店，1984.
[78] 陕西省考古研究所 . 秦都咸阳考古报告 [M]. 北京：科学出版社，2004.
[79] 李约瑟 . 中国科学技术史 [M]. 北京：科学出版社，1990.
[80] 施坚雅 . 中华帝国晚期的城市 [M]. 北京：中华书局，2000.
[81] 冯友兰 . 中国哲学简史 [M]. 北京：北京大学出版社，1996.
[82] 杜石然 . 中国科学技术史 [M]. 北京：科学出版社，2003.
[83] 钱穆 . 中国文化史导论 [M]. 北京：商务印书馆，1994.
[84] 蔡美彪，范文澜，等 . 中国通史：第 10 册 [M]. 北京：人民出版社，1978.
[85] 唐锡仁，杨文衡 . 中国科学技术史：地学卷 [M]. 北京：科学出版社，2003.
[86] 曲英杰 . 古代城市 [M]. 北京：文物出版社，2003.
[87] 侯秀娟 . 华夏文明看山西论丛：文明衍流卷 [M]. 太原：山西出版集团山西春秋电子音像出版社，2007.

[88] 吴庆洲 . 中国古代城市防洪研究 [M]. 北京：中国建筑工业出版社，1995.

[89] 董恺忱，范楚玉 . 中国科学技术史：农学卷 [M]. 科技出版社，2000.

[90] 李亚农 . 李亚农史论集：下册 [M]. 上海：上海人民出版社，1978.

[91] 钱穆 . 国史大纲：上册 [M]. 北京：商务印书馆，1996.

[92] 顾颉刚，史念海 . 中国疆域沿革史 [M]. 北京：商务印书馆，1999.

[93] 葛剑雄 . 统一与分裂——中国历史的启示 [M]. 北京：三联书店，1994.

[94] 陈美东 . 中国科学技术史：水利卷 [M]. 北京：科学出版社，2003.

[95] 张秉伦，戴吾三 . 齐国科技史 [M]. 济南：齐鲁书社，1997.

[96] 郑慧生 . 认星识历——古代天文历法初步 [M]. 郑州：河南大学出版社，2006.

[97] 冯时 . 中国天文考古学 [M]. 北京：社会科学文献出版社，2001.

[98] 钱穆 . 国学概论 [M]. 北京：商务印书馆，1997.

[99] 郭沫若 . 青铜时代 [M]. 北京：人民出版社，1982.

[100] 吴怡 . 中国哲学的生命与方法 [M]. 台北：东大图书公司，1984.

[101] 翦伯赞 . 先秦史 [M]. 北京：北京大学出版社，1988.

[102] 李泽厚 . 中国古代思想史论 [M]. 北京：人民出版社，1985.

[103] 张岱年 . 中国哲学史史料学 [M]. 北京：生活·读书·新知三联书店，1982.

[104] 牟钟鉴，张践 . 中国宗教通史 [M]. 北京：社会科学文献出版社，2000.

3. 译著

[105] 刘易斯·芒福德 . 城市文化 [M]. 宋俊岭，译 . 北京：建筑工业出版社，2009.

[106] 恩格斯 . 家庭、私有制和国家的起源 [M]. 北京：人民出版社，2003.

[107] 亚当·斯密 . 国富论：上卷 [M]. 西安：陕西人民出版社，2001.

[108] 凯文·林奇 . 城市形态 [M]. 林庆怡，陈朝晖，邓华，译 . 北京：华夏出版社，2001.

[109] 黑格尔 . 哲学史讲演录：第一卷 [M]. 北京：商务印书馆，1980.

[110] 岛邦男 . 殷墟卜辞综类 [M]. 上海：上海古籍出版社，2006.
[111] 黑格尔 . 美学：第三卷：上册 [M]. 北京：商务印书馆，1979.

4. 期刊论文

[112] 梁鹤年 . 中国城市规划理论的开发：一些随想 [J]. 城市规划学刊，2009.
[113] 仇保兴 . 复杂科学与城市规划变革 [J]. 城市规划，2009.
[114] 吴志强，于泓 . 城市规划学科的发展方向 [J]. 城市规划学刊，2005.
[115] 张庭伟 . 梳理城市规划理论——城市规划作为一级学科的理论问题 [J]. 城市规划，2012.
[116] 王理，徐伟，王静爱 . 中国历史地震活动时空分异 [J]. 北京师范大学学报 (自然科学版)，2003.
[117] 程谦恭 . 中国古代山崩地裂陷灾害年表 [J]. 灾害学，1990.
[118] 杜书瀛 . 先秦审美文化和审美心理结构之雏形 [J]. 清华大学学报 (哲学社会科学版)，2013.
[119] 亨利 · J. M. 克莱森，郭子林 . 从临时首领到最高酋长：社会—政治组织的演化 [J]. 历史研究，2012.
[120] 张光直 . 关于中国初期“城市”这个概念 [J]. 文物，1985.
[121] 吴庆洲 . 中国古城选址与建设的历史经验与借鉴 [J]. 城市规划，2000.
[122] 刘正寅 . “大一统”思想与中国古代疆域的形成 [J]. 中国边疆史地研究，2010.
[123] 邵望平 . 禹贡：九州的考古学研究兼说中国古代文明的多源性 [J]. 九州学刊，1987.
[124] 成一农 . 中国古代城市选址研究方法的反思 [J]. 中国历史地理论丛，2012.
[125] 成一农 . 中国古代地方城市形态研究现状评述 [J]. 中国史研究，2010.
[126] 张国硕，阴春枝 . 我国新石器时代城址综合研究 [J]. 郑州大学学报 (哲学社会科学版)，1997.
[127] 赵立瀛，赵安启 . 简述先秦城市选址及规划思想 [J]. 城市规划，1997.
[128] 王军，朱瑾 . 先秦城市选址与规划思想研究 [J]. 建筑师，2004.

[129] 武廷海．防洪对城起源的意义 [J]. 建筑史论文集，2002.

[130] 田银生．自然环境——中国古代城市选址的首重因素 [J]. 城市规划汇刊，1999.

[131] 刘立欣．城市的足迹——非自然因素在中国古代都城选址中的重要作用 [J]. 华中建筑，009.

[132] 侯甬坚．周秦汉隋唐之间：都城的选建与超越 [J]. 唐都学刊，2007.

[133] 赵春青．长江中游与黄河中游史前城址的比较 [J]. 江汉考古，2004.

[134] 殷淑燕，黄春长．论关中盆地古代城市选址与渭河水文和河道变迁的关系 [J]. 陕西师范大学学报(哲学社会科学版)，2006.

[135] 赵燕菁．城市的制度原型 [J]. 城市规划，2009.

[136] 佟伟华．磁山遗址的原始农业遗存及其相关问题 [J]. 农业考古，1984.

[137] 邓惠，袁靖，宋国定，等．中国古代家鸡的再探讨 [J]. 考古，2013.

[138] 赵志军．中国古代农业的形成过程——浮选出土植物遗存证据 [J]. 第四纪研究，2014.

[139] 严文明．中国稻作农业的起源 [J]. 农业考古，1982.

[140] 刘军．河姆渡稻谷的启示 [J]. 农业考古，1991.

[141] 蔡保全．河姆渡文化“耜耕农业”说质疑 [J]. 厦门大学学报(哲学社会科学版)，2006.

[142] 赵志军．栽培稻与稻作农业起源研究的新资料和新进展 [J]. 南方文物，2009.

[143] 江章华，张擎，王毅，等．四川新津县宝墩遗址1996年发掘简报 [J]. 考古，1998.

[144] 刘兴诗．成都平原古城群兴废与古气候问题 [J]. 四川文物，1998.

[145] 何锟宇．宝墩遗址：成都平原史前大型聚落考古新进展 [J]. 中国文化遗产，2015.

[146] 陈涛，江章华，何锟宇，等．四川新津宝墩遗址的植硅体分析 [J]. 人类学学报，2015.

[147] 段渝，陈剑．成都平原史前古城性质初探 [J]. 天府新论，2001.

[148] 张弛．石家河大聚落长江中游文明的崛起 [J]. 中国文化遗产，2012.

[149] 北京大学考古系，湖北省文物考古研究所石家河考古队，湖北省荆州地区博物馆．石家河遗址群调查报告 [J]. 南方民族考古，1993.

[150] 刘斌，王宁远，郑云飞，等．2006–2013 年良渚古城考古的主要收获 [J]. 东南文化，2014.

[151] 赵晔．余杭莫角山遗址 1992 ～ 1993 年的发掘 [J]. 文物，2001.

[152] 郭明建．良渚文化宏观聚落研究 [J]. 考古学报，2014.

[153] 戴尔俭．从聚落中心到良渚酋邦 [J]. 东南文化，1997.

[154] 魏京武．对良渚文化莫角山城址的认识 [J]. 文博，1998.

[155] 严文明．良渚遗址的历史地位 [J]. 浙江学刊，1996.

[156] 田广金．凉城县老虎山遗址 1982—1983 年发掘简报 [J]. 内蒙古文物考古，1986.

[157] 戴向明．北方地区龙山时代的聚落与社会 [J]. 考古与文物，2016.

[158] 崔璇，斯琴，刘幻真，等．内蒙古包头市阿善遗址发掘简报 [J]. 考古，1984.

[159] 王炜林，郭小宁．陕北地区龙山至夏时期的聚落与社会初论 [J]. 考古与文物，2016.

[160] 孙周勇，邵晶．瓮城溯源——以石峁遗址外城东门址为中心 [J]. 文物，2016.

[161] 吕宇斐，孙周勇，邵晶．石峁城址外城东门的天文考古学研究 [J]. 考古与文物，2019.

[162] 孙周勇，邵晶，邵安定，等．陕西神木县石峁遗址 [J]. 考古，2013.

[163] 李拓宇，莫多闻，胡珂，等．山西襄汾陶寺都邑形成的环境与文化背景 [J]. 地理科学，2013.

[164] 何驽．陶寺文化遗址走出尧舜禹“传说时代”的探索 [J]. 中国文化遗产，2004.

[165] 刘次沅．陶寺观象台遗址的天文学分析 [J]. 天文学报，2009.

[166] 武家璧，陈美东，刘次沅．陶寺观象台遗址的天文功能与年代 [J]. 中国科学，2008.

[167] 冯时 . 观象授时与文明的诞生 [J]. 南方文物，2016.

[168] 何驽，高江涛 . 薪火相传探尧都——陶寺遗址发掘与研究四十年历史述略 [J]. 南方文物，2018.

[169] 安金槐，李京华 . 登封王城岗遗址的发掘 [J]. 文物，1983.

[170] 张学海 . 试论山东地区的龙山文化城 [J]. 文物，1996.

[171] 李季，何德亮 . 山东济宁程子崖遗址发掘简报 [J]. 文物，1991.

[172] 安金槐 . 谈谈城子崖龙山文化城址及其有关问题 (纪念城子崖龙山文化遗址发掘六十周年)[J]. 中原文物，1992.

[173] 李繁玲，孙淮生，吴铭新 . 山东阳谷县景阳岗龙山文化城址调查与试掘 [J]. 考古，1997.

[174] 刘斌，等 . 2006–2013 年良渚古城考古的主要收获 [J]. 东南文化，2014.

[175] 吴文祥，刘东生 . 4000aB. P. 前后降温事件与中华文明的诞生 [J]. 第四纪研究，2001.

[176] 韩飞 . 龙山时代聚落形态研究 [J]. 华夏考古，2010.

[177] 裴安平 . 聚落群聚形态视野下的长江中游史前城址分类研究 [J]. 考古，2011.

[178] 任式楠 . 我国新石器时代聚落的形成与发展 [J]. 考古，2000.

[179] 徐峰 . 石峁与陶寺考古发现的初步比较 [J]. 文博，，2014.

[180] 王晓毅，张光辉 . 兴县碧村龙山时代遗存初探 [J]. 考古与文物，2016.

[181] 朱乃诚 . 金沙良渚玉琮的年代和来源 [J]. 中华文化论坛，2005.

[182] 靳松安 . 论龙山时代河洛与海岱地区的文化交流及历史动因 [J]. 郑州大学学报 (哲学社会科学版)，2010.

[183] 袁广阔 . 关于孟庄龙山城址毁因的思考 [J]. 考古，2000.

[184] 王海明 . 夏商周经济制度新探 [J]. 华侨大学学报 (哲学社会科学版)，2015.

[185] 袁广阔 . 略论二里头文化的聚落特征 [J]. 华夏考古，2009.

[186] 赵春青 . 新密新砦城址与夏启之居 [J]. 中原文物，2004.

[187] 赵芝荃 . 河南密县新砦遗址的试掘 [J]. 考古，1981.

[188] 李龙 . 新砦城址的聚落性质探析 [J]. 中州学刊，2013.
[189] 仇士华，蔡莲珍 . 夏商周断代工程中的碳十四年代框架 [J]. 考古，2001.
[190] 中国科学院考古研究所二里头工作队 . 河南偃师二里头早商宫殿遗址发掘简报 [J]. 考古，1974.
[191] 许宏，赵海涛，李志鹏，等 . 河南偃师市二里头遗址中心区的考古新发现 [J]. 考古，2005.
[192] 张国硕，李昶 . 论二里头遗址发现的学术价值与意义 [J]. 华夏考古，2016.
[193] 陈星灿，刘莉，李润权，等 . 中国文明腹地的社会复杂化进程——伊洛河地区的聚落形态研究 [J]. 考古学报，2003.
[194] 宋豫秦，虞琰 . 夏文明崛起的生境优化与中国城市文明的肇始 [J]. 中原文物，2006.
[195] 张国硕 . 夏国家军事防御体系研究 [J]. 中原文物，2008.
[196] 方酉生 . 再论偃师商城是夏商断代的界标 [J]. 武汉大学学报(哲学社会科学版)，2004.
[197] 刘余力 . 试析商早期帝都文化的先进性 [J]. 黄河科技大学学报，2013.
[198] 王学荣，杜金鹏，岳洪彬 . 河南偃师商城小城发掘简报 [J]. 考古，1999.
[199] 曹慧奇，谷飞 . 河南偃师商城西城墙 2007 与 2008 年勘探发掘报告 [J]. 考古学报，2011.
[200] 李久昌 . 论偃师商城的都城性质及其变化 [J]. 河南师范大学学报(哲学社会科学版)，2007.
[201] 李民 . 郑州商城在古代文明史上的历史地位 [J]. 江汉论坛，2004.
[202] 潘明娟 . 历史早期的都城规划及其对地理环境的选择——以早商郑州商城和偃师商城为例 [J]. 西北大学学报(自然科学版)，2010.
[203] 李锋 . 郑州商城隞都说与郑亳说合理性比较研究 [J]. 中原文物，2005.
[204] 陈星灿，刘莉，李润权，等 . 中国文明腹地的社会复杂化进程——伊洛河地区的聚落形态研究 [J]. 考古学报，2003.
[205] 郑振香 . 殷墟发掘六十年概述 [J]. 考古，1988.

[206] 赵芝荃 . 评述郑州商城与偃师商城几个有争议的问题 [J]. 考古，2003.
[207] 江鸿 . 盘龙城与商朝的南土 [J]. 文物，1976.
[208] 权美平 . 美酒新解：小议商代秬鬯——从商代美酒探究古酒文化 [J]. 农业考古，2013.
[209] 张兴照 . 商代邑聚临河选址考论 [J]. 黄河科技大学学报，2010.
[210] 段渝 . 略论古蜀与商文明的关系 [J]. 史学月刊，2008.
[211] 段渝 . 四川广汉三星堆遗址的发现与研究 [J]. 历史教学问题，1992.
[212] 张蓉 . 三星堆古城规划意匠探悉——兼谈夏商周都邑之制 [J]. 华中建筑，2010.
[213] 雷雨，等 . 四川鸭子河流域商周时期遗址 2011 ~ 2013 年调查简报 [J]. 四川文物，2014.
[214] 施劲松 . 盘龙城与长江中游的青铜文明 [J]. 考古，2016.
[215] 董琳利 . 简论“武王克商”的政治正当性问题 [J]. 中国人民大学学报，2012.
[216] 钱宗范 . 中国宗法制度论 [J]. 广西民族学院学报 (哲学社会科学版)，1996.
[217] 马卫东 . 大一统源于西周封建说 [J]. 文史哲，2013.
[218] 张洲，李昭淑，雷祥义 . 周原岐邑建都的环境条件及其迁移原因试探 [J]. 西北大学学报 (自然科学版)，1996.
[219] 史念海 . 周原的历史地理与周原考古 [J]. 西北大学学报 (哲学社会科学版)，1978.
[220] 李彦峰，孙庆伟，宋江宁 . 陕西宝鸡市周原遗址 2014 ~ 2015 年的勘探与发掘 [J]. 考古，2016.
[221] 田旭东 .《西周的政体——中国早期的官僚制度与国家》评介 [J]. 中国史研究动态，2010.
[222] 卢连成 . 西周丰镐两京考 [J]. 中国历史地理论丛，1988.
[223] 刘立早 . 琉璃河遗址——北京城市发展的源头 [J]. 北京规划建设，2014.
[224] 高明奎，魏成敏，蔡友振，等 . 山东高青县陈庄西周遗址 [J]. 考古，2010.

[225] 王鑫，柴晓明，雷兴山 . 琉璃河遗址 1996 年度发掘简报 [J]. 文物，1997.

[226] 李学勤，刘庆柱，李伯谦，等 . 山东高青县陈庄西周遗址笔谈 [J]. 考古，2011.

[227] 王德培 . 论周礼中“凝固化”的消费制度和周代民本思想的演变 [J]. 河北大学学报 (哲学社会科学版)，1990.

[228] 何平立 . 两汉天命论: 皇权政治的双刃剑 [J]. 上海大学学报 (社会科学版)，2005.

[229] 李培健 . 天命与政权：先秦天命观演进的逻辑路径 [J]. 武汉理工大学学报 (社会科学版)，2016.

[230] 王日华，漆海霞 . 春秋战国时期国家间战争相关性统计分析 [J]. 国际政治研究，2013.

[231] 毕经纬 . 论“周礼在鲁”的二元界定 [J]. 殷都学刊，2011.

[232] 黄海 . 曲阜鲁国故城与临淄齐国故城的比较研究 [J]. 四川文物，1999.

[233] 群力 . 临淄齐国故城勘探纪要 [J]. 文物，1972.

[234] 苏畅，周玄星 .《管子》营国思想于齐都临淄之体现 [J]. 华南理工大学学报 (社会科学版)，2005.

[235] 河北省文物管理处，邯郸市文物保管所 . 赵都邯郸故城调查报告 [C]//《考古》编辑部 . 考古学集刊 . 中国社会科学出版社，1984.

[236] 马俊才 . 郑、韩两都平面布局初论 [J]. 中国历史地理论丛，1999.

[237] 李晓东 . 河北易县燕下都故城勘察和试掘 [J]. 考古学报，1965.

[238] 康文远 . 新中国对燕下都的勘探 [J]. 文史精华，2009.

[239] 张照根 . 苏州春秋大型城址的调查与发掘 [J]. 苏州科技学院学报 (社会科学版)，2002.

[240] 徐良高，张照根，唐锦琼，等 . 江苏苏州市木渎春秋城址 [J]. 考古，2011.

[241] 钱公麟 . 春秋时代吴大城位置新考 [J]. 东南文化，1989.

[242] 钱公麟 . 论苏州城最早建于汉代 [J]. 东南文化，1990.

[243] 邵鸿，耿雪敏 . 战国数术发展初探 [J]. 山西大学学报 (哲学社会科学版)，2013.

[244] 任振河 . 太原·晋阳的来历与变迁 [J]. 太原理工大学学报（社会科学版），2009.

[245] 张蓉 . 基于防灾的成都古城创建过程 [J]. 华中建筑，2010.

[246] 杜忠潮 . 试论秦咸阳都城建设发展和规划设计思想 [J]. 咸阳师范学院学报，1997.

[247] 雍际春 . 论天水秦文化的形成及其特点 [J]. 天水师范学院学报，2000.

[248] 吴晓阳 . 秦汉墓葬中陶仓、囷现象浅析 [J]. 古今农业，2012.

[249] 李自智 . 秦九都八迁的路线问题 [J]. 中国历史地理论丛，2002.

[250] 谭伟 . 中国数术的演变——从科学到迷信 [J]. 中国俗文化研究，2007.

[251] 竺可桢 . 中国古代在天文学上的伟大贡献 [J]. 科学通报，1951.

[252] 曹桂岑，马全 . 河南淮阳平粮台龙山文化城址试掘简报 [J]. 文物，1983.

[253] 吴庆洲 . 中国古城防洪的历史经验与借鉴 [J]. 城市规划，2002.

[254] 河南文物考古研究所 . 河南郑州商城宫殿区夯土墙 1998 年的发掘 [J]. 考古，2002.

[255] 湖北省博物馆 . 楚都纪南城的勘查与发掘 . [J]. 考古学报，1982.

[256] 雷海宗 . 历法的起源和先秦的历法 [J]. 历史教学，1956.

[257] 梅晶 . 上古节气词的演变及二十四节气名的形成 [J]. 怀化学院学报，2011.

[258] 冯时 . 天文考古学与上古宇宙观 [J]. 濮阳职业技术学院学报，2010.

[259] 薛富兴 .《月令》：农耕民族的人生模型 [J]. 社会科学，2007.

[260] 章启群 . 论中国古代天文学向占星学的转折——秦汉思想聚变的缘起 [J]. 云南大学学报（社会科学版），2011.

[261] 谭宝刚 . “太一”考论 [J]. 中州学刊，2011.

[262] 吴庆洲 . 象天法地意匠与中国古都规划 [J]. 华中建筑，1996.

[263] 随县擂鼓墩一号墓考古发掘队 . 湖北省随县曾侯乙墓发掘简报 [J]. 文物，1979.

[264] 马正林 . 汉长安城总体布局的地理特征 [J]. 陕西师大学报（哲学社会科学版），1994.

[265] 钱公鳞 . 论苏州城最早建于汉代 [J]. 东南文化，1990.

[266] 陶磊 . 萨满主义与吴越文化：理解吴越的一种方式 [J]. 浙江社会科学，2013.

[267] 钱穆 . 中国文化对人类未来可有的贡献 [J]. 中国文化，1991.

[268] 季羡林 . “天人合一”新解 [J]. 传统文化与现代化，1993.

[269] 黄银洲，何彤慧 . 再论唐六胡州城址的定位问题——兼谈历史地理学研究方法 [J]. 中国历史地理论丛，2011.

[270] 高超，王心源，金高洁，等 . 巢湖西湖岸新石器—商周遗址空间分布规律及其成因 [J]. 地理研究，2009.

[271] 崔凯，王树声，严少飞 . 中国古代循吏营城事迹及建设思想举要 [J]. 建筑与文化，2016.

5. 硕博论文

[272] 曾忠忠 . 基于气候适应性的中国古代城市形态研究 [D]. 武汉：华中科技大学，2011.

[273] 杨柳 . 风水思想与古代山水城市营建研究 [D]. 重庆：重庆大学，2005.

[274] 杨茜 . 成都平原水系与城镇选址历史研究 [D]. 成都：西南交通大学，2015.

[275] 郑建明 . 环太湖地区与宁绍平原史前文化演变轨迹的比较研究 [D]. 上海：复旦大学，2007.

[276] 郑好 . 长江流域史前城址研究 [D]. 上海：复旦大学，014.

[277] 李丽娜 . 龙山至二里头时代城邑研究 [D]. 郑州：郑州大学，2010.

[278] 刘江涛 . 城子崖遗址龙山文化环境与资源初步研究 [D]. 济南: 山东大学，2015.

[279] 田庄 . 海岱地区史前城址研究 [D]. 南京：南京师范大学，2011.

[280] 兰娟 . 先秦制器思想研究 [D]. 天津：南开大学，2014.

[281] 齐磊 . 夏代早期都城变迁研究 [D]. 郑州：郑州大学，2009.

[282] 刘素娜 . 从人地关系角度看夏朝的兴衰 [D]. 湘潭：湘潭大学，2007.

[283] 梁航琳 . 中国古代建筑的人文精神 [D]. 天津：天津大学，2004.

[284] 徐岩 . 试论郑州商城的生态环境 [D]. 郑州：郑州大学，2004.

[285] 焦培民 . 先秦人口研究 [D]. 郑州：郑州大学，2007.

[286] 谢伟峰 . 从血缘到地缘：春秋战国制度大变革研究 [D]. 陕西：陕西师范大学，2013.

[287] 赵晓斌 . 春秋官制研究——以宗法礼制社会为背景 [D]. 杭州：浙江大学，2009.

[288] 陈剑 . 先秦时期县制的起源与转变 [D]. 长春：吉林大学，2009.

[289] 董灏智 . 楚国郢都兴衰史考略 [D]. 长春：东北师范大学，2008.

[290] 谷健辉 . 曲阜古城营建形态演变研究 [D]. 济南：山东大学，2013.

[291] 韩欣宇 . 两周时期齐临淄城址演变与山水格局研究 [D]. 济南：山东建筑大学，2014.

[292] 梁建波 . 赵都邯郸和郑韩故城比较研究 [D]. 石家庄：河北师范大学，2016.

[293] 李慧芬 . 子产治郑的策略研究 [D]. 西安：陕西师范大学，2006.

[294] 张慧 . 先秦生态文化及其建筑思想探析 [D]. 天津：天津大学，2009.

[295] 许斌 . 秦咸阳 – 汉长安象天法地规划思想与方法研究 [D]. 北京：清华大学，2014.

[296] 张康 . 先秦时期黄河中下游地区地方问题研究 [D]. 石家庄：河北师范大学，2013.

[297] 武庄 . 中山国灵寿城初探 [D]. 郑州：郑州大学，2010.

[298] 王治国 . 金文所见西周王朝官制研究 [D]. 北京：北京大学，2013.

[299] 方卿 . 专制与秩序 [D]. 上海：复旦大学，2005.

[300] 朱思红 . 秦水资源利用之研究 [D]. 郑州：郑州大学，2006.

[301] 朱磊 . 中国古代北斗信仰的考古学研究 [D]. 济南：山东大学，2011.

[302] 郭璐 . 中国都城人居环境建设的地区设计传统——从长安地区到当代 [D]. 北京：清华大学，2014.

[303] 赵炎峰 . 先秦名家哲学研究 [D]. 济南：山东大学，2011.

[304] 彭华．阴阳五行研究（先秦篇）[D]. 上海：华东师范大学，2004.

[305] 陈剑．先秦时期县制的起源与转变 [D]. 长春：吉林大学，2009.

[306] 尹清忠．管子研究 [D]. 曲阜：曲阜师范大学，2009.

[307] 蒋伟．道家哲学与山水艺术 [D]. 湖南：湖南师范大学，2014.

[308] 姚娅．基于 GIS 的内蒙古地区元代城址考古研究 [D]. 北京：中国地质大学，2013.

[309] 李旭．西南地区城市历史发展研究 [D]. 重庆：重庆大学，2010.

6. 外文著作

[310] Reports of Missing and Deceased. Louisiana Department of Health and Hospitals. August 2，2006. Retrieved on July 15，2008.

[311] Hsiao–tong Fei. China's Century[M]. Chicago： The University of Chicago Press，1953.

[312] Tang Y H，Yang X. Researches Based on the Inundation–Prevention Oriented Migrations of the Major city sites of Chengdu Plain in Pre–Qin Dynasty Period [J]. Journal of Disaster Mitigation for Historical Cities, Vol. 8.

[313] Newman G，Park Y，Bowman A，et al. Vacant urban areas： Causes and interconnected factors[J]. Cities，2018，72pb(feb.)：421–429.

[314] Ying Chen，J，Vernon Henderson，Wei Cai. Political favoritism in China's capital markets and its effect on city sizes[J]. Journal of Urban Economics，2015.

[315] Kodrzycki，Yolanda K，Munoz，et al. Economic Distress and Resurgence in US Central Cities： Concepts，Causes，and Policy Levers[J]. Economic development quarterly： The journal of American economic revitalization，2015.

[316] Nolen J，New Ideals in the Planning of Cities，Towns and Villages[M]. Taylor and Francis：2014.

[317] In–Ae Yeo，Jurng–Jae Yee，A proposal for a site location planning model

of environmentally friendly urban energy supply plants using an environment and energy geographical information system (E–GIS) database (DB) and an artificial neural network (ANN)[J]. Applied Energy，2014.

[318] Donatantonio，Domenic. City sustainability fixer. [J]. Planning (14672073)，2008(1765)：15–15.

[319] Huang Y，Leung Y，Shen J . Cities and Globalization： An International Cities Perspective[J]. Urban Geography，2007.

[320] Vojnovic I. Ephemeral City： Cite Looks at Houston[J]. International Journal of Urban and Regional Research，2005.

[321] VINCENZO，STEVE B，MARK C，PATRIZIA D，LOMBARDI，MITCHELL G，NIJKAMP P. A vision and methodology for integrated sustainable urban development： BEQUEST[J]. Building Research & Information，2002.

[322] 矢野桂司，等 . 历史都市京都のバーチャル时空间の构筑 [J]. E–journal GEO，2006.

7. 其它

[323] 游修龄 . 良渚文化时期的农业 [C]// 浙江省文物考古研究所编 . 良渚文化研究——纪念良渚文化发现六十周年国际学术讨论会论文集 . 北京：科学出版社，1999.

[324] 钱忠军 . 展现史前中国玉器最高工艺 [N]. 文汇报，2016–01–06.

[325] 陆航 . 石峁并非一座孤城 [N]. 中国社会科学报，2016–01–22.

[326] 孙周勇 . 陕西榆林寨峁梁龙山遗址发掘获重要收获 [N]. 中国文物报，2015–11–09.

[327] 佚名 . 陕西神木石峁遗址惊现“石雕人面像”[N]. 中国民族报，2015–11–11.

[328] 郭物 . 从石峁遗址的石人看龙山时代中国北方同欧亚草原的交流 [N]. 中国文物报，2013–04–18.

[329] 文艳 . 周原遗址发现 2700 年前水网系统 [N]. 西安日报，2016-01-14.

[330] 严文明 . 赵都邯郸城研究的新成果 [N]. 中国文物报，2009-07-08.

[331] 温小娟 . 郑韩故城发现战国时期瓮城 [N]. 河南日报，2017-03-14.

[332] 罗开玉，王毅，等 . 从考古发现看川西平原治水的起源与发展 [C]// 华西考古研究（一）. 成都：成都出版社，1991.

[333] 徐光翼 . 赤峰英金河、阴河流域的石城遗址 [C]// 中国考古学研究——夏鼐先生考古五十年纪念论文集 . 北京：文物出版社，1986.

[334] 李伯谦 . 文明的源头在哪里 [N]. 人民日报，2005-09-01.

[335] 陶肃平 . 楚郢都纪南城的地理环境及其发展、布局初探 [C]// 中国古都学会 . 中国古都研究（第七辑）——中国古都学会第七届年会论文集 . 中国古都学会，1989.

图表名录

图：

图 1–1　浙江宁绍平原河姆渡文化早期遗址分布图 6
图 1–2　良渚外围水利设施分布图 9
图 1–3　宝墩古城遗址示意图 14
图 1–4　鱼凫古城遗址示意图 15
图 1–5　双河古城遗址示意图 15
图 1–6　郫县古城遗址示意图 16
图 1–7　宝墩古城遗址 16
图 1–8　鱼凫古城遗址 16
图 1–9　双河古城遗址 17
图 1–10　郫县古城遗址 17
图 1–11　宝墩城墙遗址 18
图 1–12　石家河时期聚落分布示意图 20
图 1–13　长江中游史前遗址分布示意图 21
图 1–14　良渚古城外郭结构示意图 23
图 1–15　莫角山西坡河道与码头位置图 25
图 1–16　凉城县老虎山遗址位置图 26
图 1–17　岱海地区老虎山文化聚落的分布 27
图 1–18　岱海地区老虎山文化周边地形图 28
图 1–19　大青山南麓城址群分布示意图 29

图 1-20　石峁城址形态图……31
图 1-21　石峁城址位置图……32
图 1-22　石峁遗址外城东门址……33
图 1-23　陶寺城址聚落布局……37
图 1-24　陶寺城址位置示意图……38
图 1-25　城子崖城址位置示意图……42
图 1-26　景阳岗城址位置示意图……43
图 1-27　屈家岭和石家河时期石家河城址及周围同期聚落的分布图……47
图 2-1　新砦遗址平面图……63
图 2-2　二里头遗址平面图……65
图 2-3　二里头遗址……66
图 2-4　伊洛河流域的重要遗址及资源……67
图 2-5　偃师商城位置图……76
图 2-6　偃师商城遗址平面图……77
图 2-7　郑州商城平面图……79
图 2-8　郑州商城及城墙……79
图 2-9　殷墟平面图殷墟宫殿区（复原）……81
图 2-10　殷墟宫殿区……81
图 2-11　商后期历次迁都示意图……84
图 2-12　伊洛河流域商文化遗址分布图……86
图 2-13　三星堆遗址平面图……88
图 2-14　三星堆遗址……88
图 2-15　盘龙城城址及城外位置图……90
图 2-16　盘龙城位置示意图……91
图 3-1　何尊原器及铭文中的“中国”与“成周”……96
图 3-2　西周城邑分布图……102
图 3-3　周原遗址位置示意图……106
图 3-4　周原凤雏村建筑基础平面图……108

图 3–5　丰镐地区示意图 109
图 3–6　洛邑位置图 113
图 3–7　琉璃河商周遗址位置图 115
图 3–8　陈庄西周遗址 116
图 3–9　陈庄西周遗址位置示意图 117
图 4–1　东周时期城址分布图 130
图 4–2　楚纪南城位置 139
图 4–3　楚纪南城（郢都）总平面图 139
图 4–4　曲阜古城位置示意图 141
图 4–5　曲阜古城 142
图 4–6　齐临淄位置示意图 144
图 4–7　齐临淄城 145
图 4–8　赵邯郸城址位置图 146
图 4–9　赵邯郸城址平面图 148
图 4–10　赵邯郸城址遗址 148
图 4–11　新郑郑韩故城位置示意图 149
图 4–12　新郑郑韩故城平面图 150
图 4–13　燕下都 153
图 4–14　燕下都遗址平面图 154
图 4–15　灵岩古城位置图 155
图 4–16　晋阳古城位置图 158
图 4–17　成都平原古城址与中脊线 161
图 4–18　成都城郭图 162
图 4–19　秦国都邑分布图 165
图 4–20　关中地区历史环境图 167
图 4–21　秦始皇二十七年咸阳主要格局图 170
图 5–1　先秦时期城市选址技术体系示意图 177
图 5–2　中国古代的圭表测量法 179

图 5-3　宝墩文化六城位置示意图 186
图 5-4　营盘山城址示意图 189
图 5-5　横向环流示意图 191
图 5-6　史前城址形态示意图 193
图 5-7　中山国国都灵寿城 194
图 5-8　曲阜、成都城址形态示意图 195
图 5-9　洛邑城址示意图 195
图 5-10　“龟城”城址形态示意图 196
图 5-11　春秋时期（左）与东周时期整体（右）城址分布图 207
图 5-12　郑国渠与秦、汉初新设城市位置示意图 212
图 5-13　郑国渠位置示意图 213
图 5-14　河南濮阳西水坡 45 号墓平面图 217
图 5-15　北天极 231
图 5-16　曾侯乙墓二十八宿图 233
图 5-17　汉长安平面图 235
图 5-18　秦咸阳城址象天格局 239
图 6-1　最佳宅址、村址、城址选择 252
图 6-2　日火下降旸气上升图 253
图 6-3　秦汉时期成都城 268
图 6-4　先秦城市选址哲学思想示意图 278

表:

表 1-1　龙山文化时期不同区域城址特点 44
表 4-1　东周诸侯城市规模违制情况统计 136
表 5-1　《左传》记载筑城时间、季节表 223

后　记

行文最后，略有感慨。时光荏苒，岁月不在，三字头的年纪变成四字头，又见人间多变化，人事多坎坷，也许只有门前的一池镜湖水，春风未改、旧波还在。

在这快速变革的时代，城市历史的研究，还好不是行业前沿，能够徐徐而为。虽面对如山而又艰涩的史料文献，也曾忐忑，幸好坚持下来，能以这本论文告慰自己的过往与未来。

感谢导师邱建教授。从论文选题、思路确定到文章组织无不凝聚着邱老师的心血。邱老师治学严谨、学识渊博、眼界开阔，思维敏锐，一路引领着我。此外，邱老师豁达的胸怀，哺育后辈的情操，更是我学习的榜样。回想起在成长路上，诸多充满回忆和画面的时刻，在洛杉矶的酒店大堂、在大年初一的办公室，甚至在4S店的等候区，都留下邱老师指导学生的身影。满怀感恩之情，向邱老师致以最真挚的敬意！

感谢家人对我的支持，尤其感谢唐子晗同学带给我的一路欢笑与梦境，以及长久以来的鼓励与期许。